民法改正と
建設工事請負契約の現代化

■発行／公益財団法人建設業適正取引推進機構

著／服部 敏也

大成出版社

はじめに

　現在、法務省の法制審議会・民法（債権関係）部会において、民法の契約に関する規定を中心に、民法債権編のほぼ全体と、民法総則の関係規定の抜本的な見直しが審議されています。同部会では、平成25（2013）年2月に「民法（債権関係）の改正に関する中間試案」が取りまとめられました。この「中間試案」についてパブリック・コメントが行われ、更に改正要綱案が取りまとめられる予定です。

　もとより、建設工事の請負契約は民法の請負契約とされており、民法改正は建設業界にも影響が大きいと思われます。

　しかしながら、今回の民法改正の検討範囲はあまりにも膨大で、これを一覧しただけでは、建設工事請負契約にどのような影響を及ぼすのかわからず、不安に思う人も多いと思われます。

　しかも、その内容には、大学で学んだ民法学を超える現代的、先進的なものが多くあります。例えば、請負の「瑕疵担保責任」に関する法務省の「中間試案」と海外建設工事でよく用いられるFIDIC約款の該当条項を読み比べると、日本も民事法のharmonizationのために英米法を受けいれる時代が来たのかという感慨と驚きがあります。

　本書では、このような疑問や不安に答え、建設工事請負契約に影響があると思われる民法改正の主要な論点に絞ってこれを紹介します。

　更に本書では、民法改正の直接の影響にとどまらず、民法改正の背景となった経済社会の変化に対する、建設工事請負契約のあり方の現代化という視点から今後の展望を考察することに努めました。なぜならば、建設業法（1949年制定）や契約制度の仕組みは、たびたび見直しが行われていますが、基本的な構造は制定当時のままという現状は、現行民法と驚くほど類似していると思われたからです。

　そのような思いから、本書では、他の分野・他の産業の事情や外国の法律などを引用しました。それを手がかりに、現代社会の潮流の中における建設工事請負契約の今後のあり方を考察しようと試みるためです。

　もとより拙い考察であることは十分承知していますが、私の思いをご理解いただければ幸いです。

本書は、筆者が一般財団法人建設経済研究所在籍中に「研究所だより」に連載した「民法（債権関係）の改正と建設業界への影響」の原稿及び、公益財団法人建設業適正取引推進機構が開催し筆者も参加させていただいた「民法改正論点整理委員会」で得られた知見をもとに、「中間試案」の内容などを加え、「民法改正と建設工事請負契約の現代化」と題して執筆したものです。論点整理委員会に参加させていただいたご縁で、建設業適正取引推進機構から出版させていただくことになりました。

　民法改正論点整理委員会においてご指導いただいた升田純中央大学法科大学院教授・弁護士、熊谷則一弁護士、島本幸一郎㈱前川製作所法務グループシニアマネージャーの各先生方、これまで研究のご指導をいただいた近藤茂夫建設経済研究所前理事長、小川忠男同現理事長、木村誠之同前専務理事、渡辺弘之建設業適正取引推進機構理事長、大石（小畑）雅裕同専務理事はじめ建設経済研究所及び建設業適正取引推進機構の皆様に深く御礼申し上げます。

　なお、本書において述べた内容は筆者の個人的見解であり、みずほ総合研究所株式会社の見解を示すものではないことをおことわりします。

　最後になりましたが、本書の出版にあたり、多くの激励とご尽力をいただいた大成出版社常務取締役坂本長二郎氏、同社第2事業部部長御子柴直人氏に心より感謝の意を表します。

　　　　平成25年5月

　　　　　　　　　　　　　　　　　　　　　　　　　服　部　敏　也

目　　次

第1章　民法改正への動き
　第1節　民法改正の必要性……………………………………………1
　第2節　民法改正をめぐる近年の動き………………………………3
　第3節　本書の構成……………………………………………………5
第2章　契約一般に関する規定
　第1節　契約の成立
　　1　契約の成立………………………………………………………7
　　2　諾成主義の原則…………………………………………………11
　　3　契約交渉段階の当事者の義務…………………………………17
　第2節　意思表示
　　1　意思表示に関する現行制度の見直し…………………………23
　　2　不実表示（新しい表意者保護規定の創設）…………………32
　第3節　公序良俗規定…………………………………………………38
　第4節　約款と不当条項規制
　　1　約款と不当条項規制……………………………………………41
　　2　消費者・事業者に関する規定…………………………………58
　　3　不当条項規制による公共工事標準請負契約約款への影響…64
　第5節　官庁土木建築工事の「片務契約」論
　　1　いわゆる「片務契約」「片務性」とは ………………………90
　　2　大正時代における土木建築業界の「三大要望」……………91
　　3　「土建請負契約論」にみる戦前の官庁土木建築工事の実状 …92
　　4　戦後の「片務契約」問題への取組み…………………………97
　第6節　債権の効力と債務不履行
　　1　履行請求権とその限界 ………………………………………100
　　2　債務不履行制度見直しの概要 ………………………………102
　　3　金銭債務の特則と損害賠償の予定 …………………………113
　　4　法定利率 ………………………………………………………114
　　5　消滅時効 ………………………………………………………116
　第7節　債権者代位権（事実上の優先弁済効果の否定）…………118

i

第 8 節　債権譲渡禁止特約の効力 ……………………………………122
　第 9 節　弁済（代理受領の担保的機能）……………………………132
　第10節　売買
　　1　瑕疵担保責任 ………………………………………………………137
　　2　瑕疵担保責任の短期期間制限 …………………………………154
　　3　売主と買主の義務（目的物の受領義務）……………………161
第 3 章　請負契約
　第 1 節　請負の定義 ……………………………………………………167
　第 2 節　注文者の義務
　　1　受領義務と協力義務 ………………………………………………169
　　2　報酬の支払時期 ……………………………………………………176
　第 3 節　既履行部分の報酬請求権 ……………………………………179
　第 4 節　完成建物の所有権の帰属 ……………………………………187
　第 5 節　瑕疵担保責任
　　1　瑕疵の定義 …………………………………………………………191
　　2　瑕疵担保責任の救済手段とその限界 …………………………194
　　3　瑕疵を理由とする解除 ……………………………………………208
　　4　瑕疵担保責任の存続期間 …………………………………………218
　第 6 節　瑕疵担保責任の免責特約の効力 ……………………………231
　第 7 節　注文者の任意解除権 …………………………………………234
　第 8 節　下請負
　　1　下請負に関する原則 ………………………………………………238
　　2　下請負報酬の直接請求権 …………………………………………240
第 4 章　組合契約（JV）
　第 1 節　組合制度をめぐる時代の変化
　　1　民法の組合制度の現代的意義 …………………………………251
　　2　税法とのかかわり …………………………………………………252
　第 2 節　組合員の脱退と組合の解散 …………………………………255

事項索引 ……………………………………………………………………267

第1章　民法改正への動き

第1節　民法改正の必要性

　我が国の民法は、明治29（1896）年の制定以来、明治・大正・昭和・平成と四代にわたる激動を乗り越え、幾多の改正を経ている（次表参照）。大正時代には、学者により、ドイツ民法の解釈学が我が国の民法解釈にもちこまれた（これを「学説継受」という）。さらに、第二次大戦後は、特別法の制定や裁判所による判例の蓄積が民法を補ってきた。

　しかし、民法の債権関係の規定は、現在も基本的には制定当時のままの形を維持している（それ以外の部分は、下表のように近年に改正が進んでいる）。平成16年に民法典の用語を現代語化した際にも、債権関係の条文の規定ぶりについては、ほぼ従来の形が維持されている。

　この民法の債権関係の規定を、制定以来110年余の経済社会の変化に合わせ、国民にわかりやすい法典とするため、全面改正することが検討されている。すでに、私法の分野では、基本的な法典に関して大きな改正や新法の制定が相次ぎ、現代は、明治維新、第二次大戦後と並ぶ「第三の立法改革期」と言われている。今回の民法改正はその「総決算」と位置付けられると言う[1]。

　また、我が国の民法は、条文数が1,044条と国際的にみて少なく（ドイツ民法2,385条、フランス民法2,488条）、条文を読んだだけでは内容がわかりにくいと言われる。これは、わかりきったことや細かなことは書かず、簡潔に起草されたためである。

　このため、実際の法律のルールは、法典ではなく、解説書を読まないとわからないと言われる。この現状についても、「プロのための民法」ではなく「市民のための民法」を目指して[2]、検討が進められている。

1　内田貴「債権法の新時代」17頁、商事法務2009年。
2　内田貴、同上6頁。

第1章　民法改正への動き

民法制定とその後の経緯

1859（安政6年）	安政五カ国条約締結→治外法権是正のため法典整備が課題
1873（明治6年）	ボアソナード（元パリ大学教授）を招聘
1889（明治22年）	大日本帝国憲法発布
1890（明治23年）	旧民法（ボアソナード民法）制定→民法典論争・施行延期
1896（明治29年）	民法（現行民法）制定（ドイツ民法草案等を参考に起草）
1921（大正10年）	旧借地法、旧借家法制定
1946（昭和21年）	日本国憲法制定
〃	自作農創設特別措置法、罹災都市借地借家臨時処理法制定
1947（昭和22年）	民法改正（親族・相続編を全面改正）
〃	労働基準法、独占禁止法制定
1949（昭和24年）	建設業法、労働組合法制定
1950（昭和25年）	建築基準法、建築士法制定
1999（平成11年）	民法改正（成年後見制度創設・禁治産制度等廃止）
〃	住宅の品質確保の促進等に関する法律制定
2000（平成12年）	消費者契約法制定
2003（平成15年）	民法改正（民法の担保物権制度及び民事執行法の改正）
2004（平成16年）	民法改正（現代語化）
2005（平成17年）	会社法制定（商法から独立）
2006（平成18年）	一般社団法人及び一般財団法人に関する法律制定 （民法改正：公益法人制度の廃止）
2007（平成19年）	労働契約法制定

　更に、民法改正に当たっては、国際的な取引ルールの動向にも十分留意すべきとされる[3]。国際化の進んだ現在において、民事法の基本となる民法が内外の取引の障害とならないようにすべきことは言うまでもない。また、国際的な取引ルールは、現代社会の中でどのような民事法が望ましいのかという普遍的な観点から議論されている部分も多く、我が国の民法のあり方を検討する上でも参考にするべきものが含まれているからである。

3　参考：法務省法制審議会資料「民法（債権関係）の改正の必要性と留意点」。
　　なお、我が国の民法学が模範としたドイツ民法の債権法（日本の債権法に相当）は、すでに2001年に抜本改正されている。2002年に施行されたEUの消費財売買指令等に対応するためであった。この改正で、日本の通説の根拠となっていた債務不履行制度等が見直されている。詳細は、第6節2の「債務不履行制度の見直し」の(3)「外国法について」参照（田中幹夫：弁護士「EU消費財売買指令とドイツにおける国内法化の概要」ジェトロ・ユーロトレンド2002年5月）。

第2節　民法改正をめぐる近年の動き

　今回の民法改正をめぐる近年の動きの特徴は、以下のように、民法学会の学者による積極的な提言が法改正の流れをリードしてきたことである。

　なかでも、民法（債権法）改正検討委員会による「債権法改正の基本方針」（以下、「基本方針」という）が注目される。内容として、最も包括的で斬新な提言であるとともに、その作成には民法学者だけでなく法務省関係者など多くの有識者が個人の資格で参加しているからである[4]。

　これらの提言が出そろう中で2009年10月に、法務大臣から法制審議会に民法（債権関係）の改正が諮問されて、正式に法務省での検討が始まった。

　なお、これに先だって、政府は、2009年8月に「国際物品売買契約に関する国際連合条約」（ウィーン売買条約）を批准、発効させた。これは国際貿易（売買）の私法ルールを統一するものであり、今後の民法改正にも影響すると考えられる。

民法改正をめぐる近年の動き

1996	民法制定100年を期に、抜本改正に向けた法学者の研究活動が活発化
2006.10	民法（債権法）改正検討委員会設立（委員長鎌田薫、事務局長内田貴）
2008	時効研究会（金山直樹）、「消滅時効法の現状と改正提言」を公表
2009.3	民法（債権法）改正検討委員会、「債権法改正の基本方針」を公表
2009.10	民法改正研究会（代表：加藤雅信）、「日本民法典財産法改正　国民・法曹・学会有志案」を公表
2009.8	「国際物品売買契約に関する国際連合条約」（1980採択）、発効
2009.10	法務大臣、法制審議会に民法（債権関係）の改正を諮問
2009.11	法制審議会民法（債権関係）部会、審議開始（部会長鎌田薫）
2011.4	同部会「民法（債権関係）の改正に関する中間的な論点整理」を決定
2011.6	「中間的な論点整理」のパブリック・コメント実施（6.1～7.31）
2011.9	法制審議会が、審議再開
2011.11	法制審議会に、法務省がパブリック・コメントの意見概要を報告
2013.2	法制審議会、「民法（債権関係）の改正に関する中間試案」を決定

4　民法（債権法）改正検討委員会編「債権法改正の基本方針」序（別冊NBL126号6頁2009年）参照。他方、弁護士界からの参加者はなく、このような経緯は、当時、民法改正検討委員会に対する弁護士界からの強い批判や懸念を呼んだ。参考：東京弁護士会「民法（債権法）改正に関する意見書」（2008年12月8日）。鈴木仁志「民法（債権法）改正の問題点」（自由と正義2009年2月号日本弁護士連合会）。

第1章 民法改正への動き

　法制審議会では、民法（債権関係）部会において、「第1ステージ」の審議が行われ、2011年6月に「民法（債権関係）の改正に関する中間的な論点整理」を決定し、パブリック・コメントが行われた。また、関係業界等へのヒアリングも行われた。
　その後、パブリック・コメントで出された意見も参考に、更に民法部会で「第2ステージ」の審議が行われ、平成25（2013）年2月に「民法（債権関係）の改正に関する中間試案」（以下「中間試案」という）が取りまとめられた。この「中間試案」についても、パブリック・コメントが行われる（平成25年4月から6月初め）。
　その後、更に、「改正要綱案」の作成を目指して、「第3ステージ」の審議が行われるとされる。

法制審議会民法（債権関係）部会の審議の進め方について

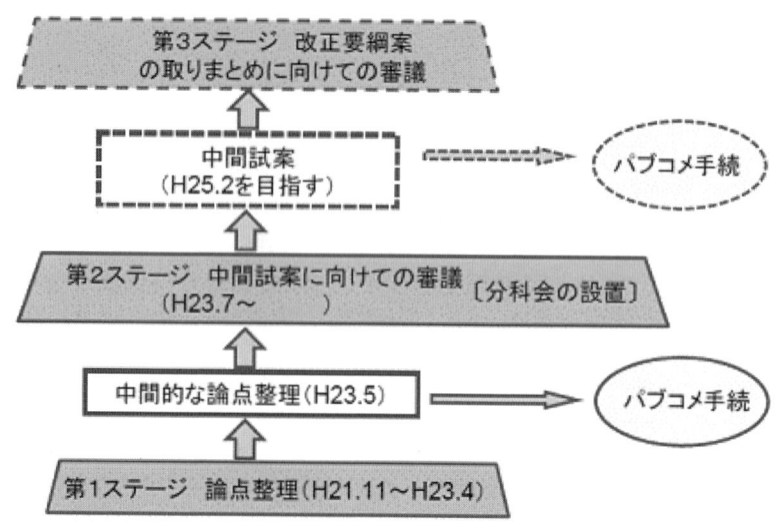

出典：法務省ホームページ

　平成25（2013）年2月に法制審議会から公開された「中間試案」の検討範囲は、次のとおりである。
　第1編（総則）　第90条から第174条の2まで
　第3編（債権）　第399条から第696条まで

中間試案は、46章78頁に及ぶ膨大なものである。内容は、下図のように、「契約」に関わる規定全般つまり、民法総則編と債権編の全般にわたる見直しが提案されている（人・法人、事務管理、不当利得、不法行為を除く）。

このようなスケジュールでは、民法改正の実施までまだ年単位の時間を要する。しかし、民法改正の内容と影響を予め理解することが重要であるので、本書はこの中間試案までの情報に基づいて執筆することとした。

民法改正の検討範囲

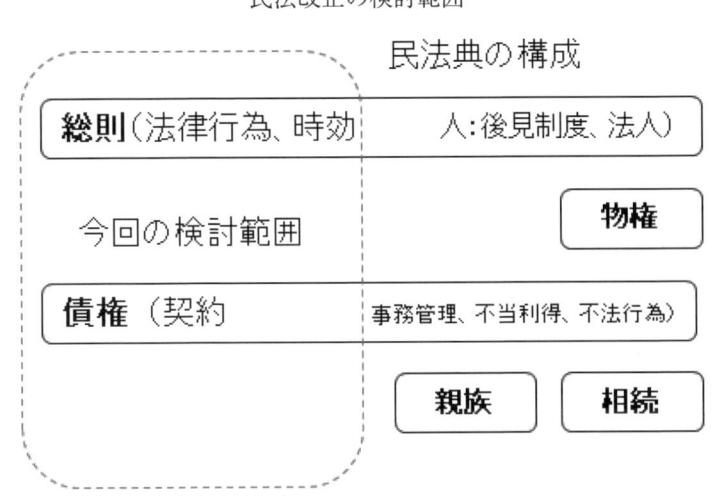

第3節　本書の構成

本書は、今回の民法改正が実現すると、民法上の請負契約である建設工事請負契約にどのような影響が及ぶのかという視点から、民法改正（中間試案）の内容を紹介し、その影響を考察することを主な目的としている。

したがって、本書では、民法典の構成順に従って、総則から改正内容を網羅的に扱うという方法は採用せず、次の視点から扱うこととした。

・請負契約に関する規定を中心に考察する
・それ以外は、請負契約の効力に影響を及ぼす「契約一般に関する規定」の改正として、関係するものだけを考察する

例えば、売買に関する民法改正は、典型契約の一類型としてではなく、請負契約に影響を及ぼす「契約一般に関する規定」のひとつとして、瑕疵担保責任など関連する内容だけを扱うこととした。売買に関する規定は、他の有償契約の総則的規定（民法第559条参照）として、請負契約のあり方に影響を与えるからである。

　なお、典型契約としての民法の組合制度は、ジョイント・ベンチャーという建設工事における複数当事者の契約に用いられている。しかし、「中間試案」では提案の内容が大幅に絞られ、実務に影響を及ぼす提案は少なくなった。このため、本書では「組合員の脱退と組合の解散」の提案のみ扱うこととした。

　また、第2章以下の各項目の記述については、実質的に「債権法改正の基本方針」が民法改正の議論をリードしてきたことから、次のような順序で関係する内容を扱った。

(1)　基本方針の提案
(2)　法制審議会の審議
(3)　外国法について
(4)　建設工事請負契約への影響

第2章　契約一般に関する規定

第1節　契約の成立

1　契約の成立

(1)　基本方針の提案

初めに、契約の成立について、簡単に触れる。

我が国の民法では、契約とは、「相対立する当事者双方の意思表示（申込と承諾）が合致することによって成立する法律行為」と定義される。つまり、契約の成立要件は、双方の意思の合致である。

その上で、契約を成立させる合意とは何かを示す規定を設けることが、「基本方針」（【3.1.1.07】）[5]で提案されている。

現行民法	基本方針の提案
規定なし	【3.1.1.07】（契約を成立させる合意） 〈1〉　契約は、当事者の意思およびその契約の性質に照らして定められるべき事項について合意がなされたことにより成立する。 〈2〉　前項の規定にもかかわらず、当事者の意思により、契約を成立させる合意が別途必要とされる場合、契約はその合意がなされたときに成立する。

現行民法には、契約を成立させる合意とはどのようなものか、規定がない。基本方針の提案の〈1〉の原則は、契約内容の中核的部分だけでよいか、細部まで合意が必要か、契約内容を契約の前提となる社会的関係で補って考えてよいのかについて、「契約の性質に照らして」柔軟に考えるという提案であり、〈2〉は例外として、「代表取締役による調印式」までは契約が成立しないなどと考えられる場合はそれによるとされる。常識に沿った考え方と

---

[5] 前掲「債権法改正の基本方針」別冊NBL126号93頁。なお、【　】内の番号は「基本方針」の条項番号である。その意味は、例えば【3.1.1.08】は、順に、民法第3編の第1部の第1章の第8番目の条文という趣旨である。最後の数字は章ごとの通し番号。

いえよう。

なお、意思表示や法律行為の概念は、「基本方針」でも維持される[6]。

教科書では、契約の成立の問題として、次に意思表示の瑕疵の問題が取り上げられるが、本書では、第2節で取り上げたい。

また、現行民法典のスタイル(パンデクテン方式[7])も維持されることが前提とされている。

(2) 法制審議会の審議
1) 論点整理段階

法制審議会民法（債権法関係）部会（以下、単に「法制審議会」という）の審議（論点整理）では、契約の成立に関する一般的規定の要否、その内容についてさまざまな意見が出されたが、学問的な議論が中心であった[8]。

2) 中間試案段階

「中間試案」では、次のような案が示されている[9]。

第28 契約の成立
1 申込みと承諾
　(1) 契約の申込みに対して、相手方がこれを承諾したときは、契約が成立するものとする。
　(2) 上記(1)の申込みは、それに対する承諾があった場合に契約を成立させるのに足りる程度に、契約の内容を示したものであることを要するものとする。
---

(2)は、申込は、相手方に申込をさせようとする行為にすぎない「申込の誘引」と異なり、承諾があれば直ちに契約を成立させるという意思表示である

---

[6] 前掲「債権法改正の基本方針」別冊 NBL 126号10頁、同19頁【1.5.A】。なお「特別対談　民法（債権法）改正検討委員会の審議を終えて」に掲載された鎌田先生と内田先生の対談がこの検討過程を解説している（別冊 NBL 126号423頁以下。対談自体は NBL 903号より転載）。

[7] 「パンデクテン方式」（Pandekten とはローマ法大全の中の学説集のドイツ語名）とは、一般的・抽象的規定を個別的規定に先立ち「総則」としてまとめることにより、法典を体系的に編纂することに主眼をおいた方式である。日本の民法典やドイツ民法典がその例。内田貴「民法Ⅰ（第4版）」22頁東京大学出版会2008年参照。他方、フランス民法典は、人（身分、家族）、財産及び財産の諸変容（財産の区分、所有権と用益権）、所有権取得の諸態様（相続、権権、担保物件等）の構成である。これは、ユスティニアヌスの法学提要の構成に依拠した方式といわれる。北村一郎「作品としてのフランス民法典」（「フランス民法典の200年」有斐閣2006年掲載）参照。

[8] 法務省民事局参事官室「民法（債権関係）の改正に関する中間的な論点整理の補足説明」（平成23年5月）177頁。

[9] 法務省「民法（債権関係）の改正に関する中間試案」49頁。

ため、契約内容を確定するに足る事項が提示されている必要があるためである。

(3) 外国法について

法制審議会の資料[10]では、立法例としては、スイス債務法第1条、オランダ民法第6編第217条第1項が挙げられている。

また、以下のように、アメリカの「統一商事法典（Uniform Commercial Code：UCC）」[11]は、物品の売買に関して、ネット取引も想定した、きわめて現代的な条文であることが興味深い。

> アメリカ統一商事法典
> 第2-204条　契約の成立一般
> (1) 物品売買契約は、申込みと承諾、契約の存在を認める両当事者の行為、電子エージェントの相互作用、及び電子エージェントと個人の相互作用を含む、合意を証明するのに足りるあらゆる方法によって成立させることができる。
> (2) 売買契約を構成するのに足りる合意は、その成立時期が確定できない場合であっても認められる。
> (3) 一つまたはそれ以上の条項が未確定であっても、両当事者に契約を成立させる意思があり、適切な救済を与える合理的に確実な基礎がある場合には、売買契約は不明確性のために不成立とはならない。（以下略）

英米法でも、契約の成立については、実質的には同じ考え方をする[12]。

「契約とは、法により強制され又は認められる義務を生ずるところの合意である」[13]とされる。英米法には「法律行為」の概念がなく、実体法と訴訟法が一体となっているため、実効性を重視したわかりやすい考え方となっている。

この「合意」とは、一方の当事者による申込とそれに対する承諾によって成立するとされるので、日本民法と実質的な違いはないと考えられる。また、英米法でも、競売や入札における公示等は「申込の誘因」(invitation to offer) であり、申込をするのは入札者と考えることも同じである。

10　法務省「民法（債権関係）の改正に関する検討事項(6)詳細版」6頁
11　アメリカの法律家による民間団体が、州際取引（国際貿易とみなされる）の活発化のため作成したモデル法典。各州で立法化されている（ルイジアナ州を除く。米国では民事法の制定は州の権限）。「商事法典」と邦訳されるが、内容は物品売買及び貿易に関する規定。参考：平野晋「体系アメリカ契約法」30頁中央大学出版部2009年。
12　参考：平野晋「体系アメリカ契約法」49頁以下。中央大学出版部2009年。
13　望月礼二郎「英米法・新版」325頁　現代法律学全集55巻　有斐閣1997年。

申込に変更を加えて承諾することはできないとされ、この場合は新たな申込とされることも日本と同様である。

このとき契約実務では、「書式の争い」（battle of the forms）が起きるとされる。一般に契約実務では、契約書の起案者の方が主導権を握り有利とされている。したがって、例えば、Aが自己の契約条件（書式）を用いる契約を申し込み、Bが更に自己の契約条件（書式）を用いることを条件に承諾するという場合にいずれの条件で契約が成立するかという、書式の争いが繰り広げられる。結局、このような場合に、当事者がいずれかの段階で履行に着手していると、そこで承諾があったものとして最後に行われた申込の条件（書式）で契約成立という解釈がなされる（the last shot doctrine）[14]。

なお、建設工事では、海外でも発注者との契約には業界団体等の作成した約款が用いられるので、書式の争いは、主に下請、資材等の取引において発生すると思われる。

更に、英米法では、表意者保護のため、契約として、訴訟により法的に強制しうる合意とは、何らかの「約因」（consideration）のある合意でなければならないという「約因法理」がある。

建設工事における「約因」とは、請負者が建設工事を行う合意に対しては、代金の支払である。発注者が代金を支払う債務では、その逆になる。例えば英語版のFIDIC約款（契約合意書）において、次のように記されている[15]。

FIDIC約款（契約合意書）
3　以下に述べるように、発注者が請負者に対して支払う支払金額を約因として、請負者は、契約の規定に準拠して、工事を実施し、完成し、欠陥を修復することを発注者に対し、ここに約定する。
4　発注者は、工事の実施、完成及び欠陥の修復を約因として、契約価格を契約に定める時期と方法で、請負者に対して支払うことを、ここに約定する。

---

[14] 平野晋「体系アメリカ契約法」96頁中央大学出版会2009年。浜辺陽一郎（弁護士）「民法大改正」83頁日本経済新聞社2010年。建設工事における書式の争いに関する海外判例等については、ジョン・マードック、ウィル・ヒューズ「建設契約一法とマネジメント―」169頁、技報堂出版2011年。
　なお、現行民法及びウィーン売買条約は最後の申込で契約成立という考え方であるが、「基本方針」は内容が一致している範囲で契約成立という原則を提案している【3.1.1.24】。
[15] 出典FIDIC（国際コンサルティング・エンジニア連盟）Conditions of Contract for Construction for Building and Engineering Works Designed by the Employer（通称　Red Book：以下「Red Book」という。）1999年版及び(社)日本コンサルティング・エンジニア協会による日本語訳の「建設工事の契約条件書」中の「契約合意書」より引用。

(4) **建設工事請負契約への影響**

学問的な議論が中心ではあるが、実務の基本である。現在の改正案では大きな影響はないと思われる。

2　諾成主義の原則

(1) 基本方針の提案

民法には「契約自由の原則」がある。契約自由の内容としては、①契約を締結するかしないかの自由、②契約の相手方を選択する自由、③契約の内容決定の自由、④契約の方式の自由が挙げられる。

④の契約の方式の自由から、我が国の契約は、当事者の合意のみによって成立する「諾成主義の原則」を採用している。だから、契約する場合に必ずしも契約書を作る必要はないというのが原則である。

「基本方針」は、契約自由の原則と諾成主義の原則を、明記するように提案している[16]。

現行民法	基本方針の提案
規定なし	【3.1.1.01】（契約自由の原則） 当事者は、自由に契約を締結し、その内容を決定することができる。 【3.1.1.02】（諾成主義の原則） 契約は当事者の合意のみによって成立する。ただし、法令にこれと異なる定めがあるときまたは当事者の反対の定めがあるときは、この限りでない。

今日の社会では、原則として契約の成立には書面と押印が必要というのが常識（慣習）であろう。しかし、契約の実体はさまざまで、小売店の店頭での取引のように、必ずしも正式な契約書を作成する取引ばかりではない。

なお、ただし書きに示されているように、法律等により、書面で行う、更には一定の様式内容を定めた書面でないと契約の成立を認めないとされている場合もある。民法では、保証契約（民法第446条第2項）、更に厳格な例としては手形法などがある。

16　前掲「債権法改正の基本方針」別冊NBL126号89頁、90頁。

第 2 章　契約一般に関する規定

　建設工事請負契約も諾成契約であり、契約書がなくても契約は成立するのが原則である。なお、公共工事については、(4)で述べるように書面の作成が契約の成立要件である。

(2)　**法制審議会の審議**
１）論点整理段階
① 　法制審議会の審議（論点整理）
　法制審議会の審議（論点整理）では、契約の自由の原則を明記するか、その制約原理も規定するかについて、議論された[17]。この段階では最高裁判所の意見で示された要式契約化についての議論はなかった。

② 　パブリック・コメントにおける最高裁の意見とその背景
　2011年に法務省が行った、法制審議会の中間的な論点整理に関するパブリック・コメントにおいて、建設工事請負契約の諾成主義に関して、最高裁判所から次のような意見が出された[18]。

　「なお、請負契約を巡る紛争が生じるのは、書面が作成されていないことが多いことが原因の一つになっていることから、一定の類型・場合について要式契約（契約の成立に書面の作成を必要とする）とすることを検討してはどうかとの意見が複数あった。」

　この「一定の類型・場合」には、建設工事の請負契約が含まれていると思われる。
　その理由は、この意見は最高裁判所が2011年7月8日に公表した「裁判の迅速化に係る検証に関する報告書」（第4回）を念頭に述べられたと思われるからである[19]。
　この報告書の中で、最高裁は、類型別の裁判長期化の実情を、次のように

17　法務省民事局参事官室「民法（債権関係）の改正に関する中間的な論点整理の補足説明」（平成23年5月）175頁。
18　法務省『「民法（債権関係）の改正に関する中間的な論点整理」に対して寄せられた意見の概要（各論6）』13頁参照。この意見は「請負の定義」に関する意見のあとに書かれているが、内容としては契約方式の自由の問題であるので、この節で扱うこととした。なお、最高裁判所からの意見書は、機関決定した組織としての意見ではなく裁判官個人としての意見を記述した形で書かれている。
19　書面作成の問題は、同報告書「施策編044〜066」51頁参照。出典：最高裁ホームページ。

示している。この中では、建築瑕疵に関する裁判が長期化している実情が示されている。

事件類型	平成22年に終局した訴訟等の平均審理期間（一審：月数）
民事事件全体	8.3月（過払い金訴訟を除く。含む場合は6.8月）
医事関係訴訟	24.9
建築関係訴訟	17.5（瑕疵主張のある事件では24.9）
知的財産権訴訟	14.8
労働関係訴訟	11.8
家事事件（審判・調停）	1.0〜5.1（遺産分割事件では12.0）
刑事事件全体	2.9（被告が罪状を否認した事件では、8.1）

報告書では、建築関係訴訟に特有の長期化要因として、(1)専門的知見の不足による争点整理の長期化、(2)争点多数、(3)客観的証拠の不足、(4)鑑定の長期化、(5)感情的対立があるとする。これに対する、迅速化等のための施策のひとつとして、報告書は、以下の通り述べている。

> 合意内容の書面化に向けた業界慣行の改善
> 契約書等の当事者間の合意内容等を証する書面類の作成の義務化を始めとする業界慣行の改善について、取引の実情にも十分目を向けつつ、行政手続における規制の在り方も含めて検討を進める。

また、同報告書の公表に関する報道の中では、最高裁民事局は、「実際に契約書が出てこない訴訟は多く、審理が複雑になり混乱する。特に追加工事では住宅、非住宅を問わず契約書をつくらないことが多い。」[20]と述べている。
同報告書の言う「契約書等」とは、約款だけでなく見積書、設計図書も含むと思われる。なお、同報告書に関する審議では、委員から追加変更工事の実情や零細業者の問題などから義務化は困難という意見もあったという。
なお、かねてから、建築学会（司法支援建築会議）は裁判所と連携して鑑定人の選任等に協力しており、一層の尽力が期待される。

---

20 建設通信新聞報道「最高裁 契約書の義務化促す 慣行改善し訴訟迅速化」2011年8月3日。

また、平成20年の建築士法改正により、新たな設計又は工事管理の契約に当たって、建築士に重要事項説明とその内容を記載した書面の交付が義務付けられた（同法第24条の7参照）。契約の明確化と紛争防止の効果が期待される。

２）中間試案段階
　最高裁判所の意見は、民法自体への提案がなかったためか、その後の法制審議会の審議では特に取り上げられていない。

　「中間試案」では、次のような案が示されている[21]。

第26　契約に関する基本原則等
1　契約内容の自由
　当事者は、法令の制限内において、自由に契約の内容を決定することができるものとする。

　なお、「中間試案」では、保証契約や消費貸借契約等において要式契約（契約締結に書面を要する）とする提案が見られる。建設工事契約関係では、債権譲渡に関する「異議をとどめない承諾」を要式契約とする提案が中間試案に明記されている[22]。

(3) 外国法について

　法務省法制審議会資料（比較法）[23]では、「基本方針」の提案のように契約の自由を明示した立法例は示されていない。フランスの民法改正草案や学者グループの作成した「ヨーロッパ契約法原則」などが示されているにとどまっている。
　なお、要式契約に関連する英米法の例を紹介する。
　原則として英米でも口頭で契約は有効に成立する（他の要件を満たすことが必要）。しかし、口頭だけの契約では訴訟で立証が困難なことが多い。契約書面には、証拠機能や紛争防止機能があると言われる所以である。

21　法務省「民法（債権関係）の改正に関する中間試案」47頁。
22　同上37頁、第18債権譲渡3(1)イ。
23　法務省「民法（債権関係）の改正に関する検討事項(6)詳細版」2頁。

第1節　契約の成立

そこで、英国では、古くから（1677年）、偽の証人を使った訴訟詐欺から債務者等を守るため、「詐欺及び偽証を防止する法律」（An Act for the Prevention of Frauds and Perjuries、通常、Statute of Frauds：詐欺防止法と言われる）が定められ、下記の一定の契約には当事者の署名のある書面がなければ訴訟を提起できないと定められた[24]。

① 婚姻を約因とする契約
② 契約締結後1年以内に履行を完了することができない契約
③ 土地に関する権利の譲渡を目的とする契約
④ 遺言執行者が遺産に含まれる債務を自己の財産により弁済する契約
⑤ 一定価格を超える動産の売買契約（金額は、10ポンド）
⑥ 契約当事者が他人の債務等の保証人となる契約

この法律は、当時、訴訟詐欺の弊害が目立ったイギリスの訴訟制度の欠陥を補うためのものであったという。

その後、英国では、1954年に適用対象が大幅に縮小された（③、⑥以外廃止。更に③も不動産関係の契約は1989年財産法に基づき書面が必要とされることになり、詐欺防止法の対象ではなくなった）。

米国では、各州に、契約者保護の観点から積極的に詐欺防止法が導入され、その対象もさまざまであるという。この詐欺防止法が、「契約社会アメリカ」の商慣習を作った原因のひとつともいう意見もあるくらい、影響は大きいという。

更に一歩進むと、契約書以外の証拠をあとの裁判で持ち出されないために予防措置を講ずることになる。「完全合意条項」と呼ばれるものがこれである。これは契約書に書いてあることが合意のすべてであるという条項であり、英米法ではこの有効性も原則として認められている（口頭証拠法則：Parol Evidence Rule）。

海外の建設工事も英米法が準拠法になっていると、こういう法律意識のもとで仕事をすることになる。あらゆる合意や話し合いの結果は即座に文書化して相互確認しなければならない[25]。

24　参考：シェーバー＆ローワー「アメリカ契約法」105頁以下1995年木鐸社。
　　平野晋「体系アメリカ契約法」80、306頁以下中央大学出版部2009年。
　　なお、英米法では訴訟法と実体法との区別がないため、訴訟が提起できないとは権利がないことと同義である。

実際にFIDIC約款（Red Book）を見ると、次のように書かれている。

FIDIC約款
1.2 解釈
　契約においては、文脈上異なる意味をとる必要がある場合を除き、
　　　・・・
　(c) 「合意する」、「合意された」又は「合意」という語を含む規定は、文書として記録された合意を要する。（以下略）

1.3 コミュニケーション
　本条件書が、承認、証明、同意、決定、通知及び要請の付与又は発行について規定する場合は、かかるコミュニケーションは
　(a) 文書によって行われ、手交（受け取り確認つき）、郵便若しくはクーリエ便による送付、又は入札付属書類に記述される、合意されたあらゆる電子伝達システムによって伝達されるものとする。
　（以下略）

---

(4) 建設工事請負契約への影響

　建設工事請負契約も諾成契約であり、契約書がなくても契約は成立する。もちろん、この場合の書面とは、約款だけでなく設計図書も含まれる。

　建設業法では、第18条及び19条により書面の作成を義務付けているが、訓示規定とされている。

　他方、公共工事契約など国、地方公共団体との契約については、書面の作成が契約の成立要件とされる（会計法第29条の8、地方自治法第234条第5項）[26]。また、公共工事標準請負契約約款第1条第5項は、「この約款に定める請求、通知、報告、申出、承諾及び解除は、書面により行わなければならない。」と定めている。

　最高裁判所の言うように、民間の建設工事契約まで要式契約（契約書の作成が契約成立要件）とすることには、建設業界としては、業界の実情に配慮して慎重な対応を求めるのが常識だろう。建設工事では、仕事の性質上、工

---

25 （社）海外建設協会「国際建設プロジェクトの建設　管理基礎知識と実務」10頁2009年。他方、日本の現場では、細部の文書化はかえって相手方を信用していない行為であり関係の悪化を招きかねないとして避けられることが多いという。「発注者は自分の満足する仕事を請負者が全て行うという前提の下で工事を発注し、請負者は発注者の満足するように工事を完成させることにより、正当な代価がすべて支払われる双方の信頼関係に重点をおいて工事管理を行う」という習慣があるといわれる（同書2頁）。
26 内山尚三・山口康夫「請負（新版）」35頁以下。1999年叢書民法総合判例研究一粒社。

事の設計変更が頻繁に発生するという業界事情も理解してほしいところと思われる。

　他方、すでに、新築マンションの場合は、「マンションの管理の適正化に関する法律」（2001年施行）第103条によって、「宅地建物取引業者」は管理組合に設計図書を交付することが義務付けられている。このため、同法の適用対象となるマンション建設に係る建設業者又は建築士には、実際上、設計図書の作成・交付に関する責任が及んでいる。また、宅地建物取引業法では、宅建業者には媒介契約の契約書面交付義務、重要事項説明などが規定されている（同法第34条の2、第35条以下）。このような重要事項説明は、建設工事においては、設計、工事監理契約を行う際に建築士が行うことも義務付けられている（建築士法第24条の7）。

　公共工事では、仕様書において、工事を請け負った建設会社に対して、最終的な設計図書等を発注者に納品することを義務付けている場合がある。

　このような状況を踏まえ、民間工事も含め業界慣行の改善を更に進めることが望まれる。

3　契約交渉段階の当事者の義務

(1)　基本方針の提案

　契約を結ぶために、当事者間で交渉が行われる。交渉を開始しても、必ず交渉をまとめる義務を負うわけではない。まとまらなければ、仕方がない。しかし、契約交渉の段階の具体的事情によっては、信義則上の注意義務違反によって、相手方に対して損害賠償責任を負う場合があることが、判例・学説によって認められている。

　「基本方針」は、判例学説に沿って、交渉当事者の義務として次のような規定の新設を提案している[27]。責任の性質が契約責任か不法行為責任かは、解釈に委ねるとしている。

現行民法	基本方針の提案
具体的な規定はない（判例学説は認める）	【3.1.1.09】（交渉を不当に破棄した者の損害賠償責任）〈1〉　当事者は、契約の交渉をしたということのみを理

27　【3.1.1.09】別冊NBL126号95頁。最判昭和59年9月18日判例時報1137号51頁。
　　【3.1.1.10】別冊NBL126号96頁。最判平成18年6月12日判例時報1941号94頁等。

参考 信義誠実の原則 （基本原則） 第1条　（略） 2　権利の行使及び義務の履行は、信義に従い誠実に行わなければならない。	由としては、責任を問われない。 〈2〉　前項の規定にかかわらず、当事者は、信義誠実の原則に反して、契約の締結の見込みがないにもかかわらず交渉を継続し、または契約の締結を拒絶したときは、相手方が契約の成立を信頼したことによって被った損害を賠償する責任を負う。 【3.1.1.10】（交渉当事者の情報提供義務・説明義務） 〈1〉　当事者は、契約の交渉に際して、当該契約に関する事項であって、契約を締結するか否かに関し相手方の判断に影響を及ぼすべきものにつき、契約の性質、各当事者の地位、当該交渉における行動、交渉過程でなされた当事者間の取り決めの存在およびその内容に照らして、信義誠実の原則に従って情報を提供し、説明をしなければならない。 〈2〉　〈1〉の義務に違反した者は、相手方がその契約を締結しなければ被らなかったであろう損害を賠償する責任を負う。

① 交渉を不当に破棄した者の損害賠償責任

　【3.1.1.09】の提案は、取引上要求される信義誠実の原則に反して交渉を破棄した当事者は相手方に対して損害賠償責任を負うという判例学説の主張を明文化するものである。損害賠償の範囲は、信頼利益に限るという学説に沿った表現となっている。

② 交渉当事者の情報提供義務・説明義務

　【3.1.1.10】の提案は、消費者取引に限らない規定の提案である。契約の当事者が信義誠実の原則に従い、情報提供義務を負う場合があり、これに反した場合は損害賠償義務を負うという判例学説の主張を明文化するものである。

　この提案は、損害賠償の効果を定めるだけだが、具体的な事情により不実表示（新設）や詐欺による取消の規定とも重なりうるので、産業界全体にわたって取引実務に大きな影響を与えると思われる。

　現行の消費者契約法第3条には、同様な努力義務規定が置かれている。この規定については、消費者契約法の立案過程において、同法第3条の情報提供義務違反に契約取消や損害賠償の効果を認めるかについて議論があった

が、結論としては努力義務の規定になった経緯がある[28]。

なお、説明義務違反の損害賠償の法的性格について、学説では、この問題をドイツの学説を参考に「契約締結上の過失」の一類型とし、契約が成立した場合に契約上の信義則が準備段階に遡って支配すると考え、債務不履行責任が発生するという考え方が通説だった[29]。

しかし、最高裁は、平成23年4月22日の判決で、信義則上の説明義務違反の損害賠償については、その性格は、債務不履行責任ではなく、不法行為責任とした[30]。契約上の信義則が契約成立後にその準備段階に遡る論理構成は「背理」として、債務不履行責任説を退けている。

また、同判決は、本件の損害賠償請求権は不法行為によるものとなると、消滅時効は3年（民法第724条前段）となるが（債務不履行は10年）、消滅時効の趣旨や起算点の解釈などから被害者の権利救済が不当に妨げられることにはならないとする。

(2) 法制審議会の審議

1）論点整理段階

法制審議会の審議（論点整理）では、①規定を設けることの賛否両論があり、②規定を設けた場合の内容や留意点について意見が交わされた[31]。

中間的論点整理に関するパブリック・コメントでは、法曹界からは、判例法理の条文化であり、消費者契約法を一歩進めるものとしての賛成意見が多かったが、最高裁の意見は条文化には慎重だった。産業界は個別法による規制との関連、取引コストの増大、要件の曖昧さ等から反対意見が多かった[32]。

パブリック・コメントでは、この他に、「基本方針」の提案は、弱者保護

28　内閣府消費者企画課編「逐条解説消費者契約法（新版）」81頁以下商事法務2007年。
29　我妻榮説。神吉正三「信用協同組合の出資募集と説明義務」、金融法務事情1928号2011年8月25日号48頁以下参照。
30　最判平成23年4月22日（信用組合関西興銀事件判決：最高裁ホームページ、「金融法務事情」1928号2011年8月25日号29頁以下参照）。事案は、平成12年2月ごろに、同信組が実質的な債務超過の状態にあって経営破綻の現実的な危険があることを説明しないまま出資を勧誘したことについて、出資者から損害賠償を求めたもの。多数の裁判が起こされたが、おおむね不法行為責任はあるが時効成立という判決で決着したという。最高裁は、信義則上の説明義務違反による債務不履行責任を認めた一部の高裁判決について上告を認めたが、債務不履行責任を否定する判決を下した。
31　法務省民事局参事官室「民法（債権関係）の改正に関する中間的な論点整理の補足説明」（平成23年5月）182頁。
32　法務省『「民法（債権関係）の改正に関する中間的な論点整理」に対して寄せられた意見の概要（各論3）』24頁以下。

19

に限らない一般ルールとしての提案であるため、契約交渉の不当破棄の規定や情報提供義務の規定が、消費者にも不利に機能しないか又は雇用契約締結や労使交渉の際に労働者に不利に機能しないか等の観点からも慎重論があった。

なお、日本建設業連合会は、パブリック・コメントにおいて、以下のような意見を述べた。

①交渉の不当破棄の場合について、次のように建設工事の実情から条文化におおむね賛成の意見を述べた[33]。

「建設工事は、『単品生産』『現地生産』『注文生産』が原則であり、請負契約締結に辿り着く前に、注文者と請負者間で時間をかけて交渉が行われるのが一般的である。・・・いざ契約締結となった時点で、注文者が、請負者に帰責事由がないにもかかわらず、契約締結を拒否してくる場合もある。

現状、いわゆる『契約締結上の過失』の交渉破棄型については、条文上の明文化がされていないため、上記のような場合で請負者が費用請求する場合は、判例法理に基づき請求訴訟を提起するしかないが、訴訟経済性の観点から、結果的には『泣き寝入り』せざるを得ない。・・・」

また、②説明義務・情報提供義務についても、次のように、おおむね賛成したが、内容の具体化、明確化が必要とした[34]。

「契約締結過程における説明義務・情報提供義務に関する規定を設けることに賛成する。ただし、説明・情報提供の対象となる事項が『契約を締結するか否かの判断に影響を及ぼす事項』という曖昧なものでは、実務上支障が出るおそれがあるので、より具体化・明確化された要件や説明時期等を検討すべきと考える。・・・」

2）中間試案段階

「中間試案」では、次のような案が示されている[35]。

33　法務省「『民法（債権関係）の改正に関する中間的な論点整理』に対して寄せられた意見の概要（各論3）」26頁。
34　同上、39頁。

第1節　契約の成立

> 第27　契約交渉段階
> 1　契約締結の自由と契約交渉の不当破棄
>   契約を締結するための交渉の当事者の一方は、契約が成立しなかった場合であっても、これによって相手方に生じた損害を賠償する責任を負わないものとする。ただし、相手方が契約の成立が確実であると信じ、かつ、契約の性質、当事者の知識及び経験、交渉の進捗状況その他の交渉に関する一切の事情に照らしてそのように信ずることが相当であると認められる場合において、その当事者の一方が、正当な理由なく契約の成立を妨げたときは、その当事者の一方は、これによって相手方に生じた損害を賠償する責任を負うものとする。
>   （注）このような規定を設けないという考え方がある。
>
> 2　契約締結過程における情報提供義務
>   契約の当事者の一方がある情報を契約締結前に知らずに当該契約を締結したために損害を受けた場合であっても、相手方は、その損害を賠償する責任を負わないものとする。ただし、次のいずれにも該当する場合には、相手方は、その損害を賠償しなければならないものとする。
> (1)　相手方が当該情報を契約締結前に知り、又は知ることができたこと。
> (2)　その当事者の一方が当該情報を契約締結前に知っていれば当該契約を締結せず、又はその内容では当該契約を締結しなかったと認められ、かつ、それを相手方が知ることができたこと。
> (3)　契約の性質、当事者の知識及び経験、契約を締結する目的、契約交渉の経緯その他当該契約に関する一切の事情に照らし、その当事者の一方が自ら当該情報を入手することを期待することができないこと。
> (4)　その内容で当該契約を締結したことによって生ずる不利益をその当事者の一方に負担させることが、上記(3)の事情に照らして相当でないこと。
>   （注）このような規定を設けないという考え方がある。

　2の情報提供義務については、裁判例などから、「中間試案」の(1)から(4)の要件を満たす場合に情報提供義務が発生し、義務違反に損害賠償責任が発生するものとしたという。

　1及び2ともに、反対意見の存在が明示されており、今後の議論の成り行きが注目される。

35　法務省「民法（債権関係）の改正に関する中間試案」48頁。

(3) 外国法について

法務省法制審議会資料（比較法）[36]では、「基本方針」の提案のような立法例は示されていない。フランスの民法改正草案や学者グループの作成した「ヨーロッパ契約法原則」などが示されているにとどまっている。

なお、米国でも、契約締結「前」の責任に関しては議論があるが、立法化された例はないという[37]。

(4) 建設工事請負契約への影響

交渉を不当に破棄した者の責任問題については、建設業界でも、契約締結交渉の不当破棄により建設会社が被害を受ける問題が、かねてから指摘されていた[38]。民間工事の営業では、工事の受注を期待して、受注交渉段階で用地交渉への協力、銀行融資の斡旋、事業計画への情報提供、工事費の見積など事実上の協力をしながら、信義に反して最終的な工事契約の締結を拒否されたケースが裁判になったこともある。民法に明記されれば、業界事情に対して理解が進むものと期待される。

交渉当事者への情報提供義務・説明義務の問題に対しては、以上に述べたように、消費者契約法に関する大きな論点であった。

他の産業界では、これまでも特別法において説明が義務化される（宅地建物取引業法第35条の重要事項説明など）など、情報、交渉力等の格差のある者との取引を念頭においた取組みが行われてきた。

しかし、民間建設工事においては、情報格差の存在が大きな問題として意識されてこなかったように思われる。この理由としては、建設工事は高額な契約のため慎重な検討が行われること、発注者の立場で設計・施工監理を行う建築士、各種コンサルタント等の存在がこれを補ってきたことも理由として考えられる。

また、逆の場合としては、公共工事の入札においては、発注者の提供した調査資料等が不十分で、結果として工事で大きな増加費用（損害）を出したような場合に、発注者が十分に情報提供義務を果たさなかったと争いになることも考えられる。

---

36 法務省「民法（債権関係）の改正に関する検討事項(6)詳細版」13、17頁。
37 平野晋「体系アメリカ契約法」214頁以下。
38 岩崎修「問答式 建設業の契約実務」16頁以下、大成出版社1979年。

また、契約締結後の設計変更協議における情報提供義務・説明義務のあり方もいずれ議論になろう。

重要な問題であり、依然として産業界の慎重姿勢は揺るがないと思われる。仮に今回は条文化が見送られても、判例の条文化という立法趣旨から見て判例の結論が否定されたわけでもないので実務には影響がなく、今後の消費者契約法の改正等の場合に議論が再燃する可能性があろう。各界の議論の動向に留意する必要がある。

第2節　意思表示

1　意思表示に関する現行制度の見直し

(1)　基本方針の提案

「基本方針」は、心裡留保、通謀虚偽表示、錯誤、詐欺強迫の規定等、意思表示全般にわたって、以下のように、提案している[39]。提案内容を簡単に紹介する。

① 心裡留保について

心裡留保に関連して、「基本方針」は、通説に沿って規定を見直すことを提案している。

現行民法・判例	基本方針の提案
（心裡留保） 第93条　意思表示は、表意者がその真意ではないことを知ってしたときであっても、そのためにその効力を妨げられない。ただし、相手方が表意者の真意を知り、又は知ることができたときは、その意思表示は、無効とする。	【1.5.11】（心裡留保） 〈1〉　表意者がその真意ではないことを知って意思表示をした場合は、次のいずれかに該当するときに限り、その意思表示は無効とする。 〈ア〉　その真意でないことを相手方が知っていたとき。 〈イ〉　その真意でないことを相手方が知ることができたとき。ただし、表意者が真意を有するものと相手方に誤信させるため、表意者がその真意でないことを秘匿

39　前掲「債権法改正の基本方針」別冊 NBL 126号24頁以下。

注：善意の第三者を保護する規定はない。通説は第94条第2項の類推適用を認める。	したときは、この限りでない。 〈2〉〈1〉による意思表示の無効は、善意の第三者に対抗することができない。
代理権濫用の場合に本人保護を図る規定はない。 しかし、判例通説は、代理権濫用の場合に、民法第93条但書きを類推適用して、相手方に悪意または過失があるときは無効とする[40]。	【1.5.33】（代理権の濫用） 〈1〉 代理人が自己または他人の利益を図るために相手方との間でその代理権の範囲内の法律行為をすることにより、その代理権を濫用した場合において、その濫用の事実を相手方が知り、または知らないことにつき重大な過失があったときは、本人は、自己に対してその行為の効力が生じないことを主張できる。 〈2〉（法定代理人の場合　略） 〈3〉〈1〉〈2〉の場合において、第三者がその濫用の事実について善意であり、かつ、重大な過失がなかったときは、本人は自己に対してその行為の効力が生じないことを主張できない。

　なお、関連して、代理権の濫用について上記の心裡留保の規定を類推適用する通説判例を明文化することを提案している[41]。なお、この場合の要件は、「過失」ではなく「重過失」、効果は「無効」ではなく「本人による効果不帰属の主張」である。

② 虚偽表示について

　「基本方針」の提案は、現行の第94条を維持するものである。第三者の主観的要件について現行法・判例通説どおり「善意」のみで足り、「無過失」又は「無重過失」を要しないとしている[42]。

　「第三者」とは、虚偽表示の当事者以外の者で、虚偽表示に基づいて作り出された仮装の法律関係につき、新たに独立した法律上の利害関係を有する

40　最判昭和38年9月5日民集17巻8号909頁、最判昭和42年4月20日民集21巻3号697頁。民法（債権法）改正検討委員会編「詳解債権法改正の基本方針Ⅰ序説・総則」241頁、商事法務2009年。
41　前掲「債権法改正の基本方針」別冊NBL126号49頁以下。
42　内田貴「民法Ⅰ（第4版）」54頁以下参照。

第2節　意思表示

現行民法・判例	基本方針の提案
（虚偽表示） 第94条　相手方と通じてした虚偽の意思表示は、無効とする。 2　前項の規定による意思表示の無効は、善意の第三者に対抗することができない。 参考：第94条第2項類推適用の法理がある[43]。	【1.5.12】（虚偽表示） 〈1〉　相手方と通じてした虚偽の意思表示は無効とする。 〈2〉　〈1〉による意思表示の無効は、善意の第三者に対抗することができない。 （参考）　第94条第2項類推適用の法理の明文化は提案しない。

に至った者をいうとされる[44]。虚偽表示の場合に、第三者の主観的要件を「善意」で足りるとするのは、本人に帰責事由があることを考慮したものである（判例も条文どおり善意のみでよいとする）。

　なお、「基本方針」では、心裡留保の場合と異なり、第94条第2項の類推適用を行う判例法理については、物権法制の検討をする機会に委ね、さしあたり明文化する提案はしないとする。第94条第2項の類推適用法理は、不動産取引において真の権利者が不実の登記名義の移転に関与した場合などに適用されると、不動産登記に公信力が認められていないことを事実上修正する結果になり、これを明文化することは債権法の範囲を超えて影響が大きい（物権変動に第三者保護規定を新設することになる）ためである[45]。

③　錯誤について

　「基本方針」の提案は、「表示の錯誤」及び「動機の錯誤」に関する判例・通説の考え方に沿って、現行民法第95条を書き直すものである。

現行民法・判例	基本方針の提案
（錯誤）	【1.5.13】（錯誤）

43　不動産の真正権利者の何らかの関与により他人名義でなされているとき、その登記を信頼した第三者が新たな法律上の利害関係を有するに至った場合には、第94条第2項の類推適用により、真正権利者は登記された権利が存在しないことを当該第三者に対抗することができないという判例法理（最判昭和37年9月14日民集16巻9号1935頁他）。参考：稲本洋之助「新版注釈民法(3)」369頁有斐閣2003年）。
　　なお、我が国の不動産登記制度は、登記により公示された権利が存在することを保証せず（公信力がない）、公示されていない権利が存在しないことを保証する機能（公示の原則）を有するのみとされている。
44　最判昭和45年7月24日民集24巻7号1116頁他。
45　前掲「詳解債権法改正の基本方針Ⅰ」99頁、商事法務2009年。内田貴「民法Ⅰ（第4版）」62頁。

第2章　契約一般に関する規定

| 第95条　意思表示は、法律行為の要素に錯誤があったときは、無効とする。ただし、表意者に重大な過失があったときは、表意者は、自らその無効を主張することができない。 | 〈1〉　法律行為の当事者または内容について錯誤により真意と異なる意思表示をした場合において、その錯誤がなければ表意者が意思表示をしなかったと考えられ、かつそのように考えるのが合理的であるときは、その意思表示は取り消すことができる。
〈2〉　意思表示をする際に人もしくは物の性質その他当該意思表示に係る事実を誤って認識した場合は、その認識が法律行為の内容とされたときに限り、〈1〉の錯誤による意思表示をした場合に当たるものとする。
〈3〉　〈1〉〈2〉の場合において、表意者に重大な過失があったときは、その意思表示は取り消すことはできない。ただし、次のいずれかに該当するときは、この限りでない。
　〈ア〉　相手方が表意者の錯誤を知っていたとき
　〈イ〉　相手方が表意者の錯誤を知らなかったことにつき重大な過失があるとき
　〈ウ〉　相手方が表意者の錯誤を引き起こしたとき
　〈エ〉　相手方も表意者と同一の錯誤をしていたとき |
| 現行民法には、第三者保護規定はない。 | 〈4〉　〈1〉〈2〉〈3〉による意思表示の取り消しは、善意無過失の第三者に対抗することができない。 |

　〈1〉は、表示の錯誤について規定し、現行民法の「法律行為の要素」という文言をわかりやすく書き改めている。錯誤の効果は、現行法が「無効」としているところを「取消」としている。これは判例が無効の効果を主張できるのは表意者だけに限るとし、さらに学説では追認を認めるものがあるなど、効果としては「取消」に近づいている動向に鑑み、「基本方針」は「取消」に改めることを提案している[46]。

　〈2〉は、いわゆる動機の錯誤に関する判例[47]（原則として動機は法律行為の内容ではないが、「動機が相手方に表示されて法律行為の内容となる」ときは「要素の錯誤」となりうる。表示は明示又は黙示でもよいとする）を、条文化するものである。

　〈3〉は、学説に沿って、重大な過失があっても取り消せる例外を定めたものである。

46　前掲「詳解債権法改正の基本方針Ⅰ」114頁以下。
47　大判大正3年12月15日民録20-1101、最判平成元年9月14日判時1336号93頁等。

〈4〉は、錯誤について、新たに第三者保護規定を設けたものである。錯誤の場合は、虚偽表示と違い、本人に帰責事由がないことを考慮して第三者の主観的要件を善意無過失としている。

④　詐欺・強迫について

　詐欺・強迫については、現行民法は1条にまとめて規定しているが、「基本方針」の提案は、これを別に分けて規定する。

現行民法	基本方針の提案
（詐欺又は強迫） 第96条　詐欺又は強迫による意思表示は、取り消すことができる。 2　相手方に対する意思表示について第三者が詐欺を行った場合においては、相手方がその事実を知っていたときに限り、その意思表示を取り消すことができる。 3　前2項の規定による詐欺による意思表示の取消しは、善意の第三者に対抗することができない。	【1.5.16】（詐欺） 〈1〉　詐欺により表意者が意思表示をしたときは、その意思表示は取り消すことができる。 〈2〉　信義誠実の原則によりなすべきであった情報を提供しないこと、またはその情報について信義誠実の原則によりなすべきであった説明をしないことにより、故意に表意者を錯誤に陥らせ、または表意者の錯誤を故意に利用して、表意者に意思表示をさせたときも、〈1〉の詐欺による意思表示があったものとする。 〈3〉　略（第三者の詐欺） 〈4〉　〈1〉〈2〉〈3〉による意思表示の取り消しは、善意無過失の第三者に対抗することができない。 【1.5.17】（強迫） 〈1〉　強迫により表意者が意思表示をしたときは、その意思表示は取り消すことができる。

　【1.5.16】〈2〉は、いわゆる「沈黙の詐欺」を消費者契約に限らず、一般ルールとして条文化したものであるが、詐欺である以上「故意に」という要件が定められて、情報提供義務違反又は説明義務違反による取消の要件を限定している。

　【1.5.16】〈4〉は、学説に沿って、詐欺による取消の第三者保護の要件として「無過失」まで要することを提案している（判例は条文どおり善意のみで

よいとする)。なお、〈4〉の取引の安全のために保護されるべき第三者は、〈3〉の第三者とは異なる立場の者であることに注意が必要である。〈3〉の第三者は、代理人等、表思者の相手方側の者であって、相手方が責任を負うべき関係にある者をいう。

【1.5.17】は、現行民法同様、表意者保護のため、強迫による取消の第三者保護規定を定めていないとする。

(2) 法制審議会の審議
1) 論点整理段階

法制審議会の審議（論点整理）では、錯誤に関する諸問題と「沈黙による詐欺」の問題が、賛否両論の立場から議論されたことが注目される[48]。

動機の錯誤の条文化については、実際の紛争でもっとも問題となるケースであり、消費者保護の立場から判例ルールの条文化に賛成する意見や、錯誤は詐欺等と違い相手方に責がなく、動機は相手方からは知りえない場合もあるので、取引の迅速性を害するという反対意見があった。

錯誤の効果を取消とする提案については、表意者保護の枠組みとしては取消のルールで統一すること、効果と無効との二重効等の問題が回避されることから賛成する意見もあったが、無効と違い、取消は主張できる期間に制限がある[49]など、表意者の保護が低下するとして反対の意見もあった。

沈黙による詐欺についても、説明義務違反の問題とも関連し、条文化の必要性などについて意見が分かれた。また、採用時の沈黙による詐欺等を理由に使用者が労働契約の取消を主張する恐れがあることなどから、労働契約を適用対象とするか慎重に検討すべきという意見もあった。

パブリックコメントでも、以上のような賛否両論が寄せられているが、沈黙による詐欺については反対又は慎重な立場の意見が目立っている[50]。

2) 中間試案段階

---

[48] 前掲「民法（債権関係）の改正に関する中間的な論点整理の補足説明」。錯誤は224頁。沈黙による詐欺は229頁。

[49] 取消権の行使期間については、追認可能時から5年間、行為時から20年間とされている（民法第126条）。「基本方針」では、これは長すぎるとして、追認可能時から3年間、行為時から10年間に短縮することを提案している（【1.5.59】別冊 NBL 126号76頁）。

[50] 前掲「『民法（債権関係）の改正に関する中間的な論点整理』に対して寄せられた意見の概要（各論4）」55頁以下。

「中間試案」では、次のような案が示されている[51]。

> 第3　意思表示
> 1　心裡留保（民法第93条関係）
> 　民法第93条の規律を次のように改めるものとする。
> 　(1)　意思表示は、表意者がその真意ではないことを知ってしたときであっても、そのためにその効力を妨げられないものとする。ただし、相手方が表意者の真意ではないことを知り、又は知ることができたときは、その意思表示は、無効とするものとする。
> 　(2)　上記(1)による意思表示の無効は、善意の第三者に対抗することができないものとする。
>
> 2　錯誤（民法第95条関係）
> 　民法第95条の規律を次のように改めるものとする。
> 　(1)　意思表示に錯誤があった場合において、表意者がその真意と異なることを知っていたとすれば表意者はその意思表示をせず、かつ、通常人であってもその意思表示をしなかったであろうと認められるときは、表意者は、その意思表示を取り消すことができるものとする。
> 　(2)　目的物の性質、状態その他の意思表示の前提となる事項に錯誤があり、かつ、次のいずれかに該当する場合において、当該錯誤がなければ表意者はその意思表示をせず、かつ、通常人であってもその意思表示をしなかったであろうと認められるときは、表意者は、その意思表示を取り消すことができるものとする。
> 　　ア　意思表示の前提となる当該事項に関する表意者の認識が法律行為の内容になっているとき。
> 　　イ　表意者の錯誤が、相手方が事実と異なることを表示したために生じたものであるとき。
> 　(3)　上記(1)又は(2)の意思表示をしたことについて表意者に重大な過失があった場合には、次のいずれかに該当するときを除き、上記(1)又は(2)による意思表示の取消しをすることができないものとする。
> 　　ア　相手方が、表意者が上記(1)又は(2)の意思表示をしたことを知り、又は知らなかったことについて重大な過失があるとき。
> 　　イ　相手方が表意者と同一の錯誤に陥っていたとき。
> 　(4)　上記(1)又は(2)による意思表示の取消しは、善意でかつ過失がない第三者に対抗することができないものとする。
> 　（注）上記(2)イ（不実表示）については、規定を設けないという考え方がある。

51　法務省「民法（債権関係）の改正に関する中間試案」2頁。参考の代理権濫用は5頁。

第 2 章　契約一般に関する規定

> 3　詐欺（民法第96条関係）
> 　民法第96条の規律を次のように改めるものとする。
> (1)　詐欺又は強迫による意思表示は、取り消すことができるものとする。
> (2)　代理人、媒介委託者の詐欺（略）
> (3)　第三者の詐欺（略）
> (4)　詐欺による意思表示の取消しは、善意でかつ過失がない第三者に対抗することができないものとする。
> （注）　上記(2)については、媒介受託者及び代理人のほか、その行為について相手方が責任を負うべき者が詐欺を行ったときも上記(1)と同様とする旨の規定を設けるという考え方がある。
>
> 参考　第93条第2項の類推適用法理の条文化
> 第4　代理
> 7　代理権の濫用
> (1)　代理人が自己又は他人の利益を図る目的で代理権の範囲内の行為をした場合において、相手方が当該目的を知り、又は重大な過失によって知らなかったときは、本人は、相手方に対し、当該行為の効力を本人に対して生じさせない旨の意思表示をすることができるものとする。
> (2)　上記(1)の意思表示がされた場合には、上記(1)の行為は、初めから本人に対してその効力を生じなかったものとみなすものとする。
> (3)　上記(1)の意思表示は、第三者が上記(1)の目的を知り、又は重大な過失によって知らなかった場合に限り、第三者に対抗することができるものとする。
> （注）　上記(1)については、本人が効果不帰属の意思表示をすることができるとするのではなく、当然に無効とすべきであるという考え方がある。

① 心裡留保

　(1)は、わかりやすい表現の訂正のみである（「表意者の真意」から「表意者の真意ではないこと」に改める）。
　(2)は、第三者保護規定の条文化であり、判例に沿ったもの。

② 錯誤（民法第95条関係）

　(1)は、表示行為の錯誤について、民法第95条の規律内容を基本的に維持した上で、「要素の錯誤」の要件（主観的因果性、客観的重大性）を判例に従って明確にすること及びその効果を判例に沿って取消とするもの（判例は

原則として錯誤の無効を表意者以外の第三者は主張できないとしており、これは取消に類似）。

(2)アは、要素の錯誤の要件を満たすことを前提に「動機の錯誤」を条文化するものである。イは、不実表示（後述）の条文化。

(3)は、表意者に重過失があった場合のルールを明確化したもの。

(4)は、第三者保護規定の新設であり、通説に沿って善意無過失を要する。

③　詐欺

(1)は、現行法に同じ。「沈黙の詐欺」は明文化が見送られた。

(2)は、代理人等の詐欺の場合は、相手方の善意悪意を問わず取消できる趣旨を規定する。

(3)は、相手方の善意だけでなく無過失を要する規定とする。

(4)は、第三者保護要件を善意無過失に改めるものである。

なお、虚偽表示は、変更部分がないために「中間試案」では言及されていない。また、参考として挙げたように、代理権の濫用に関する第93条但書きの類推適用法理は条文化が提案されたが、第94条第2項の類推適用に関する判例法理の条文化は見送られた[52]。

(3) 外国法について

法制審議会では、上記の心裡留保、虚偽表示、錯誤、詐欺、強迫に関するドイツ民法等の規定が紹介されている[53]。

(4) 建設工事請負契約への影響

意思表示に関するこれらの規定は、契約の一般的な効力に影響を及ぼす規定であり、建設工事請負契約に固有のものではない。また、判例法理の条文化が多く、実務への影響は少ないと思われる。

52　法務省「民法（債権関係）の改正に関する中間試案のたたき台(1)(2)(3)（概要つき）改訂版」8頁。
53　前掲「民法（債権関係）の改正に関する検討事項(7)詳細版」22頁以下。

2　不実表示（新しい表意者保護規定の創設）

(1)　基本方針の提案

「基本方針」は、不実表示の規定を、消費者契約の場合（消費者契約法第4条）に限らず、一般な契約ルールとして民法に規定することを提案している。

現行民法・判例	基本方針の提案
民法に規定なし 参考 消費者契約法第4条、第5条	【1.5.15】（不実表示） 〈1〉　相手方に対する意思表示について、表意者の意思表示をするか否かの判断に通常影響を及ぼすべき事項につき相手方が事実と異なることを表示したために表意者がその事実を誤って認識し、それによって意思表示をした場合は、その意思表示は取り消すことができる。 〈2〉　省略（第三者の不実表示） 〈3〉　〈1〉〈2〉による意思表示の取り消しは、善意無過失の第三者に対抗することができない。

不実表示の規定は、詐欺・強迫や錯誤の規定では保護することが困難だった取引のトラブルを救済することに意義がある。

〈1〉の規定は、錯誤と比較すると、不実表示の要件に該当すれば、「法律行為の内容」となったかを問わず、また、現行民法では保護されない「重過失」があっても、「取消」が主張できる（なお、「基本方針」は、錯誤の効果を無効から取消に改めること提案している）。

詐欺との比較では、詐欺は相手方を騙して契約の意思表示をさせるという故意（いわゆる「二段の故意」）を立証する必要があるが、不実表示では故意の立証は不要とされる。

もちろん、クーリングオフの制限期間を過ぎても取り消すことができる。

なお、「不利益事実の不告知」型も、解釈上、不実表示に含まれるというのが「基本方針」の立場だが、不明確なので消費者契約法第4条第2項のように明示すべきという意見もあったという。

〈3〉は、「基本方針」は、詐欺などの第三者保護規定の見直しと合わせ「善意無過失の第三者」としている。なお、現行の消費者契約法第4条第5

第 2 節　意思表示

項では、「善意の第三者」に対抗できないとしている。

(2) 法制審議会の審議
1) 論点整理段階

　法制審議会の審議（論点整理）では、「不実告知」と「不利益事実の不告知」の二つの項目に分けて議論している。賛成、反対の双方の立場から意見が交わされた。消費者保護の立場からは、消費者側の不実表示に対して事業者側に取消権を認めると消費者保護が後退するのではないかという意見もあった。

　また、いわゆる「表明保証条項」（Representation and Warranties）の有効性について議論があった。「表明保証条項」とは、企業買収、事業譲渡、あるいは不動産取引等の契約において、実務上、当事者が一定の事項（事実関係・権利義務関係等）の真実性を表明しこれを保証する一方、代金支払後に当該事項が真実と異なっていることが判明した場合の救済手段を損害賠償請求に限定するなどの条項を設けるものとされる。

　不実表示の規定が強行法規として制定されると「表明保証条項」に基づく不実表示による取消権の放棄は、無効と解される恐れがある。つまり、その限りで同条項の効力が否定されるのは、実務に支障があるとされる。なお、このような合意の意義・効力については、さまざまな議論がある[54]。

　論点整理のパブリック・コメントでも、不実表示について賛否両論が寄せられている[55]。法曹界では、消費者保護の立場からは積極的な意見が多いが、表明保証条項など金融関連の契約実務に通じた立場からは慎重意見が寄せられている。産業界からは取引を萎縮させると消極的な意見が多く寄せられている。消費者契約（いわゆる「B to C」）だけでなく、C to C、B to B の場合

54　前掲「民法（債権関係）の改正に関する中間的な論点整理の補足説明」234頁。法制審議会民法部会では、民法に表明保証条項に関する根拠規定をおくべきという意見や、不実表示の排除特約を有効とする意見、あるいは不実表示は強行法規であり排除特約は無効だが、当該条項の解釈により不実表示に当たらないと考えうるなどの意見が出された。

　なお、「債権法改正に関する論点整理（不実表示）」（金融法委員会、平成22年 7 月14日：事務局は日本銀行。http://www.flb.gr.jp/ 参照）は、M&A のデューディリジェンス等における表明保証条項に関連して、不実表示の規定の導入に慎重な意見を述べた。

　参考　江平享「表明保証の意義と瑕疵担保責任の関係」（『現代金融法企業法の課題』82頁引文社2004年）、金田繁「表明保証条項と実務上の諸問題（上・下）」金融法務事情2006年 5 月25日1771号、1772号。

55　前掲『民法（債権関係）の改正に関する中間的な論点整理』に対して寄せられた意見の概要（各論 4 ）」108頁以下。

も考えると、不実表示の法理の理解に応じて議論が拡散していると思われる。

2）中間試案段階

「中間試案」では、錯誤の条文中に、イとして、次のような不実表示に関する案が示されている[56]。

> 2 錯誤（民法第95条関係）
> (2) 目的物の性質、状態その他の意思表示の前提となる事項に錯誤があり、かつ、次のいずれかに該当する場合において、当該錯誤がなければ表意者はその意思表示をせず、かつ、通常人であってもその意思表示をしなかったであろうと認められるときは、表意者は、その意思表示を取り消すことができるものとする。
> 　ア　（略）
> 　<u>イ　表意者の錯誤が、相手方が事実と異なることを表示したために生じたものであるとき。</u>
> (3) 上記(1)又は(2)の意思表示をしたことについて表意者に重大な過失があった場合には、次のいずれかに該当するときを除き、上記(1)又は(2)による意思表示の取消しをすることができないものとする。
> 　　ア　相手方が、表意者が上記(1)又は(2)の意思表示をしたことを知り、又は知らなかったことについて重大な過失があるとき。
> 　　イ　相手方が表意者と同一の錯誤に陥っていたとき。
> (4) 上記(1)又は(2)による意思表示の取消しは、善意でかつ過失がない第三者に対抗することができないものとする。
> 　　（注）　上記(2)イ（不実表示）については、規定を設けないという考え方がある。

なお、「中間試案」は、表意者の錯誤が、相手方の代理人等の不実表示によって引き起こされた場合でも、表示行為の錯誤と同様に、主観的因果性と客観的重要性という「要素の錯誤」の要件を満たせば、意思表示を取り消すことができることとする提案をしている。この場合、不実表示の取消しについては、錯誤の(3)、(4)の規定の適用がある。

注に、反対意見があることが示されており、今後の成り行きが注目される。

56　法務省「民法（債権関係）の改正に関する中間試案」2頁。

(3) 外国法について

1) 不実表示の法的根拠

比較法的に見ると、不実表示は、英米法由来の法理である。

英米法でも、契約の成立を阻むさまざまな法理が認められており[57]、不実表示の法理は、その一つである。この不実表示の法理は、英国のエクイティの法理に起源があると言われるが、コモンローに取り込まれ、英国では法律化されている（Misrepresentation Act 1967）。

不実表示の法理の内容は、アメリカの契約法では、次のように示される（リステイトメント164条[58]）。

> リステイトメント
> 第164条　当事者の一方による同意の表示が、相手方による詐欺的または重大な不実表示によって誘引され、かつその表示を受領者が信頼するのが正当であった場合、その受領者は契約を取り消すことができる。

2) 不実表示の要件

この法理の要件は、①現在の事実の表示であって（意見の表明は除かれる）、②契約締結すべきかの判断に影響を与える重大な事項か、重大な事項ではなくとも詐欺的な表示による場合であって、③その表示を信頼して契約したこと、④信頼が正当であること、である[59]。

不実表示の救済は、原則として取消であり、原状回復としての利得返還請求ができる。また、契約を維持して、不実表示がなかった場合との差額の損害賠償を得ることも選択可能でありとされており、さらに不法行為の法理により損害賠償をすることも選択できる（もちろん、不法行為類型の要件を満たすことが必要）。一般法理であり、消費者取引に限られない。

---

[57] 英米法には、契約の成立を阻む法理として、不実表示の他、契約能力、錯誤、強迫・不当威圧、非良心的条項、詐欺防止法の法理がある。また、契約の成立は認めるが、パブリックポリシーに反するため法がその実現を支援しないとされる法理もある（免責条項など）。参考　平野晋「体系アメリカ契約法」245頁。

[58] 「リステイトメント」とは、アメリカ法律協会という民間団体に結集した専門家により、アメリカのコモンローの各州判例の共通法理を条文形式で文章化したもの。制定法ではないが、実務や法学教育での影響力があるといわれる。リステイトメント第164条の条文は、前掲「民法（債権関係）の改正に関する検討事項(7)詳細版」61頁。

[59] 平野晋「体系アメリカ契約法」273頁以下。

3）保証担保責任

なお、不実表示と類似した救済を与えるのが、保証担保責任（warranty）である。これは、表示が真実であることを約束（契約）した責任を負う法理である。不実表示の対象である「重大な事実」にあたることが反証を許さず推定され、信頼したことの正当性の要件も不要なので、表示したことが事実でなければ契約違反となり、損害賠償等の契約違反一般の救済が与えられる。

もともと、「warranty は、保証の対象物が保証された基準を満たさない場合に保証者が一定の事柄を為す旨の約束」という法理であり、売買などさまざまな類型の取引行為で使われる法理であるという[60]。

(4) 建設工事請負契約への影響

不実表示（misrepresentation）は、消費者保護に限らない一般的法理であるが、我が国では消費者契約の場面で論じられてきたので、建設業界では不実表示の法理について馴染みがないだろう。

しかし、建設工事の入札にも不実表示が成立しうる[61]。アメリカでは不実表示の多くは「誘引の不実表示」であるとされ[62]、工事の入札公告（その書類を含め）が申込の誘引であることは日本と同じだからである。我が国でも、国際建設工事の契約実務においては、この法理はかねてより知られていた[63]。その意味では、国際ルールの国内化であるとも言える。

例えば、工事着手後において、その工事内容・条件が契約締結時に発注者・エンジニアから提供された情報により予想していたものと違ったことがわかった場合に、そのことを発注者・エンジニアが知っていた、あるいは手持ちの情報を提供すべきであったなどの一定のケースにおいて、不実表示（misrepresentation）による契約の取消や損害賠償が認められる。

不実表示の法理は、契約の取消が原則なので、建設工事の追加工事費の要求に関するクレーム[64]処理に使うには、法的効果が大きすぎるためか、アメ

---

[60] 平野晋「体系アメリカ契約法」585頁。
[61] （社）国際建設技術協会「契約社会アメリカにみる建設工事のクレームと紛争」80頁以下　大成出版社1996年。
[62] 平野晋「体系アメリカ契約法」273頁。
[63] （社）海外建設協会「海外建設工事の契約管理」23頁2000年。
[64] ここでいう「クレーム」とは、「契約に基づく権利として行う請求行為」という意味で、実際には請負価格の増額請求である。

リカでは、保証担保責任（warranty）や不法行為責任（negligence）の法理も活用して損害賠償を要求し、判例も柔軟な解決を認めている。このような事例におけるクレームについては、請負者は、発注者たる行政機関が、重要な事実を悪意により秘匿したことを立証する責任はなく、施工計画書や仕様書における発注者の担保責任を立証すれば十分である、とされている。

なお、アメリカの発注者も「免責条項」（exculpatory clause）を入札の際の契約書などに書き込んで防衛する。例えば、「請負者は、発注者の行った調査を信頼する権利がない」とか「事前調査またはそれらの解釈或いは正確性について、発注者はいかなる責任も負うものではない」などという条項を書き込む。しかし、このような免責条項があっても裁判で不実表示が認められたケースもあり、常に有効と認められるわけではないという。

「表明保証条項」についても、従来から、M&Aや一部の不動産取引のデューディリジェンスなどで議論されてきたので、建設業界には関係が薄いと思われるかもしれない。しかし、最近では、プロジェクトファイナンスを行う施設整備型のPFI事業契約においては、表明保証条項が取り入れられている[65]。契約実務の現代化は、建設業界も無関係ではない。

不実表示の規定の創設については、依然として産業界の慎重姿勢は揺るがないと思われる。

しかし、仮に今回は条文化が見送られても、実務では、錯誤の解釈に影響を残す可能性もある。また「表明保証条項」の普及により、不実表示の法理は浸透していくのではないかと思われる。さらに、今後の消費者契約法の改正等の場合に議論が再燃する可能性があろう。

また、この問題では、M&AやPFIなどに関連して金融界や監査法人の動向にも留意する必要がある。

---

[65] 国土交通省PFI事業契約例・庁舎事業例第74、第75条。杉本幸他「PFIの法務と実務」321頁2012年きんざい。

第3節　公序良俗規定

(1) 基本方針の提案

「基本方針」は民法第90条の公序良俗規定について、用語の見直し及び現代的な暴利行為の条文化を提案している。

現行民法の条文・通説	基本方針の提案
（公序良俗） 第90条　公の秩序又は善良の風俗に反する事項を目的とする法律行為は、無効とする。 （参考） 暴利行為論：他人の窮迫、軽率、無経験に乗じて著しく過当な利益の獲得を目的としてなされた法律行為は無効とする[66]。	【1.5.02】（公序良俗） 〈1〉　公序または良俗に反する法律行為は、無効とする。 〈2〉　当事者の困窮、従属若しくは抑圧状態、または、思慮、経験若しくは知識の不足等を利用して、その者の権利を害し、または不当な利益を取得することを内容とする法律行為は、無効とする。

〈1〉は、「公の秩序又は善良の風俗」という用語の現代化等である。

〈2〉は、暴利行為論の条文化である。文言としては、伝統的な「暴利行為論」の定式（上記左欄参照）に対し、下級審の裁判例も踏まえ、現代的に見直したものである。

意思決定過程に関する主観的要素に「従属若しくは抑圧状態」及び「知識の不足」を加え、客観的要素に相手方の「権利の侵害」を加え、「著しく」要件を除くという手直しを加えている。

このような民法第90条の改正は、今回の民法改正の象徴であると考えられる。つまり、これまでの民法が対等の当事者（古典的な「市民」）の法律関係を規律するものであったのに対して、消費者と事業者の間、事業者相互の間など経済的な交渉力、情報等の格差のある者の法律関係も民法で規律する趣旨を明確にするものである。

---

[66] 民法（債権法）改正検討委員会編「詳解債権法改正の基本方針Ⅰ」51頁、商事法務2010年。

(2) 法制審議会の審議

1）論点整理段階

　法制審議会の審議（論点整理）では、現行の民法第90条のみでは具体性に欠け利用しにくいとして基本方針の提案に賛成する意見もあったが、自由な経済活動が萎縮する恐れがあることなどから反対する意見も出された[67]。

　論点整理のパブリック・コメントでも、賛否両論が寄せられている[68]。産業界は慎重な意見が多く、最高裁判所からも、裁判上で、法は生成発展の過程にあり、現時点での条文化には慎重な意見が多数を占めたという意見が寄せられている。

2）中間試案段階

「中間試案」では、次のような案が示されている[69]。

第1　法律行為総則
2　公序良俗（民法第90条関係）
　民法第90条の規律を次のように改めるものとする。
　(1)　公の秩序又は善良の風俗に反する法律行為は、無効とするものとする。
　(2)　相手方の困窮、経験の不足、知識の不足その他の相手方が法律行為をするかどうかを合理的に判断することができない事情があることを利用して、著しく過大な利益を得、又は相手方に著しく過大な不利益を与える法律行為は、無効とするものとする。
　（注）　上記(2)（いわゆる暴利行為）について、相手方の窮迫、軽率又は無経験に乗じて著しく過当な利益を獲得する法律行為は無効とする旨の規定を設けるという考え方がある。また、規定を設けないという考え方がある。

参考
第26　契約に関する基本原則等
4　信義則等の適用に当たっての考慮要素
　消費者と事業者との間で締結される契約（消費者契約）のほか、情報の質及び量並びに交渉力の格差がある当事者間で締結される契約に関しては、民法第1条第2項及び第3項その他の規定の適用に当たって、その格差の存在を考慮しなければならないものとする。
　（注）　このような規定を設けないという考え方がある。また、「消費者と事業

---

[67] 前掲「民法（債権関係）の改正に関する中間的な論点整理の補足説明」211頁。
[68] 前掲「『民法（債権関係）の改正に関する中間的な論点整理』に対して寄せられた意見の概要（各論4）」4頁以下。
[69] 法務省「民法（債権関係）の改正に関する中間試案」1頁。第26は48頁。

> 者との間で締結される契約（消費者契約）のほか、」という例示を設けないという考え方がある。

　暴利行為の条文には、反対論があることが示されている。
　なお、「中間試案」では消費者に関する規定のあり方に関連して、第26の「4　信義則等の適用に当たっての考慮要素」という類似の提案があり、双方の関係も注目される。この提案は、「消費者」等の定義を設け、消費者契約の特別なルールを民法に書き込むという提案ではなく、それらを解釈にゆだねて原則だけを書き込もうという趣旨である。

(3) 外国法について

　法制審議会の資料では、ドイツとフランスの民法における当該規定が引用されており、我が国の現行民法の条文と比較しても興味深い[70]。

> ○ドイツ民法
> 第138条（良俗違反の法律行為；暴利行為）
> 　(1) 善良の風俗に反する法律行為は、無効とする。
> 　(2) 特に相手方の強制状態、無経験、判断力の不足または著しい意思薄弱に乗じて、給付に対して著しく不相当な財産的利益を自己または第三者に約束または提供させる法律行為は、無効とする。
> ○フランス民法
> 第6条
> 　公の秩序および善良の風俗に関する法律は、個別的な合意によってその適用を除外することができない。

(4) 建設工事請負契約への影響

　今回の民法改正の議論においては、公序良俗規定は、不当条項規制などの新たな規制との関係では、一般条項と個別条項という関係になる。
　したがって、一般条項である公序良俗規定の改正に関する議論の動向も、注目すべきである。

70　前掲「民法（債権関係）の改正に関する検討事項(7)詳細版」8頁。

第4節　約款と不当条項規制

1　約款と不当条項規制

(1)　基本方針の提案

　約款は、運輸契約などにおいて多数かつ、迅速な取引に画一的に用いることを予定して予め作成されたもので、今日の経済社会生活に不可欠な「契約」手法である。

　しかし、民法の契約法の観点から見ると、そもそも、約款の内容を十分に承知していないにもかかわらず、法的拘束力のある契約の成立（合意の存在）を擬制できる根拠・要件は何か（いわゆる組入要件[71]）という問題がある。もちろん、その前提としてこのような法的効果を認めうる「約款」とは何かという定義の問題があるとされる。

　さらに、約款による取引についても、消費者契約同様に、利用者は内容を良く知らされないこと、あるいは個別の契約交渉の余地もない場合があること、約款の条項が多数にわたり個別の問題が十分に認識されないまま契約が結ばれる場合があることなどの事情から、不当な内容の契約が結ばれる恐れがあるとされる[72]。

　そこで、「基本方針」は、この「約款」を用いる契約を対象とし、不当条項規制の規定を置くことを提案している[73]。

　以下、本書の目的に沿って、建設業界にも影響の大きいと思われる約款に関する不当条項規制の提案について紹介し[74]、約款の組入要件の問題は産業界からみれば、法理論上の問題と思われるので、省略する。

71　一般には黙示の合意や取引慣習でもよく、合意の前提として約款の内容を知ることについては、契約時の開示・説明が困難なときは、公示等一定の知りうる状態にあることでよいとされる。
　なお、約款に行政庁の認可等があることは、契約としての約款の有効性の特別の根拠とはならないとされる。「基本方針」【3.1.1.26】参照（前掲「債権法改正の基本方針」別冊 NBL 126号107頁以下）。もっとも、取引上の要請から約款の有効性を肯定せざるを得ない以上、この問題はいわば頭の整理といえよう。
72　そもそも、契約自由の原則の下においては、対等な当事者の自由な交渉によって契約内容の合理性が保証されるメカニズムが働くことが前提である。しかし、当事者の力関係等によりそれが機能せず、不当な内容の契約が結ばれることがある。その場合にこれを法律により是正する必要性・正当性があるとされている。
　このような問題は、本来すべての契約について生じる可能性があり、それを規律するのが民法第90条とされている。さらに、特に消費者契約については、消費者保護の観点から、消費者契約法において不当条項規制（第8～第10条）が定められている。
73　前掲「債権法改正の基本方針」別冊 NBL 126号111頁以下。

第2章　契約一般に関する規定

現行民法	基本方針の提案
規定なし 参考 民法第90条 消費者契約法第8～第10条	【3.1.1.25】（約款の定義） 〈1〉 約款とは、多数の契約に用いるためにあらかじめ定式化された契約条項の総体をいう。 〈2〉 約款を形成する契約条項のうち、個別の交渉を経て採用された条項には、本目（約款）および第2款第2目（不当条項規制）の規定は適用しない。 【3.1.1.32】（不当条項の効力に関する一般規定） 〈1〉 約款又は消費者契約の条項（個別の交渉を経て採用された消費者契約の条項を除く。）であって、当該条項が存在しない場合と比較して、条項使用者の相手方の利益を信義則に反する程度に害するものは無効である。 〈2〉 当該条項が相手方の利益を信義則に反する程度に害しているかどうかの判断にあたっては、契約の性質および契約の趣旨、当事者の属性、同種の契約に関する取引慣行および任意規定が存続する場合にはその内容等を考慮するものとする。 【3.1.1.B】（約款および消費者契約に共通する不当条項リスト）[75] 　約款および消費者契約に共通する不当条項リストを作成する。 　不当条項リストは、それに該当すれば、条項使用者の相手方の利益を信義則に反する程度に害するとみなされるリストと、条項使用者の相手方の利益を信義則に反する程度に害することが推定されるリストを別に設けるものとする。 【3.1.1.33】（不当条項とみなされる条項の例） 　約款又は消費者契約の条項〔（個別の交渉を経て採用された消費者契約の条項を除く。）〕であって、次に定める条

---

[74] 「基本方針」は、このほか消費者契約法の民法への取り込みを前提に、消費者契約のみに適用される不当条項規制の提案もしている。消費者契約法の取り込み問題については、消費者団体などの反発もあり、法制審議会の審議段階では、法務省は民法改正とは別問題としているので、本書では省略する（【3.1.1.C】【3.1.1.35】【3.1.1.36】参照）。
[75] 【3.1.1.B】は、個別の条文のイメージではなく、以下の条文構成に関する基本的方針を示したものである。

項は、当該条項が存在しない場合と比較して条項使用者の相手方の利益を信義則に反する程度に害するものとみなす。
（次に定める条項：下記参照。いわゆるブラックリスト）
【3.1.1.34】（不当条項と推定される条項の例）
約款又は消費者契約の条項〔（個別の交渉を経て採用された消費者契約の条項を除く。）〕であって、次に定める条項は、当該条項が存在しない場合と比較して条項使用者の相手方の利益を信義則に反する程度に害するものと推定する。
（次に定める条項：下記参照。いわゆるグレーリスト）

以下は、実務的に重要な、①約款の定義（不当条項規制の対象）、②判断基準及び③不当条項のリストに関する議論を紹介する。

① 約款の定義（不当条項規制の対象）

「基本方針」の提案は、「多数の契約に用いるためにあらかじめ定式化された契約条項の総体」という約款の定義を提案している。このことから、次のような論点について議論がある[76]。

・約款による取引であれば、消費者との取引に限らず、事業者間の取引も、約款に関する規制の対象となる。
・典型的に約款と称しているものに限らず、会社が日常の取引用に作成している契約書のフォーマット等も該当しうる。
・1回限りの使用を予定して作成された契約書は該当しない。
・約款は、多数の取引に用いることを予定していれば足り、約款使用者自身が作成したものでなくともよい。これは、業界団体等の第三者機関が作成したものも、約款に関する規制の対象となりうることを意味する。
・契約交渉の行われた条項は約款による問題が解消されていると考えられるので、約款に該当しない（【3.1.1.25】〈2〉参照）。もちろん、交渉は形式的なものでは十分ではない。
・同様の発想から、契約の中心部分の条項（価格、目的物など）は約款の

---

[76] 前掲「債権法改正の基本方針」別冊 NBL 126号106頁。

第2章　契約一般に関する規定

規律の対象外とする考えもあるが、学者の見解が分かれているため「基本方針」は採用しなかった。

② 判断基準

次に重要なのは、判断基準の問題である。つまり、どのような基準で特定の条項が不当条項に該当すると判断されるのかである。

「基本方針」の判断基準は、特定の条項が、「当該条項が存在しない場合」と比較して、「相手方の利益を信義則に反する程度に害するもの」か、どうかである。

これは、消費者契約法第10条よりも広いが、同趣旨である。同条は、「民法、商法その他の法律の公の秩序に関しない規定（いわゆる任意規定）の適用による場合」と比較してと定めているが、「基本方針」の提案は任意規定のない場合も含めて表現した条文案と説明されている。

したがって、今回の民法改正における「任意規定」の新設は、これまでのように「特約」で排除できるから影響がないと安易に考えてはならない。新しい任意規定が消費者契約法第10条やこの不当条項規制の基準として機能する場面も想定して、その是非を検討することが必要になる。

参考　消費者契約法（消費者の利益を一方的に害する条項の無効）
第10条　民法、商法その他の法律の公の秩序に関しない規定の適用による場合に比し、消費者の権利を制限し、又は消費者の義務を加重する消費者契約の条項であって、民法第1条第2項に規定する基本原則に反して消費者の利益を一方的に害するものは、無効とする。

③　不当条項のリスト（ブラックリスト・グレーリスト）

「基本方針」は、不当条項の効力に関する一般規定のほかに、不当条項のリストを設けることを提案している。具体的には、不当条項とみなされる条項（いわゆるブラックリスト）と不当条項と推定される条項（いわゆるグレーリスト）を定めることを提案している[77]。

不当条項の典型は、契約の拘束力を条項使用者との関係で実質的に失わせ

77　前掲「債権法改正の基本方針」別冊 NBL 126号113頁。

る条項である。下の不当条項の具体例中、①のアは、その最も極端な例とされる。①のイからカの債務不履行による損害賠償や、債務の履行に際しての不法行為による損害賠償の免責も同様の趣旨である。①のキの人身損害については、法益の重要性、処分不可性から全部免除はそもそも公序良俗違反として認められないが、一部免除についても規定を置くものである。ただし、旅客運送約款など法令により一部責任制限の認められているものは、その制限を超えるものが規制の対象となる。

「ブラックリスト」と「グレーリスト」との法律的な違いは、次の通り。
ブラックリストではリストに該当すると判断されれば、直ちに無効となる。
グレーリストでは、該当すると判断されても、不当性が推定されるにとどまり、「不当性の阻却事由（相手方の利益を信義に反する程度に害していない事情）」の反証が許される（直ちには無効とならない）ことである。

「基本方針」の「不当条項の具体例」

① ブラックリスト（【3.1.1.33】不当条項とみなされる条項の例）
　ア　条項使用者が任意に債務を履行しないことを許容する条項
　イ　条項使用者の債務不履行責任を制限し、または、損害賠償額の上限を定めることにより、相手方が契約を締結した目的を達成不可能にする条項
　ウ　条項使用者の債務不履行に基づく損害賠償責任を全部免除する条項
　エ　条項使用者の故意または重大な義務違反による債務不履行に基づく損害賠償責任を一部免除する条項
　オ　条項使用者の債務の履行に際してなされた条項使用者の不法行為に基づき条項使用者が相手方に負う損害賠償責任を全部免除する条項
　カ　条項使用者の債務の履行に際してなされた条項使用者の故意または重大な過失による不法行為に基づき条項使用者が相手方に負う損害賠償責任を一部免除する条項
　キ　条項作成者の債務の履行に際して生じた人身損害について、契約の性質上、条項使用者が引き受けるのが相当な損害の賠償責任を全部または一部免除する条項　ただし、法令により損害賠償責任が制限されているときは、それをさらに制限する部分についてのみ、条項使用者の相手方の利益を信義に反する程度に害するものとみなす。
②　グレーリスト（【3.1.1.34】不当条項と推定される条項の例）
　ア　条項使用者が債務の履行のために使用する第三者の行為について条項使用

者の責任を制限する条項
　イ　条項使用者に契約内容を一方的に変更する権限を与える条項
　ウ　期間の定めのない継続的な契約[78]において、解約申し入れにより直ちに契約を終了させる権限を条項使用者に与える条項
　エ　継続的な契約において相手方の解除権を任意規定の適用による場合に比して制限する条項
　オ　条項使用者に契約の重大な不履行があっても相手は契約を解除できないとする条項
　カ　法律上の管轄と異なる裁判所を専属管轄とする条項など、相手方の裁判を受ける権利を任意規定の適用による場合に比して制限する条項

(2) 法制審議会の審議

1）論点整理段階

　以上のような「基本方針」のリストの具体例に対して、法制審議会の審議（論点整理段階）において法務省が示したリストの具体例は、以下の通りである[79]。

　法制審議会の審議においては、論点整理段階では、リストの必要性を議論し、リストの具体的内容は議論しないという整理であることもあり、考えられる項目を幅広く挙げている。「基本方針」のように、軽度の義務違反や軽過失の場合を除外するなどの議論は、今後に委ねる趣旨と考えられる。

　　　　　　　法務省作成資料における「リストの具体例」

　　　　　　　　　　　　　　　　　　（注）下線部分が「基本方針」との違い

①ブラックリスト
　ア　条項使用者が任意に債務を履行しないことを許容するなど条項使用者に対する契約の拘束力を否定する条項
　イ　条項使用者の債務不履行責任を制限し、又は損害賠償額の上限を定めることにより、相手方が契約を締結した目的を達成不可能にする条項

78　「継続的な契約」とは、契約の性質上、当事者の一方又は双方の給付がある期間にわたって継続して行われるべき契約をいうとされる「基本方針」【3.2.16.12】参照）。典型的には、賃貸借や雇用であり、請負、委任等は債務の内容によって継続的契約となることもあるという（給付が単発のものは継続的契約とは言えない）。また、不動産の売買契約のように債務の履行に一定の期間を要するものがあるが、これは定義のいう「期間」と解されるわけではないという。前掲「詳解債権法改正の基本方針Ⅴ」404頁。したがって、建設工事も、工事期間が長いことをもって継続的契約とは言えないと考えられる。
79　前掲「民法（債権関係）の改正に関する検討事項(8)詳細版」15頁以下。

ウ　条項使用者の債務不履行又は不法行為に基づく損害賠償責任の全部又は一部を免除する条項
　　エ　相手方の抗弁権の行使を排除する条項
　　オ　条項作成者が相手方の同意なく契約上の地位を第三者に承継させることができるとする条項

②　グレーリスト
　　ア　条項使用者が債務の履行のために使用する第三者の行為について条項使用者の責任を制限する条項
　　イ　条項使用者に契約内容を一方的に変更する権限を与える条項
　　ウ　条項使用者による契約解除を容易にする条項
　　エ　相手方の解除権を任意規定の適用による場合に比して制限する条項
　　オ　相手方の一定の作為又は不作為があった場合に意思表示を擬制する条項や、事業者からの意思表示の到達を擬制する条項
　　カ　法律上の管轄と異なる裁判所を専属管轄とする条項や、相手方の立証責任を加重する条項など、相手方の裁判を受ける権利を制限する条項

　ブラックリストの「エ」の「相手方の抗弁権の行使を排除する条項」とは、例えば、工事の成果物の引渡と報酬の支払について、契約当事者が「同時履行の抗弁権」[80]を行使できないように、支払条件や引渡条件を決めてしまうような契約条項をいう。もちろん、程度問題であって、「相手方の利益を信義則に反する程度に害する」ような契約条項になっているかが問われると思われる。

　現行の消費者契約法が、第8条では損害賠償の免除、第9条では損害賠償の予定等をかなり限定して規定していることに比べ、幅広い範囲の条項が検討対象となっている。

　法制審議会の審議（論点整理）においては、約款の定義、不当条項規制の規定の必要性、リストの必要性などについて賛否両論があった[81]。なお、この段階の審議においては、リストの必要性について議論し、リストの具体的内容は議論しないという整理である。

　論点整理のパブリック・コメントでも、以下のように、賛否両論にわたっ

80　民法第533条参照。例えば、消費者（発注者）の側からは、工事の成果物を引き渡さないならば、報酬を払わないと主張できる。この逆の場合も、請負人から同時履行の抗弁権の主張ができる。
81　法務省民事局参事官室「民法（債権関係）の改正に関する中間的な論点整理の補足説明」（平成23年5月）204頁、237頁参照。

て、多くの意見が寄せられている[82]。

① 約款の定義について

定義についての賛否は法曹界でも意見が分かれている。

日本弁護士連合会でも、「基本方針」の定義については、「企業間の基本取引契約書、契約書のひな型まで約款規制の対象に含まれるのは望ましくないとする反対意見がある一方、対象範囲は広い方がよいと賛成する意見もある。」としている。

他方、産業界は反対が大勢である。

反対意見も、絶対反対から、事業者間契約の除外、労働契約の除外、中立的な団体が作成した約款（FIDIC 約款など）の除外など、さまざまである。

なお、約款については、労働法規との関係だけでなく（就業規則を約款とする見解もある）、行政法規との関係にも留意する必要があるという意見があった。行政法規で規制の対象となっている約款には、使用者の相手方の利益だけでなく、公共の安全などの視点を踏まえているためである。

② 不当条項規制の規定の必要性について

法曹界では、消費者契約や約款による契約について、不当条項規制の規定を設けることに賛成意見が多いが、消費者契約に関するものは、民法ではなく消費者契約法に定めるのが望ましいとする意見が多い。

しかし、企業法務に通じた弁護士等からは、事業者間取引に適用することに反対が強い。意見の内容については、①の約款の定義と重複するが、さらに、「少なくとも、国際取引については不当条項規制から除外すべきである（立法例としては、国際物品売買契約を適用除外とする英国の Unfair Contract Terms Act 1977がある）」という意見が注目される。

産業界は、金融業界、経団連などを中心に反対が強い。

経済産業省（産業組織課）は、「契約書は契約当事者がお互いに作り込んで合意していることが前提とされ、不当条項規制として提案されている内容は自己責任問題と処理されるのが一般的ではある。したがって、少なくとも、企業間取引においては、一律に契約の条項をリストで規制されることは

---

[82] 前掲「『民法（債権関係）の改正に関する中間的な論点整理』に対して寄せられた意見の概要（各論3）」125頁以下、及び「同（各論4）」141頁以下。

取引の実態に合わない。」としている。

　なお、最高裁判所は、「裁判実務における個々の事案の個別具体的な事情に即した妥当な解決を行うには、民法で一般的に規律するのではなく、契約の合理的解釈や民法第90条の適用等に委ねる方が適当であるとする意見が大勢を占めた。また、労働契約においては、各種の規制があり、民法で規制する必要性に乏しいとの意見があった。」という意見を述べている。

　なお、日建連は、不当条項規制について、次のように意見を述べている[83]。

　「歴史的に注文者優位の片務的契約の傾向が本質的に存する建設請負契約においては、注文者が本来自らが負うべきリスクを請負人に負わせる約款条項や契約条項（特記条件書や仕様書などに規定する事項）が現存する場合が少なくないのが現実である。この片務性・不平等性についても、不当条項規制の対象たるべく「不当性」の判断にあたり考慮・規制されるべき要素とされなければ、不当条項規制を設ける意味がない。」

　「不当条項規制の対象からの除外について検討対象とされる「個別交渉」「個別合意」の要件を明確にすべきである。建設請負の契約実務では、注文者が、契約書中の契約条項や約款条項ではなく、附属の特記条件書や仕様書などにより、請負者に酷な契約条項を強いる場合がある。その場合に、注文者から請負者宛に「協議書」が交付され、一応「協議」が行われた外形らしきものが作られるが、例えば公共工事では、その協議書記載の協議事項に対し、請負者が異議を唱えても、注文者が協議書に記載した協議事項のとおりとすることが注文者が交付する協議書に付記されており、結局、請負者に不利な内容でも受容せざるを得ない。このような「個別の交渉」の外形により不当条項規制が適用外となることのないよう「個別交渉」「個別合意」の要件を明確にすべきである。」

　また、建設業適正取引推進機構は、次のように意見を述べている[84]。

83　前掲「『民法（債権関係）の改正に関する中間的な論点整理』に対して寄せられた意見の概要（各論4）」183頁及び176頁。

第2章　契約一般に関する規定

「民法に不当条項規制の規定を設ける場合においては、消費者契約に於ける不当条項規制のルールと、事業者間契約に於ける不当条項規制のルールとの一般的な関係（例えば、消費者契約のルールが、より制限的に事業者間契約に適用されるという原則）を明記すべきである。これに関連して、民法に事業者間契約を対象とする不当条項規制の規定を設ける場合においては、事業者の定義を、営利事業者に限定するとか、経済事業を営む者に限定するなどの考え方には反対する。」

③　リストの必要性

リスト化の問題についても、不当条項規制の是非と同じ構図で賛成・反対の意見が述べられている。

グレーリストについても、「事業者が必要以上の対応を採る結果、実質的にブラックリスト化し、取引コストの上昇を招来する懸念がある」とか、「多くの条項使用者に実質的な萎縮効果をもたらすおそれがある」などと、実務への影響が大きいことが指摘されている。

日建連は、リストの必要性について、次のように意見を述べている[85]。

「不当条項規制の『不当性』該当判断が具体的かつ明確にされないと、『不当性』該当判断を巡り紛争・協議が多発することが懸念される。したがって、不当条項規制の具体的な内容をリスト化した規定が必要である。

不当条項リストは、民法に規定されるべきである。例えば、不当条項規制を民法に規定しつつ、不当条項リストを、消費者保護や労働者保護の見地から、消費者契約法や労働基準法に規定した場合、不当条項リストの内容のイメージとしては、いわゆるガイドライン（クロとなる行為・グレーな行為・シロとなる行為）であるので、そのリストに規定されている考え方を、例えば建設請負における請負者と下請負者との契約関係における不当条項規制に該当するか否かの判断において、準用していいのか・悪いのか、の判断を、契約実務の段階で、行わなければならないこととなり、混乱する。」

84　前掲「同上（各論4）」152頁。なお、後段の意見は、事業者の定義が営利事業者や経済事業を営む者に限られると、公共工事の発注者が不当条項規制の適用対象外となるため、反対するという趣旨（独占禁止法の事業者の定義と同じになるため）。
85　前掲「同上（各論4）」195頁。

第4節　約款と不当条項規制

2）中間試案段階
「中間試案」では、次のような案が示されている[86]。

>第30　約款
>1　約款の定義
>　約款とは、多数の相手方との契約の締結を予定してあらかじめ準備される契約条項の総体であって、それらの契約の内容を画一的に定めることを目的として使用するものをいうものとする。
>（注）　約款に関する規律を設けないという考え方がある。
>
>5　不当条項規制
>　前記2によって契約の内容となった契約条項は、当該条項が存在しない場合に比し、約款使用者の相手方の権利を制限し、又は相手方の義務を加重するものであって、その制限又は加重の内容、契約内容の全体、契約締結時の状況その他一切の事情を考慮して相手方に過大な不利益を与える場合には、無効とする。
>（注）　本文のような規律を設けないという考え方がある。

① 約款の定義
　この定義では、契約内容を画一的に定める目的の有無に着目した定義をすることにより、契約書ひな型のように、相手方との交渉が予定されているものは基本的に約款には含まれないこととしている。

② 不当条項規制
　「中間試案」は、不当条項規制について、原則的な条項を設けることを提案している。このような条項を民法第90条のほかに設ける必要性については、法務省は、「当該契約条項は、現在も民法第90条を通じて無効とされ得るものであるが、当事者の交渉を通じて合理性を確保する過程を経たものではない点で他の契約条項と異なるため、別途の規律が必要であると考えられる。」と説明している[87]。
　規定の内容は、不当性判断の枠組みを明確にするため、比較対象とすべき標準的な内容を条文上明らかにすることとしている。具体的には、ある条項が不当か否かは、「当該条項が存在する場合」と「存在しない場合」との比

86　前掲「民法（債権関係）の改正に関する中間試案」51、52頁。
87　前掲「民法（債権関係）の改正に関する中間試案のたたき台(4)(5)（概要付き）」14頁。

較である。つまりその条項がなかったとすれば適用され得たあらゆる規律、すなわち、明文の規定に限らず、判例等によって確立しているルールや、信義則等の一般条項、明文のない基本法理等を適用した場合と比較して、当該条項により相手方の権利義務が不当に変更されているかという観点から判断するとされている。

　なお、「中間試案」では、総括的な条文だけを置く案を提示しており、部会の審議でも意見の分かれた「不当条項規制の対象から除外すべき契約条項」[88]や、「不当条項リストを設けること」などの論点が、取り上げられていない。

　不当条項リストについては、法務省サイドでは、これまでのところ、各国の具体的な運用状況調査等は行っていないことが法制審議会で明らかにされている[89]。このままいけば、不当条項リストは設けられないことになるのだろうか、その成り行きも注目される。

　ただし、リストがないということは、結局、法令の解釈にゆだねられることになる。消費者契約に関する訴訟などの個別の判例を通じてルールが集積していくものと思われる。

　このほか、「中間試案」では、契約の解釈について「条項使用者不利の原則」を条文化することは見送られた[90]。基本方針の提案は、【3.1.1.43】（条項使用者不利の原則：複数の解釈が可能な文言は、条項使用者の不利な解釈を採用する）参照[91]。

(3) 外国法について

　法務省の法制審議会民法部会資料では、各国の法令が紹介されている[92]。

　英仏独などEU諸国は、既存の1993年EU指令に基づく消費者契約に関する規制について、加盟国が対応する立法措置を行ったという。

　そのうち、ドイツは、それまで約款規制を特別法[93]で行っていたが、民法

88　例えば、「個別交渉を経て契約内容となった条項」、料金、サービス期間等の「契約の中心部分の条項」が議論されている。民法（債権関係）部会第51回議事録（平成24年7月3日）参照。
89　前掲　民法（債権関係）部会第51回議事録38、43頁参照。
90　前掲「民法（債権関係）の改正に関する中間試案のたたき台(4)(5)（概要付き）改訂版」11頁。
91　前掲「債権法改正の基本方針」別冊NBL126号123頁以下。
92　前掲「民法（債権関係）の改正に関する検討事項(8)　詳細版」21頁以下。
93　旧法及びドイツの約款規制については、石田喜久雄編「注釈ドイツ約款規制法」(1999年、同文館出版）参照。

の抜本改正の際に民法に組み込んだ。フランス、イギリスは、特別法を制定したという。

さらに現在検討中のEUの消費者の権利に関する指令案では、詳細なブラックリスト・グレーリストの規定も設けることを検討しているという。

アジアでは、韓国が「約款の規制に関する法律」を制定している[94]。

アメリカには独自の約款規制法はないというが、不公正な免責約款の問題は、「非良心的契約」(Unconscionable Contract or Term)の問題として処理されるという。

この法理は、非良心的取引に関するイギリスのエクイティの法理から発展して、また、アメリカの各州裁判所により契約の一般的法理として確立されたものという。統一商事法典第2-302条にも条文化された。

この法理は、以下のように、リステイトメントに規定されている[95]。

リステイトメント
(非良心的な契約または条項)
第208条　もし契約またはその条項が契約締結の時において非良心的であるならば、裁判所は、その契約の履行を拒否し、または、その非良心的条項を除いて他の契約条項を強行し、または、非良心的条項を非良心的結果を回避するように制限的に適用することができる。

法務省資料に示された、諸外国の立法例等をリストの例示項目ごとに整理すると以下の通りとなる（国内の提案等は除く）。

リストの例示	諸外国の立法例等
【ブラックリスト】 ア　条項使用者に対する契約の拘束力を否定する条項	ドイツ民法第308条第3号、1993年EC指令付表1(c)(f)、フランス消費法典R132-2条第1号、イギリス不公正契約約款条項法第3条第2項b、オランダ民法第6編第236条aなど
イ　条項使用者の側の債務不履行責任の軽減等により、相手方における契約目的達成を不可	ドイツ民法第307条第2項第2号、韓国約款規制法第6条第2項第3号

---

[94] 韓国の「約款の規制に関する法律」の日本訳（周藤利一訳）は、(財)土地総合研究所HP（調査資料／外国法令／韓国の法令／分野別目次／経済法分野）参照。
[95] 望月礼二郎「英米法・新版」333、378頁以下。

第2章　契約一般に関する規定

能にする条項	
ウ　条項使用者の損害賠償責任の全部又は一部を免除する条項	韓国約款規制法第7条第1号、ドイツ民法第309条第7号a、1993年EC指令付表1(a)、イギリス不公正契約条項法第2条第1項など
エ　相手方の抗弁権を制限する条項	ドイツ民法第309条第2号、1993年EC指令付表1(b)、オランダ民法第6編第237条gh、韓国約款規制法第11条第1号、第3号など
オ　条項作成者が相手方の同意なく契約上の地位を第三者に承継させることができるとする条項	ドイツ民法第309条第10号、1993年EC指令付表1(p)、フランス消費法典R132-2条第5号、オランダ民法第6編第236条ef
【グレーリスト】 ア　条項使用者が債務の履行のために使用する第三者の行為について条項使用者の責任を制限する条項	
イ　条項使用者に契約内容を一方的に変更する権限を与える条項	ドイツ民法第308条第4号、1993年EC指令付表1(j)(k)(l)、フランス消費法典R132-1条第3号、R132-2条第6号、イギリス不公正条項法第3条第2項b(i)、オランダ民法第6編第236条i、同第237条c、韓国約款規制法第10条第1号、第309条第1号
ウ　条項使用者による契約解除を容易にする条項	1993年EC指令付表1(g)、フランス消費法典R132-2条第4号、オランダ民法第6編第237条d、韓国約款規制法第9条第2号
エ　相手方の解除権を制限する条項	ドイツ民法第309条第8号(a)、フランス消費法典R132-2条第8号、オランダ民法第6編第236条b、韓国約款規制法第9条第1号
オ　表示擬制条項、到達擬制条項	ドイツ民法第308条第5号、第6号、韓国約款規制法第12条
カ　相手方の裁判を	ドイツ民法第309条第12号、1993年EC指令付表1(q)、フ

| 受ける権利を制限する条項 | ランス消費法典R132－2条第9号、第10号、オランダ民法第6編第236条k、韓国約款規制法第14条など |

(4) 建設工事請負契約への影響
① 建設産業政策への影響

　民法の不当条項規制の問題は、建設市場に対する法的なコントロールに関する構造的な問題を浮き彫りにする。

　従来、建設市場を議論する場合は、次の三つの建設市場について、建設業法、建築士法等の特別法により、その市場の実情（交渉力等）に応じて独自に細分化された施策が検討されてきた。今日では、消費者契約法の適用される住宅建築市場を別に数えて、民事法的ルールという側面で見ると四市場と言っても過言ではない。

建設市場	市場の実情（交渉力等）
公共工事	原則的に、発注者はプロ 発注者（公法人）が優越的な地位
民間工事	原則的に、発注者はアマ（一部はプロ） 独立した建築士が発注者の立場を補完
	消費者が発注者となる住宅建築市場では、受注者（建設業者）が優越的な地位
下請工事	建設業者間の市場（プロの中間市場） 原則的に発注者（特定建設業者）が優越的な地位

　「基本方針」の不当条項規制の提案は、民法に、消費者契約に限らない一般的ルールとしての不当条項規制を定めるというものであり、以上のような建設市場のパワーバランスからみて一概に建設産業に不利とも言えない複雑な影響を及ぼす。

　しかし、不当条項規制が実現すれば、これらの各市場の実情に応じて特別法が展開してきた政策との役割分担や、各々具体の規制ルールの強弱について、点検・見直しを迫る契機となろう。

② 建設工事請負契約への影響

　個別の契約においても、不当条項規制が、「中間試案」の提案通り、契約

第2章　契約一般に関する規定

約款にも適用されると、規制の対象が各業界等で定めた「統一契約書（約款）」、各会社で通常使う「契約書式（下請負契約書、委託契約書等）」及び共通仕様書に及ぶ可能性がでてくることになり、建設産業への影響は大きい。

特に、事業者にも適用されるならば、公共工事の発注者である国、地方公共団体も事業者であり、公共工事も民法上の請負契約であるから、公共工事請負契約約款についても、民法の不当条項規制の対象となることも考えられる。

もちろん、建設業法に基づく審議会で作成（建議）している約款であるからという形式的な理由だけでは、裁判所による司法審査を免れ得ないことは言うまでもない。

③　ブラックリスト・グレーリスト問題の今後の影響

不当条項のリストが、「中間試案」の提案通り条文化されないこととなれば、公共工事請負契約約款の実務に直ちに影響はないが、一度明らかになった議論について、予め十分に考察し備えておくべきであろう。

(1)のブラックリスト・グレーリストの条項は、専門用語を用いて書かれ、かなり抽象的であるため、これが建設業界にどのように影響が及ぶかわかりにくいと思われる。

このため、公共工事標準請負契約約款制定当時（1948年頃）に、それまでの公共工事契約に見られたと指摘された「片務性の主要なもの」7項目と、2010年に法務省が法制審議会民法部会において例示したブラックリスト・グレーリストの各項目について、趣旨内容が類似するものを対比すると、次表の通りになると考えられる。

昭和25（1948）年頃の指摘は、今日の法律学の視点で見ても的確であり、公共工事の片務性の問題は、民法における不当条項規制の問題として論じることもできるとわかる。

これらに関する詳細な考察は、項目を改めて、取り上げることとしたい。

片務性の主要7項目（1948頃）	約款の不当条項リスト（2010）
債　務　の　履　行	
①　注文者の代金支払時期が不明確で	Ｂア　条項使用者が任意に債務を履行

あり、一方的に注文者の意思により定められていること ⑤　請負契約について発生した疑義紛争は、一方的に注文者が決めること	しないことを許容するなど条項使用者に対する契約の拘束力を否定する条項 Bエ　相手方の抗弁権の行使を排除する条項
損害賠償・費用負担	
②　注文者側の一方的な工事中止又は設計変更の場合の請負業者の被る損害は、一切注文者が負担しないこと ④　請負者の債務不履行には、遅延利息、懈怠金等厳重な損害賠償の定めがあるにもかかわらず、注文者の債務不履行については、損害賠償義務の規定がないこと ⑦　天災不可抗力に基づく損害の負担については、契約上は全額請負業者の負担となっていること	Bイ　条項使用者の債務不履行責任を制限し、又は損害賠償額の上限を定めることにより、相手方が契約を締結した目的を達成不可能にする条項 Bウ　条項使用者の債務不履行又は不法行為に基づく損害賠償責任の全部又は一部を免除する条項 Gア　条項使用者が債務の履行のために使用する第三者の行為について条項使用者の責任を制限する条項
契　約　変　更	
③　注文者側の資材支給時期遅延の場合や天災不可抗力の場合における工期延長はすべて注文者の一方的決定によること	Gイ　条項使用者に契約内容を一方的に変更する権限を与える条項
解　　除	
⑥　注文者は、任意解除権を有しているが、請負業者は注文者に重大な責のある場合も解除権を有しないこと	Gウ　条項使用者による契約解除を容易にする条項 Gエ　相手方の解除権を任意規定の適用による場合に比して制限する条項
そ　の　他	
	Bオ　条項作成者が相手方の同意なく契約上の地位を第三者に承継させることができるとする条項 Gオ　相手方の一定の作為又は不作為があった場合に意思表示を擬制する条項や、事業者からの意思表示の到達を擬制する条項

第2章　契約一般に関する規定

| | Gカ　法律上の管轄と異なる裁判所を専属管轄とする条項や、相手方の立証責任を加重する条項など相手方の裁判を受ける権利を制限する条項 |

注　Bはブラックリスト、Gはグレーリストの略

2　消費者・事業者に関する規定

(1)　基本方針の提案

　現行民法の想定している「人」は、「平等の権利能力を持ち、自らの意思に基づいて、自由かつ合理的に行動できる、財産のある人」[96]である。人の概念はこのように抽象的形式的であるが、財産を持ったブルジョアジー（有産階級）であることが前提とされていた。したがって、契約は対等な当事者間の合理的な交渉により結ばれることが当然の前提とされている。

　これに対して、「基本方針」は、「普遍的な『人』概念を想定しつつ、契約の目的との関連で現れる『人』の差異の側面にも留意する」として、「消費者契約法や商行為法[97]の規定のうち基本的なもの」は、民法の一般ルールとして、又は消費者取引や事業者取引に関する規定として、民法に取り込むべきとしている[98]。

　このため、「基本方針」は、消費者・事業者に関する定義規定などを置くとともに、各所においても消費者契約等に関する民法の規定を設けることを提案している（各所の規定についてはこの節では省略）。

現行民法	基本方針の提案
規定なし 参考　消費者契約法 　　　2条 （定義） 第2条　この法律において「消費者」	【1.5.07】（消費者・事業者の定義） 〈1〉　消費者契約に関する特則の適用範囲を画するために、消費者・事業者の定義を一対をなすものとして置くものとする。 〈2〉　消費者・事業者の定義に際しては、次のような考えに立つものとする。 　〈ア〉　消費者：事業活動［または専門的職業活動］以

96　内田貴「民法Ⅰ（第4版）」128頁、東京大学出版会2008年参照。
97　その結果、今後の商行為法、あるいは会社法及び保険法が分離した後の商法全体のあり方が課題となる。内田貴「債権法の新時代」25頁以下、商事法務2009年。
98　前掲「債権法改正の基本方針」別冊 NBL 126号10頁。

とは、個人（事業として又は事業のために契約の当事者となる場合におけるものを除く。）をいう。 2　この法律（第43条第2項第2号を除く。）において「事業者」とは、法人その他の団体及び事業として又は事業のために契約の当事者となる場合における個人をいう。 3　この法律において「消費者契約」とは、消費者と事業者との間で締結される契約をいう。	外の活動のために契約を締結する個人 　〈イ〉　事業者：法人その他の団体 　　　　事業活動［または専門的職業活動］のために契約を締結する個人 〈3〉　消費者契約以外の契約につき事業者の概念を用いる場合には、上記の定義を利用することとし、要件を絞る必要がある場合には、「営業［事業］として」「営業［事業］の範囲内において」等の文言を加えるものとする。 【1.5.08】（消費者契約の定義） 〈1〉　この法律において「消費者契約」とは、消費者と事業者との間で締結される契約をいう。 〈2〉　消費者契約について定められた規定は、労働契約については適用しない。 注：〈2〉は消費者契約法48条と同趣旨。

① 基本方針の定義

「基本方針」の提案内容は、以上のように、消費者契約法の定義規定と同じである。

参考のために、消費者契約法の文言解釈は、次の通りである[99]。

「消費者」は、個人（自然人）であって、個人事業主は除かれる。「事業」（一定の目的を持って反復継続して行われる行為）の目的が非営利か営利かは問わない。ただし労働契約は適用除外である（48条：同様に、基本方針も労働契約は適用除外とする【1.5.08】〈2〉）。

したがって、消費者契約上の「事業者」の概念は幅広く、消費者でない者は事業者にあたると言っても過言ではない。「法人」には、会社だけでなく、国、地方公共団体、NPOなど非営利法人も含まれる。「その他の団体」とし

99　内閣府国民生活局消費者企画課「逐条解説消費者契約法新版」66頁商事法務2007年。

て、法人格がない社団財団や民法上の組合などが含まれる。

ただし、適用対象は「契約」であり、行政処分や社会保障の「措置」のように「契約」でない行為は適用対象外である。

独占禁止法では、事業者とは「商業、工業、金融業その他の事業を行う者」（第2条第1項）とされる。判例では、「なんらかの経済的利益の供給に対応し反対給付を反復継続して受ける経済活動を行う者」である[100]。対価性のない慈善事業、一回限りの行為が除かれる。

このため、国、地方公共団体の行為でも経済活動でないもの（例：公共工事の発注）は、独禁法上の「事業」ではない。しかし国等の事業でも対価を得て経済活動を行うものは事業に当たるとされた（例：国営の郵便事業）。

そこで、公共工事の発注者が、独占禁止法上の「優越的地位の濫用」のガイドラインの対象とならないのは問題とする意見もある（2010年12月3日建設通信新聞参照）。なお、この問題に関しては建設業法に基づく「発注者・受注者間における建設業法令遵守ガイドライン」が、平成23年8月に制定されている。

このような幅広い事業者の定義は、「消費者の保護」あるいは、「公正且つ自由な競争の促進」を目的とした法制度の整備に即したものである。

② 参考：特定投資家制度

しかし、「法人その他の団体」といっても、つねに事業者（プロ）としての実態を備え、責任を果たすことが期待できるわけではない。その実態に応じて一定分野の商取引において、消費者と同じように保護の対象としている法制度もある。

金融商品取引法における投資家保護制度では、次表のように投資家をいわゆるプロ・アマに区分し、しかもそれぞれに当事者の申出により区分の扱いを変えることができる者の区分も設けている（特定投資家制度）[101]。

---

[100] 最判平成元年12月14日（東京都と畜場事件）。根岸哲編「注釈独占禁止法」6頁、有斐閣2009年。
[101] 金融商品取引法第2条第31項、第34条の2から第34条の4、金融商品取引業等に関する内閣府令第61条、第62条、金融商品取引法第2条に規定する定義に関する内閣府令第23条。③の「適格機関投資家」の定義は、同法2条3項1号。
　④の「内閣府令で定める法人」は、特別の法律により特別の設立行為をもって設立された法人（特殊法人、独立行政法人）、投資者保護基金、預金保険機構、農水産業協同組合貯金保険機構、保険契約者保護機構、特定目的会社、上場株券の発行会社、資本金の額が5億円以上であると見込まれる株式会社、金融商品取引業者等、外国法人、である。

これにより、投資家は実質的に4区分され、法人も個人もプロ・アマに区分されている。

地方公共団体について、2011年4月から、この特定投資家制度の位置づけが見直された。具体的には、下表のように、原則として、④「一般投資家への移行可能な特定投資家」（プロ）から、⑤「特定投資家への移行可能な一般投資家」（アマ）へ変更された。地方公共団体に関しては、取り扱いの原則が、プロからアマへ逆転した形になったと言える。

特定投資家（プロ）		一般投資家（アマ）	
一般投資家への移行不可	一般投資家への移行可能	特定投資家への移行可能	特定投資家への移行不可
①国 ②日本銀行 ③適格機関投資家	④投資者保護基金その他の内閣府令で定める法人	⑤一般の法人（①～④に該当しない法人） ⑥一定の要件に該当する個人（③に該当する者を除く）	⑦一般の個人（③⑥に該当しない個人）

その理由としては、地方公共団体には、「高度な金融知識が求められる複雑な金融商品が増える中、必要な金融知識を踏まえた投資判断が行われ得る態勢が必ずしも整っていない団体も含まれていることから、特定投資家となることを求める団体のみ、特定投資家として業者からの書面交付義務等を免除することが適当である」としている[102]。

(2) 法制審議会の審議
1) 論点整理段階

法制審議会の審議（論点整理）では、①当事者間の格差一般について民法で対応する必要性、②消費者概念等を民法に取り入れることの可否、③消費者・事業者の定義のあり方、④民法と特別法の役割分担（消費者契約法との統合問題含む）について、賛否両論が交わされた[103]。

---
102 金融庁「金融・資本市場に係る制度整備について」Ⅴ1、14頁（2010年1月21日）。
103 前掲「民法（債権関係）の改正に関する中間的な論点整理の補足説明」457頁。法制審議会民法（債権関係）部会第20回会議議事録25頁。

第2章　契約一般に関する規定

　なお、「基本方針」が消費者契約法を民法に取り込むと提案していることについては、消費者団体、弁護士会から強い反発が示され、法務省は「法制審議会は、消費者契約法のあり方を議論する場ではない」という立場を説明している。

2）中間試案段階
　「中間試案」では、次のような案が示されている[104]。

第26　契約に関する基本原則等
4　信義則等の適用に当たっての考慮要素
　消費者と事業者との間で締結される契約（消費者契約）のほか、情報の質及び量並びに交渉力の格差がある当事者間で締結される契約に関しては、民法第1条第2項及び第3項その他の規定の適用に当たって、その格差の存在を考慮しなければならないものとする。
（注）　このような規定を設けないという考え方がある。また、「消費者と事業者との間で締結される契約（消費者契約）のほか、」という例示を設けないという考え方がある。

　民法に消費者・事業者に関する規定を設けることについては、反対意見も強く、議論が分かれている。
　「中間試案」は、厳格に消費者・事業者の概念を規定して消費者契約に関する規定を設ける案ではなく、今日では、民法の適用場面のうちの多くは、消費者契約その他の格差のある当事者間の契約であることに鑑み、上記のような考慮が必要であることを明らかにする規定を整備することを提案している。

(3)　**外国法について**

　消費者・事業者という法律上の概念は、先進各国では共通して見られるが、民法典との関係は国によって違う。
　ドイツでは、2000年の民法改正によって民法に消費者概念が導入され、消費者に関する規律が民法典に置かれることになった[105]。他方、フランスは、民法とは別に消費者法典が制定されている。

104　前掲「民法（債権関係）の改正に関する中間試案」58頁。参考：同「民法（債権関係）の改正に関する論点の検討(21)」14頁。

なお、事業者と類似する「商人」の概念を設け商法を商人に適用する法として民法と峻別する発想は、ヨーロッパでもフランスとドイツの歴史的事情によるものと考えられ[106]、スイス、イタリア、オランダなどでは、民法と商法との区別はなく、同一の法典に規定が置かれている。英米法でも民事法典と商事法典が分かれていない。

(4) 建設工事請負契約への影響
① 建設工事契約における消費者契約等

「基本方針」の考えに従って、建設工事が「消費者契約」又は「事業者間の契約」になる場合を考えると、公共工事の発注者は民法上の請負契約の当事者としての公法人であるので「事業者」であり、公共工事の契約は常に「事業者間契約」であるが、個人が発注者の場合は、住宅建設は「消費者契約」と、事業用の建物等は「事業者間契約」と思われる。

しかしながら、このような区分のあり方には課題もある。例えば個人や零細企業など建設工事の素人発注者が事業目的で建設工事を発注する場合、これを本当に事業者に分類してよいのか等である。

② 建設業法の今後のあり方

建設業法第1条の目的規定に「発注者の保護」という文言が入っている。

他方、同法は、「建設工事の請負契約の原則」として、第18条に次のように定め、契約関係では、発注者と受注者は「対等な立場」であることが強調されている。

第18条 建設工事の請負契約の当事者は、各々の対等な立場における合意に基いて公正な契約を締結し、信義に従って誠実にこれを履行しなければならない。

これは公共工事の片務性問題が背景にあるためだが、現行民法の考え方に

---
105 前掲「民法（債権関係）の改正に関する検討事項(15)詳細版」2頁以下及び本書注3参照。ドイツは、民法改正により約款規制法（日本の消費者契約法のモデルの一つ）を民法に取り込んだ。
106 内田貴「債権法の新時代」25頁。フランスは、貴族が支配する裁判所の不当な干渉を防ぐため、商人間の紛争は商人から選ばれた裁判官による商事裁判所の管轄とした経緯、ドイツは、国家統一に先駆けて経済面からの統一を進めるため、国際商取引での法の統一を図る統一商法典が生まれたという経緯がある。

も合致していた。民法はこれまで対等当事者の契約ルールを規律するものとし、特別な当事者間のルールは特別法にゆだねる立場だったからである。

これに対し、「中間試案」の提案は、基本法たる民法でも「消費者」「事業者」などの情報や交渉力等の格差のある関係に考慮を払い、より実質的な契約関係のルールを規律する趣旨を明らかにするものである。この趣旨から、定義規定等は設けないものの、信義則の適用に関する条文や民法第90条の改正が提案されている。

もちろん、このような民法改正が行われるからといって直ちに建設業法第18条の意義が否定されて、規定を見直すべきという結論にはならないと思われる。

とは言っても、このように民法のあり方が変わっていくと、従来の建設業法の基本的スタンスは今後どうすべきなのだろうか。

中長期的な視点で見ると、建設業法の中で、金融商品取引法のプロ・アマの区分のように、建設産業の実態に即したきめ細かい契約関係のルールを定める方向に行くのか否か、岐路に立つと言えよう。

3　不当条項規制による公共工事標準請負契約約款への影響

公共工事請負契約に関する「片務契約」の歴史も踏まえると、建設産業としては、不当条項規制に関する民法改正が、公共工事標準請負契約約款(以下公共工事約款という)に適用されなければ意味がないと思われる。

他方、官庁側の発注者としても、公的機関としてのコンプライアンスの問題として積極的に受け止めることが必要であろう。

そこで、法務省資料における「リストの具体例」に沿って不当条項規制が実施された場合に、公共工事約款に基づく実務がどのような影響を受けるかを考察し、今後の検討材料としたい。民法に不当条項リストが条文として存在しなくとも、民法第90条や不当条項の総括規定の解釈としてリスト案に書かれた原則が活用される可能性があるからである。

(1) 遅延利息

最初に、現行民法の課題と同じような、制定当時から存在する古い規定、すなわち遅延利息に関わる問題から、影響を考察したい。

① 前金払、部分払の遅延利息

遅延利息は、金銭債務の支払が遅れた場合の損害の賠償である。

工事請負契約においては、発注者が仕事の完成に対して報酬を払うという金銭債務を負う。この支払が遅れたときには、遅延利息が発生する。政府契約の支払遅延防止等に関する法律の遅延利率は、平成24年度は、年3.1％である[107]。

公共工事約款においては、発注者の金銭の支払は、①前金払（第34条）、②部分払（第37条）、③引渡に係る請負代金支払（第32条第2項）、④部分引渡に係る請負代金支払（第38条）の4つの場合がある。

このうち、約款上で遅延利息が規定されているのは、後二者の③「引渡に係る請負代金支払（第32条第2項）」と④「部分引渡に係る請負代金支払（第38条）」だけであり（第45条第3項：遅延利息）、前払金（①）や部分払金（②）については、遅延利息の規定がない。

他方、受注者の前払金の返還における遅延利息（請負代金の減額の際の前払金の返還に関するもの）については、公共工事約款第34条Ａ第8項、同条Ｂ第6項に規定がある。

前二者①②については、制定時は次のように考えられていたようである。

「・・・発注者が前払金（①）や部分払金（②）を約定期日までに支払わなかった場合については、本項（現第45条第3項：遅延利息）の適用はない。これは、請負における報酬の支払は民法上後払が原則であり、前払金や部分払金はむしろ請負者の利益のために発注者が<u>好意的に支払う</u>ものであって、この支払の遅滞について遅延利息の請求権を請負者に認めることは適当でないと考えられたことによるものと解される。」[108]

不当条項規制を行う民法改正が行われ、このような条項を遅延利息（損害賠償）の免除規定と解釈するならば、上記ブラックリストの「ウ（損害賠償を免除する条項）」に該当する恐れがあるのではないかと思われる。つまり、

---

[107] 支払遅延防止法の遅延利率は変動金利制になり、現在では民法5％、商法6％の法定利息と金利が逆転している。平成23年2月4日財務省告示第52号。平成24年度も同じ。
[108] 建設業法研究会「公共工事標準請負契約約款の解説」1981年版166頁、大成出版社。下線及び（　）内の文言は、筆者加筆。

この条項を根拠に遅延利息を支払わないと裁判で争えばこの条項は無効と判断される恐れがあると考えられる。

他方、現在の約款の解釈は、約款に規定がなくとも、「商事利率（商法第514条）の年6％」で計算した遅延利息を支払わなければならないとしている[109]。

なお、国等の契約については、支払遅延防止法第10条との関係を検討すべきではないかと思われる。つまり、遅延利息を「書面で明らかにしない場合」は、同法条の遅延利息の金利が適用されるという規定に該当するか検討すべきではないかと思われる。もちろん、予算がないからという理由で遅延利息は支払わなくともよいというものではない。

② 金銭債務の特則（債務不履行の帰責事由要件の特例）

公共工事約款第45条第3項には他にも問題がある。同項は、「発注者の責めに帰すべき事由により・・・請負代金の支払いが遅れた場合」にだけ、受注者が遅延利息の支払を請求できる趣旨の規定を置いている。この文言をそのまま読むと、発注者の責めに帰すべき事由がない場合は、遅延利息を請求できないことになるが、問題はないのであろうか。

この規定について解説書[110]では、金銭債務の不履行に不可抗力を理由として抗弁できない等と定めた民法第419条第2項、第3項などの適用を排除する趣旨ではないと述べている。

他方、この条項は、天災等の非常時における支払の場合を考えると、一概に不合理とも言えないという反論もあるかもしれない。支払遅延防止法第8条第1項但書きは、「天災地変等やむを得ない事由に因る場合」の遅れは当該日数を遅延利息の計算の対象としないと定めている。

以上のような用語の曖昧さは、約款の文言の骨格が制定当時のまま維持されているからであり、民法改正を機会に約款の文言と民法や支払遅延防止法の規定との整合性を確保するよう検討すべきではないかと思われる。

なお、「基本方針」は、民法第419条第3項の廃止（一般原則に従う）を提

---

109 前掲「改訂4版公共工事標準請負契約約款の解説」2012年版354頁。
110 前掲「改訂4版公共工事標準請負契約約款の解説」2012年版354頁。

案している[111]。この点は、「中間試案」も同様の提案をしている[112]。

参考
　政府契約の支払遅延防止等に関する法律の運用方針（昭和25年4月7日理国第140号大蔵省理財局長通達）

第二　この法律運用の基本方針
　この法律は、国の会計経理事務処理の能率化を図り政府契約の支払を促進するとともに、従来兎角官尊民卑的傾向に陥り、ややもすれば片務性を有することが当然であるかの如き先入観の存する虞のあつた政府契約をして、私法上の契約の本質たる当事者対等の立場において公正に締結せしめ信義則の命ずるところにより相互の円滑適正な履行を確保せんとするものである。従つて、合意の名のもとに契約の本質にもとるが如きことをなさないことはもとより、単に遅延利息の支払をもつて、支払遅延の責を免れ得るとの安易感を抱くことなく約定期間内の支払を励行するよう厳に留意すべきである。
　なお、この法律の適確円滑なる施行を期する反面、相手方の履行をも厳格に励行せしめる措置することが必要である。

(2) **受注者の損害等に関する規定**
① 　受注者の損害等に対する「必要な費用」の負担
　公共工事約款には、「発注者は、・・・（増加費用を必要とし）・・・受注者に損害を及ぼしたときは必要な費用を負担しなければならない。」という規定が、以下の通り、数多くある。

公共工事約款における「必要な費用の負担」条項の一覧

第15条第7項	● 支給材料及び貸与品
第17条第1項	● 設計図書の不適合
第18条第5項	● 条件変更等
第19条	● 設計図書の変更
第20条第3項	●○工事の中止

---
111 【3.1.1.72】（金銭債務の特則）　別冊 NBL 126号142頁。
112 本書第2章第6節3「金銭債務の特則と損害賠償の予定」の項を参照。

第2章　契約一般に関する規定

第21条第2項	● 受注者の請求による工期の延長等
第22条第3項	● 受注者の請求による工期の短縮等
第24条第3項	○ 請負代金の変更方法
第33条	部分使用
第43条第2項	●○前払金等の不払いに対する工事中止

●印は、「請負代金の変更」の文言がある規定
○印は、「増加費用」の文言がある規定

　これらの規定のうち、例えば、第15条第7項及び第20条第3項の文言は、以下の通りである。

公共工事約款
（支給材料及び貸与品）
第15条
7　発注者は、前2項の場合において、必要があると認められるときは工期若しくは請負代金額を変更し、又は受注者に損害を及ぼしたときは必要な費用を負担しなければならない。
（工事の中止）
第20条
3　発注者は、前2項の規定により工事の施工を一時中止させた場合において、必要があると認められるときは工期若しくは請負代金額を変更し、又は受注者が工事の続行に備え工事現場を維持し若しくは労働者、建設機械器具等を保持するための費用その他の工事の施工の一時中止に伴う増加費用を必要とし若しくは受注者に損害を及ぼしたときは必要な費用を負担しなければならない。

　上記の表に挙げた規定は、いずれも発注者の側に帰責事由がある「損害」の賠償規定である。
　その規定中の「必要な」という言葉を、損害賠償等の支払について発注者が必要か否か判断できる規定と解するならば、上記ブラックリストの「ア（条項使用者に対する契約の拘束力を否定する条項）」あるいは、「ウ（損害賠償責任を免除する条項）」に該当するのではないかと思われる。
　これについては、解釈書では、「必要な」の文言は、「通常合理的な範囲内で相当因果関係があるものに限るという意味で用いられている」[113]と述べて

113　前掲「改訂4版公共工事標準請負契約約款の解説」2012年版221頁。

いる。

　これは、債務不履行による「通常生ずべき損害」（民法第416条第1項）の通説に沿った解説である。他方、民法第416条等の債務不履行による損害賠償の範囲についても債務不履行制度の見直しの一環として民法改正が議論されており、その結果も踏まえ、約款の文言のあり方を検討すべきであろう。

　また、この規定は、損害賠償だけでなく、工期変更、請負代金変更、事情変更の増加費用負担等、さまざまな場合を想定して、「必要な費用」を負担する趣旨で包括的に表現された文言であり、片務的な意図ではないと言う反論もあろう。

　しかし、公共工事約款では、発注者側の損害賠償のみを定めた第33条の規定にも「必要な費用」の文言が使われているが、受注者側に帰責事由がある損害賠償に関する規定の場合は、「必要な費用」という文言は使っていない。例えば、公共工事約款の第15条第10項では、以下のように、同条第7項とは逆に、受注者の帰責事由がある損害の「賠償」に関する規定がある。こちらには「必要な負担」の文言はなく、単純に「損害を賠償」としている。このように、用語が統一されていない。

公共工事約款
第15条
10　受注者は、故意又は過失により支給材料又は貸与品が滅失若しくはき損し、又はその返還が不可能となったときは、発注者の指定した期間内に代品を納め、若しくは原状に復して返還し、又は返還に代えて損害を賠償しなければならない。

　以上から、現行約款における「必要な費用」という表現は、制定当初からの古い文言がそのまま維持されていること、実質的な意味を持つ文言ではないならば表現の統一かつ現代化を図るべきであることからも、民法改正を機会に見直しを検討すべきと思われる。

② 損害の額についての「協議」規定
　また、請負人が「損害」を受けた場合の「必要な費用の額」については、現行約款第24条第3項により「発注者と受注者とが協議して定める」と規定している（「増加費用」についても同じである）。

> 公共工事約款
> (請負代金額の変更方法等)
> 第24条
> 3　この約款の規定により、受注者が増加費用を必要とした場合又は損害を受けた場合に発注者が負担する必要な費用の額については、発注者と受注者とが協議して定める。

　この条項は、一見すると当たり前の手続が書かれているように見え、問題を見過ごしてしまう。これは、「損害」等の「額の算定方法に関する定め」[114]（手続）にすぎないのだろうか。

　まず、損害額に関する「協議規定」の存在自体について、次のように合理性を疑う意見[115]があることに留意すべきである。

　「損害賠償額は確定的に決定しうるはずのものであって、いまさら当事者の協議を必要としない。いくらがんばったところで乙（請負人）は実損害額以上のものを要求し得ないから、甲（発注者）と協議するということは、損害額を実損害額以下にする余地しか残されていないことになる。
　・・・問題は甲と協議しなければ乙が損害賠償を要求しえないというところにある。このような約款の規定の合理性は極めて疑わしい。」

　高橋先生の指摘は、解除の損害賠償に関する旧第39条第3項（現第48条第2項）に存在した甲乙協議条項についてであるが、その指摘は他の損害賠償に関する規定にも当てはまるのではないか。
　そのように約款の協議規定を解釈して、第24条第3項の規定に基づき協議が整っていないから損害賠償を請求できないと主張すると、同項は「Ｂア　条項使用者に対する契約の拘束力を否定する条項」又は「Ｂウ　条項使用者の損害賠償責任の全部又は一部を免除する条項」に該当するので無効と裁判で判定される恐れがあるのではないだろうか。

---

[114] 建設業法第19条第1項第5号は、請負契約の内容として「当事者の一方から設計変更又は工事着手の延期若しくは工事の全部若しくは一部の中止の申出があつた場合における工期の変更、請負代金の額の変更又は損害の負担及びそれらの額の算定方法に関する定め」を置くことを義務付けている。
[115] 髙橋三知雄「解除とその効果」判例時報42巻9号30頁、1970年、日本評論社。

公共工事約款の解説書は、以下のように述べている。
　まず、「損害賠償も増加費用の負担も、法律的にはともに広く損害賠償の範囲に含まれるものである」[116]とする。
　その上で、損害又は増加費用の負担について規定する約款第24条第3項の規定に、請負代金の変更について第24条第1項で用いられている「一定期間内に協議が整わない場合には発注者が定めるといった方法」を適用することは、「損害賠償請求権の制限になることなどから不適当」としている[117]。
　しかし、請負代金と異なる、「損害賠償」の支払手続の規定がないこと[118]、及び「増加費用」「必要な費用」という表現自体が、実務上これらもすべて第32条の「請負代金額の支払い」に含めて支払う趣旨を示しているのではないか。
　他方「請負代金」含まれると解釈すると、文理上、第24条第1項により発注者が一方的に損害賠償額を決定することも可能ということになり、第24条第3項の意義自体がわからなくなる。
　このような約款の曖昧さは、第24条第1項で用いられている「一定期間内に協議が整わない場合には発注者が定めるといった方法」（この問題点は後述）を約款に導入した際の無理が、約款全体の用語をゆがめているためではないかと考えられる。

　結局、これまでの論点と同様に、「協議規定」自体は当然のことを書いたもので、実質的な意味がない（協議が整わないと損害を賠償しないと発注者が主張できるものではない）と言わざるを得ないならば、民法改正の推移を見極め、文言の整理を検討すべきではないかと思われる。
　コンプライアンスが重視される行政機関の行う契約であり、支払の実務的規定といえども不当条項規制に関する民法の規定に抵触するおそれがあるという議論を招かないようにすべきであろう。

(3) 請負代金額の協議が整わない場合の発注者の決定
　次の表は、公共工事約款中のいわゆる「甲乙協議条項」である。このう

---

116 前掲「改訂4版公共工事標準請負契約約款の解説」2012年版285頁（33条の解説）。
117 前掲「改訂4版公共工事標準請負契約約款の解説」2012年版221頁。
118 このほか、支払期限や、遅延利息の計算の始期等をどうするかという問題がある。

ち、第18条、第24条第3項及び第55条の規定（いずれも＊印）を除く規定は、「・・・ただし、協議開始の日から〇日以内に協議が整わない場合には、発注者が定め、受注者に通知する。」という内容になっている。

甲乙協議条項

第18条第4項第3号	＊条件等の変更
第23条第1項	工期の変更
第24条第1項	請負代金の変更
第24条第3項	＊増加費用・乙の損害の甲の負担
第25条第3項、第7項	賃金・物価の変動に基づく請負代金額の変更
第30条第1項	請負代金額の変更に代える設計図書の変更
第34条第5項	前金払いの超過額の返還
第37条第6項	部分払い金額の算定方法
第38条第2項	部分引渡の場合の請負代金算定方法
第55条	＊補足

＊は、約款の表現に発注者の「決定」が明記されていない条項

　この約款の規定は、平成7（1995）年の改正で生まれたものである。この規定は、それまで「甲乙協議して定める」とされていたものに、問題の但書きを追加したものである。これは、「国際性を加味した制度の見直し」具体的には「契約関係の明確化」のために[119]、導入されたものとされる。
　確かに、協議するといっても、いつからいつまでどのように協議するのか、協議のまとまらない時はどうするのか、いわゆる「甲乙協議条項」[120]はそれらを曖昧にしておくのが好ましいとする日本的な取引慣行に基づいているとも考えられる。それは国際的には理解を得にくい[121]。その限りではこれを改正した意義は認められると思われる。

---

119 前掲「改訂4版公共工事標準請負契約約款の解説」28頁、2012年版、大成出版社。
120 川島武宜「日本人の法意識」115頁。岩波書店1967年。なお、「甲乙協議条項」については、契約内容を予め決めず、曖昧にするという趣旨の解釈だけではなく、取引慣行等から一定の合理的内容が定まることが予定されているという解釈もある。
　これに対して、契約書上の文言が契約のすべてで、それ以外の内容はすべて無かったことにするのが「完全合意条項」と呼ばれるものである。交渉途中のやりとりなどを後で証拠として持ち出させない趣旨で結ばれる条項であり、国際契約における法的技術とされる。
121 クリス・ニールセン "絶滅貴種" 日本建設業」91頁栄光社2008年。

第4節　約款と不当条項規制

　しかし、この規定を根拠に、発注者はどのようにも設計変更や請負代金の決定を行うことができ、請負者はこれに従わなければならない契約関係にあると解釈することは、上記ブラックリストの「ア（契約の拘束力を否定する条項）」又はグレーリストの「イ　（一方的に契約変更権限を与える条項）」に該当し無効とされる恐れがあると思われる。

　その理由の第一は、公共工事の現状が、國島正彦先生の報告書[122]にも次のように指摘されているように、発注者の立場が優先されがちな状況にあることである。

「現在、日本の公共工事で行われている前金払と竣工払の2回支払システムのもとでは、設計変更により工事代金の変更が生じた場合、設計変更時には発注者からの指示書が出るだけで受・発注者間の十分な変更協議が行われず、工期末に設計変更案件をまとめて協議、精算を行う場合が多く、その際の変更金額算定においては発注者の積算単価が優先されがちで双務性の高い設計変更となりにくいという問題が生じている。」

　このような中で、契約書の文言自体が、次のような昔の「片務的規定」に逆戻りしているようにも見えることにより、結果的に片務的運用を維持又は増大させる「逆コース」につながる恐れがあると考えられるからである。
　例えば、戦前の朝鮮総督府契約書では次のような条項があったという[123]。

「本契約に関し疑義を生じ又甲乙双方の見解異なり、若しくは協議整わざる時は、すべて甲（注文者）の決するところによる」

　理由の第二は、今日の視点からみると国際的に不十分な規定になっていることである。
　おそらく、この規定は、WTOの適用に伴う市場開放対策として、FIDIC約款などで用いられている、エンジニアの裁定・決定をイメージして作られたのではないかと思われる。
　しかし、エンジニアならば、独立性と高い職業倫理を有する専門家である

122　國島正彦「出来高部分払方式による公共工事マネジメントシステムの開発調査研究報告書」2003年7頁。
123　中村絹次郎「新版建設工事請負契約要論」64頁　注2、清文社、1974年。

とされ、決定者・裁定者として公正な判断を下すことが期待されている。そのような、エンジニア制度を導入せず、その役割を発注者が行うという日本の公共工事約款の規定は、国際的に理解されるのであろうか。

例えば、国際協力銀行（現JICA）プロジェクト開発部が円借款案件の円滑な実施のために作った「片務的契約条件チェックリスト」（2006年12月）では、「チェックポイント03・独立性のあるエンジニアが存在する契約となっているか。」という項目があり、その解説には次のような記述がある。

「FIDICレッドブックでは独立性のあるエンジニアが契約管理面で様々な決定を公正に行うことが大きな特徴となっている。

しかしながら、発注者側の人間又は組織がエンジニアを兼務している事例が確認されている。・・・・開発途上国によっては、発注者がエンジニアを兼務することが伝統的習慣となっている実施機関が存在するようであるが、エンジニアの独立性の確保はFIDICレッドブックの基本的思想であることを発注者が理解し、独立性のあるエンジニアを配置することが強く望まれる。」

当時の考え方はともかく、今日となっては「国土交通省成長戦略」の「国内スタンダードのグローバルスタンダードへの適合」の見地からも見直しを検討すべきではないかと思う。

この点については、平成22（2010）年の約款改正において、約款第52条第4項、第5項が追加され、協議段階から調停人を活用することができる規定の整備が追加された。着実な前進ではあるが、実効ある調停人の活用のためには、その活動時間を確保し、トラブルが起きたときだけでなく、調停人が工事現場に常駐、あるいは定期的に来訪することが効果的と思われるが、そのように現場の運用は整っているのであろうか。調停人がその趣旨に沿った活躍ができるよう、関係者の尽力が必要と思われる。

より国際的に理解される解決は、エンジニア制度の導入かもしれないが、請負者側から事を荒立てにくい我が国の事情を考慮して、協議がまとまらない時は、発注者から中立的な紛争処理機関（仲裁機関等）への付議を義務付けること、その際に発注者側の決定はあくまで暫定措置とするなど、決定手続自体の合理性を担保する規定の整備をまず検討すべきではないかと思われ

る。

　このような制度の運用や見直しを前提に、平成7年の約款改正によって、請負者の工事中止権の規定（当時の約款第17条第5項[124]）を削除したことの意義も説明できるのではないかと思われる。
　なお、エンジニアによる裁定制度自体も、FIDIC約款[125]が改められて見直されており、さらに最近も議論が続いているといわれるので、その動向も参考に再検討すべきである。

　また、発注者の部局が事務局を兼ねているため紛争案件を持ち込みにくいと言われる建設工事紛争審査会のあり方についても、現代的な視点から再検討すべきではないかと思われる。
　例えば、条文の規定ぶりも、平成16年の「裁判外紛争解決手続の利用の促進に関する法律」の規定も参考に、利益相反の防止、利害関係者等の忌避、親会社等の実質的影響力の排除などの現代的視点に応える姿勢を示すことが必要ではないかと思われる。

(4) 工事目的物の引渡と代金支払の同時履行関係

　そもそも、民法の原則（第633条）は、請負契約では、目的物の引渡と請負代金の支払が同時履行の関係にある。
　このため、民間工事標準請負契約約款（甲）の規定は、次の通りとなって

124　現行約款第17条第5項の後にさらに請負者の工事中止権の規定があったが、これを「誤解、濫用の恐れ」があるとして、削除した。前掲「改訂4版公共工事標準請負契約約款の解説」28頁、当時の条文は同504頁参照。結果として請負者側の対抗手段が制約されたとも考えられる。

125　平成7（1995）年の公共工事約款改正時のFIDIC約款では、クレームの裁定は、外部機関の仲裁に移行する前に、まずエンジニアが決定するとされていた。
　　その後1999年版FIDIC約款では、エンジニアのクレームの決定制度が改められて、紛争裁定委員会（DAB：Dispute Adjudication Board：JICAの採用したFIDIC約款のMDB版ではDispute Board）の制度が導入された。同委員会は契約に基づき、独立した専門家により構成され、定期的な現場訪問も行う常設の機関である。
　　このような見直しの背景には、エンジニアが発注者の代理人と中立的な裁定者を兼ねることについて、利益相反になるという制度設計上の法的問題及び実際上発注者寄りとの批判があったものと思われる。
　　その裁定は、仲裁判断や裁判の判決のような法的拘束力はないが、契約上の拘束力を持ち、当事者は直ちにそれに従わなければならないので、国際的なプロジェクトでは有効な方法と言われている。
　　参考：大本俊彦「Dispute Board／紛争処理委員会」2010年、日刊建設工業新聞、(社)海外建設協会「国際建設プロジェクトの契約管理　基礎知識と実務」2009年。
　　ただ、FIDICのような常設の「紛争裁定委員会制度」の国内への普及には、実施コストと専門家の育成等の課題がある。DABの常設費用は国際工事の場合「年間3千万円程度」とされ、JICAも契約金額「50億円以上のプロジェクトでDABの設置を推奨している」状況である（「受発注者間の紛争未然防止」日刊建設工業新聞2012年12月11日）。

第2章　契約一般に関する規定

いる。

> 民間工事標準請負契約約款（甲）
> （請求及び支払い）
> 第28条　第23条第1項又は第2項の検査に合格したときは、契約書に別段の定めのある場合を除き、受注者は、発注者にこの契約の目的物を引き渡し、同時に、発注者は、受注者に請負代金の支払いを完了する。

これと同様の規定を置けば良いにもかかわらず、公共工事約款の規定は、次のように複雑な仕組みとなっている。

現行民法	公共工事約款
（報酬の支払時期） 第633条　報酬は、仕事の目的物の引渡しと同時に、支払わなければならない。	（検査及び引渡し） 第31条（1項から3項　略） 4　発注者は、第2項の検査によって工事の完成を確認した後、受注者が工事目的物の引渡しを申し出たときは、直ちに当該工事目的物の引渡しを受けなければならない。 5　発注者は、受注者が前項の申出を行わないときは、当該工事目的物の引渡しを請負代金の支払いの完了と同時に行うことを請求することができる。この場合においては、受注者は、当該請求に直ちに応じなければならない。 （請負代金の支払い） 第32条　受注者は、前条第2項（同条第6項後段の規定により適用される場合を含む。第3項において同じ。）の検査に合格したときは、請負代金の支払いを請求することができる。 2　発注者は、前項の規定による請求があったときは、（請求を受けた日から40日以内に請負代金を支払わなければならない。

以上の複雑な規定には次のような問題点がある（③④は後述）。
① 代金の支払よりも「受注者による引渡申出」の規定が先にあること
② 目的物の全部が検査に合格（完成検査で指摘された補修も完了する）しないと「仕事の完成」とは認められず、残代金全額の請求が出来ないこと

③　請求から40日以内に支払うという支払条件の悪さ
④　この他、請負者のリスク負担の下に目的物の部分使用の規定が存在

　第一の問題点は、「受注者による引渡申出」の制度の存在である。
　そもそも、公共工事約款も昭和25年の制定当時は、民間約款と同じような単純な規定であった。その後に昭和37年改正で引渡申出の選択条項が入り、昭和47年改正でこれが原則化されたのである。
　この制度には、発注者側には早期供用、請負者側には保管責任の早期完了のメリットがあることは理解できる。
　しかし、優越的地位に立つ発注者に対して受注者が引渡の申出を余儀なくされるという、優越的地位の圧力を前提にしているとも見える。
　というのも、過去の改正経緯をみると、次第に、以下のような、第二次世界大戦前の「旧内務省契約書」に近づいているように感じられるからである[126]。

> 旧内務省契約書
> 第18条　工事全部竣功の上は乙より甲に届出で甲に於て検査を遂げ完全と認めたるときは其の工事全部の受渡を為すべし　受渡し前に生じたる損害は総て乙の負担とす
> 第19条　請負代金は工事全部の受渡の上請求を受けたる日より起算し10日以内（送金日数並に休暇日を除く）に支払ふものとす　　　（以下略）

　第二の問題点は、目的物の全部が検査に合格（完成検査で指摘された補修も完了する）しないと「仕事の完成」とは認められず、請負代金全額の請求が出来ないことである。これは、補修をすべき箇所以外のすべての部分の代金の支払が担保に取られていることになる。
　こう言うと、「仕事が完成」しない以上支払を受けられないのは当然ではないかと言う方もあると思う。しかし、公共工事約款の「仕事の完成」に関する規定は、今日の通説判例に反した「特約」となっている。
　仕事の完成の意義については、裁判所の傾向は「予定の工程終了説」が採用されているとされる[127]。

126　出典：中村絹次郎「新版建設請負契約要論」1974年、清文社61頁。原文の片仮名は、平仮名に訂正した。
127　内山尚三「現代建設請負契約法（再増補）49頁1999年、横浜弁護士会編「建築請負・建築瑕疵の法律実務」78頁。ぎょうせい2004年。

つまり、「工事が予定された最後の工程まで一応終了し、ただそれが不完全なために補修を加えなければ完全なものとはならないと言う場合には、仕事は完成したが仕事の目的物に瑕疵があるときに該当するもの」[128]とされる。「従って工事に瑕疵があるというだけでは支払は拒絶しえず、注文者は修補の請求か損害賠償の請求かいずれかを明らかにすべき」とされる[129]。

これを前提として、最高裁判所の判例[130]では、「工事の瑕疵の損害賠償債権と報酬残債権全額とは原則として同時履行関係にあるが、瑕疵の程度、各交渉当事者の態度等に鑑み、残債権全額の支払を拒むことが信義則に反する場合は、支払拒否が否定される場合がある」とされた。

海外工事でも、工事の完成については、同様の考え得方である。

FIDIC約款の「工事完成」の考え方は「実質的完成 substantial completion」といわれ、「工事がその目的にかなった有効な使用に供することができるようになった時の状態」に達すれば、未完成工事や瑕疵を瑕疵担保期間内（通常12ヶ月）に速やかに完成させる確約をして、工事の完成とされ、代金支払の手続が始まる（未完工事の担保として留保金を取ることも出来る）。

検査で発見された瑕疵と工事完成の関係は我が国の判例と実質的に同じである。もちろん、発注者・エンジニアによっては、瑕疵を理由に実質的完成を認めない問題（over-jealous inspection）も生じるので、注意を要するとされる[131]。

結論として、約款の上記の規定を根拠に、信義に反するほどの些細な問題を理由に工事の完成を認めず支払を拒否する場合には、「ブラックリスト」の「エ　相手方の抗弁権の行使を排除する条項」に該当し無効とされる恐れがあると思われる。民法改正を機に濫用の恐れのない規定に見直しを検討すべきと思われる[132]。

この点について、VOB約款ではきめ細かく配慮しているが、その背景としてドイツ民法の約款規制の規定[133]が考慮されていると思われる。

---

128 東京高判昭和36年12月20日。
129 大判大正元年12月20日。
130 最判平成9年2月14日。
131 参考：（社）海外建設協会編「国際建設プロジェクトの契約管理」172頁2009年。
132 なお、請負に関する「基本方針」の提案では、請負代金支払は「受領」と同時履行とするという提案もあった（【3.2.9.03】詳しくは後述）が、中間試案では採用されなかった。逆に、約款の文言の整理は、この請負の報酬支払に関する規定の改正の動向も見極めなければならない。

つまり、VOBのB編の工事約款の規定をみると、月次出来高払の最終支払についても、第16条の3では「争いのない売掛金」を「部分払いの形で」、つまり通常通り（18労働日以内）に支払うとしている。

> ドイツ建設工事約款（VOBのB編）
> 第16条　支払
> 3(1)　最終支払の請求は、受注者から提出された最終支払請求書の検査および確認後直ちに、ただし遅くとも到達後2カ月以内に期日が到来する。最終支払請求書の検査は、可能な限り迅速に行うものとする。検査に時間がかかる場合は、争いのない売掛金を直ちに部分払いの形で支払うものとする。

(5)　請負代金の支払期限

次の論点は、請負代金は、請求から40日以内に支払うとされることである。この支払期限は妥当であろうか。旧内務省の契約書ですら書面上は10日であった。

こういうと、政府契約の支払遅延防止等に関する法律第6条で40日まで認められているという反論があろう。

しかし、同法は昭和24（1949）年という終戦直後・米軍占領下の経済事情の悪かった時代ですら、40日以内で契約の期日を定めることを義務付けた趣旨である。

また、同法第10条には、契約に定めのない場合は、支払期日は15日とするという規定もあることから、本来40日の期間を目一杯遅れてもよいという趣旨の規定ではないのではないか。

また、同じ公共工事約款でも、発注者の部分払や前金払では請求から14日以内が、受注者の前払金の返還は30日以内が支払期限であることと、均衡を欠いている（同約款第37条第5項、第34条第2項、第34条A第6項、B第4項参照）。

このような期日がいまだに維持されている背景には、第一に、最終支払であるということ、さらに第二に、国、自治体の「出納整理期間」という官庁

133　ドイツでは、民法第309条の2 aは「約款使用者の相手方に成立する同時履行の抗弁権を排除または制限すること」を内容とする約款の条項は無効とすると定めている。なお、上記の約款（2002年版）の規定の日本語訳は、國島正彦「出来高部分払方式による公共工事マネジメントシステムの開発調査研究報告書」2003年報告書による。

第2章　契約一般に関する規定

会計の「ルール」があるからだろう。

　後者は、支払の集中する年度末の会計処理は、3月内だけでなく、4、5月の2ヶ月の出納整理期間内に処理すれば、決算上年度内に処理されたとして扱ってよいというものである。このような事情のため、支払遅延防止法の限度ぎりぎりまで、事務当局の「持ち時間」を確保する制度設計だろう。

　これに対して、国際的にみると、建設工事の支払期限については、次の通りである[134]。いずれも部分払、中間払を前提にした支払条件である。

　例えば、ドイツでは、「請求書の到達後18労働日以内」（VOBのB編第16条1(3)。これは部分払の期日であり、最終支払は遅くとも2ヶ月以内）である。

　オランダでは、「請負者の請求書受領後、4週間以内（UAV-GC第33条第7項、部分払の期日）」、イギリスや米国では、約款上支払期限の明確な規定がないが、請負代金は毎月の出来高払なので、支払期限も1ヶ月程度であると思われる。

　FIDIC約款Red Bookでは、「毎月末締め切りで請求、28日以内に査定、28日以内に支払」

　FIDIC約款Yellow Book（E&M約款）では、「請求日は特別条件で設定、14日以内に査定、28日以内に支払」

　I.Chem.M約款では、「毎月末頃締め切りで請求、7日以内に査定、14日以内に支払」

　AIA約款では、「支払日の10日前までに請求、7日以内に査定、所定日に支払」

134　ドイツ、オランダについては、國島正彦「出来高部分払方式による公共工事マネジメントシステムの開発調査研究報告書」2003年、5頁以下。
　　この報告書では、「双務性の高い設計変更・契約変更の実施、受発注者のコスト管理意識の向上、受注者及び下請企業のキャッシュフローの改善」のためにも、欧米のような出来高払い制度の導入が有効であると指摘されている。
　　国際的な建設工事契約の支払期限については、大隈一武「海外建設工事請負契約論」（1991年、商事法務131頁）。
　　FIDIC約款Red Bookの1999年版では、エンジニアの中間支払証明の発行時期にかかわらず、エンジニアが月次計算書を受領後から56日以内に中間支払をするとされている。最終支払は、発注者がエンジニアの最終支払証明書を受領後56日以内に支払うとされている（同約款14.7参照）。
　　FIDIC約款の通称「イエローブック」は「E&M約款」とも呼ぶ。用途は、プラント工事、つまり電気機械設計施工契約（Electrical and Mechanical Works）である。
　　「I.Chem.M約款」とは、イギリス化学技術者協会約款。プラント工事用。
　　「AIA約款」とは、アメリカ建築家協会標準約款。

である。

　また、最終支払については、ドイツのVOB約款でも「遅くとも2ヶ月以内」と慎重である。しかし、部分払が行われているドイツと異なり、日本の公共工事では、建設業者には最終月でも前金4割（自治体発注の場合は3割）を除いた、残りすべての代金が未払金として残っており、諸外国からみても厳しい支払条件になっている。
　それゆえに、この規定だけでは直ちに不当条項規制に該当するとはいえないとしても、他の規定と総合的に考慮して、「同時履行の抗弁権の排除」と指摘されないような制度構築について考慮すべきだと考える。
　支払期限の問題は、単に建設業者の利便、経営上のメリットを与えるだけの問題という観点にとどまらず、条項使用者たる発注者が不当条項規制をクリアする観点、つまりコンプライアンスの観点からも重要になってくると思われる。
　例えば、支払期日については、民法改正を機に、国際的な動向を考え、まず現行の40日から、30日程度への支払期日の短縮を検討することや、出来高払について検査体制等実務的な課題があるならば、工期数ヶ月以上の工事は、工程表に沿って「中間前払」を実施するなど、年度末の最終支払事務に、多額の支払を残さない仕組みを検討すべきではないかと思われる[135]。

(6) 工事目的物の部分使用

　次の論点は、公共工事約款第33条の部分使用の規定である。
　この規定は、民間工事約款第26条の該当部分（下線部分）と比べてみれば、請負人の請負代金保全等に十分配慮していないような印象を受ける。

〈民間工事約款甲の部分使用〉
第26条　工事中におけるこの契約の目的物の一部の発注者による使用（以下「部分使用」という。）については、契約書及び設計図書の定めるところによる。契約書及び設計図書に別段の定めのない場合、発注者は、部分使用に関する監

---

[135] 日本のこれまでの議論では、欧米と比較して、出来高払か前払かの二者択一を前提として議論されていると思われる。
　しかし、韓国の公共工事では、前払、四半期ごとの出来高払、竣工金に分けて支払われているという。前払は工事金額に応じて率が異なる。出来高払は、四半期ごとに民間委託により算定した出来高が前払率を超過したときに支払われる。建設経済研究所「大韓民国建設産業調査報告」2012年129頁。

第2章　契約一般に関する規定

理者の技術的審査を受けた後、工期の変更及び請負代金額の変更に関する受注者との事前協議を経た上、受注者の書面による同意を得なければならない。
2　発注者は、部分使用をする場合は、受注者の指示に従って使用しなければならない。
3　発注者は、前項の指示に違反し、受注者に損害を及ぼしたときは、その損害を賠償しなければならない。
4　部分使用につき、法令に基づいて必要となる手続き（以下この項において「手続き」という。）は、発注者（発注者が手続きを監理者に委託した場合は、監理者）が行い、受注者は、これに協力する。また、手続きに要する費用は、発注者の負担とする。

〈公共工事約款の部分使用〉
第33条　発注者は、第31条第4項又は第5項の規定による引渡し前においても、工事目的物の全部又は一部を受注者の承諾を得て使用することができる。
2　前項の場合においては、発注者は、その使用部分を善良な管理者の注意をもって使用しなければならない。
3　発注者は、第1項の規定により工事目的物の全部又は一部を使用したことによって受注者に損害を及ぼしたときは、必要な費用を負担しなければならない。

　公共工事約款の部分使用は、完成検査もせず、代金も払わず、請負者に管理責任があり、危険[136]も移転しないままで目的物の使用をすることが出来る規定である。
　なぜこのような規定が必要なのであろうか。ドイツのVOB約款にもこのような規定はない。
　これは、以下のように、関係者のさまざまな都合やセクショナリズムが入り混じった条項かもしれない。
　①　設計変更等の協議が年度末にまとめて行われ、設計と代金の決定が遅れ、検査も十分余裕を持った日程で行えない。また、年度末は支払が錯綜し、出納整理期間末まで事務処理が遅れる恐れがある。
　②　民法の原則通りなら、検査後支払が済むまで最大40日の間は工事が完成した目的物を供用できないことになるが、これによる供用開始の遅れは周辺住民等から批判を招く恐れがある。

---
[136] ここでいう「危険」とは、目的物が災害等の不可抗力で滅失損傷した場合のリスクをどちらの当事者がとるかという問題である。法律上は、通常、所有権の移転に伴い危険も移転すると考えられる。

第4節　約款と不当条項規制

③　請負人の立場でも報酬受取まで完成した目的物を維持管理する費用負担やその間の災害等のリスクの負担は避けたい。とにかく引き渡して使用させてしまえば、保管責任は事実上免れ、工事は終わったと感じられる。

　しかし、不当条項規制の視点から見ると問題の多い規定である。
　第一に、交渉力に格差のある当事者の契約に用いられる約款の規定としては、「同意」があるからと言っても有効と認められるかが論点である。
　第二に、部分使用の規定については、民間工事約款第26条の手続と見比べると、全体として、同時履行の抗弁権の行使を制限している条項ではないかという論点がある。請負代金変更等の協議がまとまらないため請負人が目的物の引渡を拒む事態に陥るのを防ぐ趣旨、あるいは公共約款第31条第5項のように代金支払と同時履行で引渡を求めざるを得なくなる事態に陥るのを防ぐ趣旨で、設けられたのではないかというわけである。
　なお、本条項を「引渡しを先履行とする契約変更」と解釈すると、直ちに不当条項に該当するとはいえないかもしれないが、それならば危険の移転は認めるべきであろうし、後に完成検査を行ってもその際の使用減耗部分の手直しは発注者負担が当然である。
　約款の解説書では、「本項の賠償責任は、必ずしも発注者の故意又は過失を要しない。発注者がいかに注意を払っていても、部分使用によって損害を及ぼした場合には、発注者は請負者に損害を賠償しなければならない。」としている[137]。
　なお、「中間試案」では、売買の目的物の引渡に伴う「目的物の滅失又は損傷に関する危険の移転」として次のような提案をしている[138]。この規定が民法に定められた場合には、解釈上、請負契約の危険移転にどのような影響を及ぼすか注目される。

中間試案（売買）
14　目的物の滅失又は損傷に関する危険の移転
(1)　売主が買主に目的物を引き渡したときは、買主は、その時以後に生じた目的物の滅失又は損傷を理由とする前記4又は5の権利を有しないものとする。た

137　前掲「改訂4版公共工事標準請負契約約款の解説」285頁。
138　前掲「民法（債権関係）の改正に関する中間試案」58頁。第35売買の14。

第2章　契約一般に関する規定

> だし、その滅失又は損傷が売主の債務不履行によって生じたときは、この限りでないものとする。
> 注：前記4又は5の責任とは、売主の瑕疵担保責任。

　また、ドイツのVOB約款には引渡について規定した第12条に、次のような規定があり、使用した場合は引渡と見なされ「危険」も移転するとしている。

> ドイツ建設工事約款（VOBのB編）
> 第12条　引き渡し
> 5．(1)　略
> 　　(2)　引き渡しが要求されず、発注者が工事または工事の一部分を使用した場合において、使用を開始した後6労働日経過したとき、別途合意のない限り、引き渡しが行われたものとする。作業を続行するために建物および構築物の一部を使用することは、引き渡しとはみなさない。
> 　　(3)　略
> 6．発注者が第7条の規定に従い、既に危険を負担していない限り、危険は引き渡しをもって発注者に移転する。

　民法の売買の規定は、解釈上、請負（有償契約）に準用しうるので、請負の瑕疵担保責任のあり方としても、売買の当該規定は重要な意味を持つ。
　ドイツの約款も参考に、民法改正を機会に「みなし引渡」による危険の移転を検討すべきではないか。

(7)　**紛争解決条項について**
　建設工事紛争審査会の「あっせん、調停および仲裁」による紛争解決の規定は、約款の末尾に決まり文句のように書き込まれているため、日頃、あまり注目されない条項であるが、法律的には重要な規定である。

> 民間連合協定工事請負契約約款
> 第34条　紛争の解決
> (1)　この契約について発注者と受注者との間に紛争が生じたときは、発注者または受注者の双方又は一方から相手方の承認する第三者を選んでこれにその解決を依頼するか、または建設業法による建設工事紛争審査会（以下「審査会」という。）のあっせんもしくは調停によってその解決を図る。
> (2)　発注者または受注者が本条(1)により紛争を解決する見込みがないと認めたと

き、または審査会があっせんもしくは調停をしないものとしたとき、または打ち切ったときは、発注者または受注者は、仲裁合意書にもとづいて審査会の仲裁に付することができる。
(3) 本条(1)および(2)の定めにかかわらず、この契約について発注者と受注者の間に紛争が生じたときは、発注者または受注者は、仲裁合意書により仲裁合意をした場合を除き、裁判所に訴えを提起することによって解決を図ることができる。
(第3項は、平成23年5月に追加された)

　この条項に関する第一の問題は、かねてから議論のあった仲裁契約[139]のあり方である（上記の約款の第34条(2)参照）。
　仲裁に関する規定を含む約款により建設工事の請負契約を締結すると、法律上、自動的に建設工事紛争審査会による仲裁に服する旨の合意（仲裁契約）があったとしてよいかという問題である。
　なぜこのようなことが問題になるかというと、民事訴訟法上は、仲裁契約が成立すると、裁判に訴えることができない（訴えは不適法として却下される）という大きな効果が生じるからである。一般論として、当事者が知らぬ間に、又は半ば強制的に「裁判を受ける権利」を放棄させられるのは許されないとも考えられている。
　もちろん、今日では建設工事約款の仲裁条項自体が直ちに裁判を受ける権利を侵害し無効だという意見は一般的ではない。しかし、場合によっては、特に発注者が知識経験の少ない者（消費者など）の場合では、民法上当然に仲裁契約の成立を認めてしまうと、裁判を受ける権利を実質的に奪ってしまう恐れがあるとも考えられる。これは、法務省の不当条項グレーリストの「カ　相手方の裁判を受ける権利を制限する条項」の問題となる恐れがある。
　この点については裁判例[140]や専門家の意見が割れていたが、最高裁判所では、民間連合工事請負契約約款の当該条項による仲裁契約の有効性を認めた判例がある[141]。ただし、当該最高裁判決の反対意見（事案の当地では建設工

---

[139] かつて、仲裁契約は、訴訟法上の契約か民法上の契約か、民法が準用されるか否かが論じられたが、今日では意義が薄いと思われるので省略する。
[140] 東京高判昭和54年11月26日判例時報954号39頁。判決は、事実認定（約款を用いているが、問題が生じたら裁判でやりたいと請負人が口頭で話し、注文者が応じていたことなど）から、仲裁契約の成立を否定して、破棄差し戻した（請負人勝訴）。小島武司・猪股隆史「仲裁契約の成否(3)＜総合判例研究＞——仲裁契約の一段面—」判例タイムズ685号（1989年3月15日号）参照。

事紛争審査会の活動も少なく、零細業者であった原告が十分理解できなかった事情もあり、約款の文言も不十分等を理由とする）も有力であり、これに賛成する意見も多かった[142]。

　結局、昭和56（1981）年9月に当該約款は改正され、「審査会の仲裁に付し、その仲裁判断に服する」とあった文言を、現在のように「仲裁合意書にもとづいて審査会の仲裁に付し、その仲裁判断に服する」とした。これにより、約款とは別に「仲裁合意書」を締結し、仲裁の趣旨をあらかじめ徹底することとした。

　なお、公共工事約款第53条が同様の改正を行ったのは、平成7（1995）年である[143]。

　公共工事の場合は、双方ともプロ（事業者）であり、今日では仲裁合意書の趣旨を理解していなかったという抗弁が通用するはずもないと思われる。この点は、発注者が消費者である場合も想定する民間工事約款の場合とは状況が異なると思われる。

公共工事約款
（あっせん又は調停）
第52条(B)　この約款の各条項において発注者と受注者とが協議して定めるものにつき協議が整わなかったときに発注者が定めたものに受注者が不服がある場合その他この契約に関して発注者と受注者との間に紛争を生じた場合には、発注者及び受注者は、建設業法による［　］建設工事紛争審査会（以下次条において「審査会」という。）のあっせん又は調停によりその解決を図る。
　注　(B)は、あらかじめ調停人を選任せず、建設業法による建設工事紛争審査会により紛争の解決を図る場合に使用する。
　　　［　］の部分には、「中央」の字句又は都道府県の名称を記入する。
2　（略）
（仲裁）
第53条　発注者及び受注者は、その一方又は双方が前条の［調停人又は］審査会のあっせん又は調停により紛争を解決する見込みがないと認めたときは、同条の規定にかかわらず、仲裁合意書に基づき、審査会の仲裁に付し、その仲裁判

---

[141] 最判昭和55年6月26日判例時報979号53頁。事実関係は、建設業者が残工事代金支払を求めて訴えたことに対して、注文者が約款の仲裁契約の成立を理由に訴えを不適法として却下するよう求めた抗弁を高裁が認め、これについて上告。最高裁は、本件の事実関係の下では仲裁契約は成立しているとして、建設業者側の上告を棄却した。
[142] 滝井繁男「逐条解説　工事請負契約約款」317頁1998年　酒井書店。
[143] 前掲「改訂4版公共工事標準請負契約約款の解説」410頁参照。なお、FIDIC約款も仲裁合意書は別の書面である。

断に服する。

　第二の問題点は、裁判管轄の問題である。これは、建設工事紛争の場合は聞きなれない問題かもしれないが、消費者相手のローンクレジット債権の紛争や通信販売等のトラブルなどでは議論になっている問題である。

　これを建設工事に置き換えて説明すると、例えば、大手民間企業など全国規模の発注者又は受注者が、工事紛争は本社の法務部門の専門家が一括処理するとして、裁判管轄や建設工事紛争審査会の管轄を東京に限るとする契約約款を用いる場合が考えられる。こうなると、受注者が地方の中小零細建設会社である場合や発注者が地方の消費者である場合は、トラブルがあっても東京まで行くコストを考えると泣き寝入りを強いられる恐れがあり、不公正と感じられるのではないだろうか。

　法律的にいうと、このような裁判の合意管轄に関する条項により、裁判を受ける権利が実質的に奪われる恐れがないかという問題である。

　このような一方的な約款の規定の効果については、裁判所が実質的に判断し、約款の規定にもかかわらず裁判自体を債務者（消費者等）の住所地の裁判所へ移送することを認める場合もある。建設産業としても、他の産業における裁判管轄にかかる不当条項問題の動向に注意していかねばならない。

　今後の議論の成り行きによっては、建設業法第25条の9の建設工事紛争審査会の管轄の規定について、紛争解決の合理性、当事者の利便の視点から見直しを迫られることもあろう。

　現行規定は、中央審査会と都道府県審査会との管轄の区分を建設業許可の区分に沿って定めているが、民事訴訟法の規定も参考に、審査会手続の利用者の視点から、義務の履行地、つまり工事の現場の所在地等を優先する発想もあるのではないかと思われる。

　実際の運用においては、建設工事紛争審査会では手続の開始に当たって仲裁合意の有無について当事者の意向を改めて確認するなど、慎重な運用が行われていると思われる。

　しかし、そのあり方については、かつて欠陥住宅問題を担当する弁護士からの批判もあった[144]。建設工事紛争審査会に携わる専門家が、それにふさわしい尊敬と信頼の下に、その能力を発揮できるように、制度のあり方も、現

第2章　契約一般に関する規定

代的な視点から常にフォローアップしていくことが望まれる。

(8)　「無報酬業務」について

　公共工事の現場では、請負人の作業員が発注者から求められる、契約になく報酬も支払われない、いわゆる「無報酬業務」に悩まされているという[145]。

　この無報酬業務とは、発注者側が設計変更等で対応すべきところを対応せず無償で請負人に行わせるものや、関係官庁や埋設管理者などに発注者の名前で提出する書類の作成など発注者が本来行うべき作業を請負人に行わせるものがあるという。

　これらの業務のあり方は、設計照査業務のように本来請負人が行うものと境目が曖昧なものもあるが、全体としては、片務的な取引慣行であり、是正されるべきであろう。

　しかし、今日の発注者側の組織定員や技術者の配置状況に鑑みると、すべての発注者が完璧な体制であることを前提に、「それは発注者の不心得」と断じて済ますことも疑問である。

　むしろ、現場の実情に合わせて、必要な範囲で発注者の仕事と請負者の仕事の区分を見直し、有償で発注者の業務を補助してもらう契約条項を約款に置くという柔軟な発想も検討に値するのではないか。いわばミニ・コンストラクト・マネジメント条項である。

　なお、ドイツのVOB約款に、以下のように興味深い規定がある。日本の現場で「無報酬業務」と呼ばれる問題にほぼ対応する規定のような印象を受ける。設計変更等に関する規定のあり方とも関連して、今後検討すべき論点であろう。

144　田中峯子（弁護士）「建築請負工事における問題点」（判例タイムズ531号1984年9月15日）は、欠陥住宅問題にかかわった立場から、建設工事紛争審査会のあり方について、次のように、指摘していた。
　①消費者と業者の間の紛争が多発しているとき、学識経験者や建築士の委員の公正中立に疑念を抱く場面に出合うことがある。「ことに、学識経験者が、材木会社の社長であったり、県住宅供給公社から天下りした建設会社の建築部長であったりすると、その個人が人格高潔の人士であるかの問題よりは、この制度制定の当初から憂慮されたとおり、委員の構成が公正を疑わしめるのではないかとの疑念を抱く。」
　②仲裁手続が非公開とされていることも、公正中立の保障が蔑ろにされている感を免れない。「現に審査会を体験した人たちの実感として、業者よりであることはもちろん、あまりに非常識かつ高圧的な心理であるという苦情を多く聞く。」
　③仲裁手続の異議申立の手段がない。中央審査会への異議申立の手続が、昭和46年に廃止されている。
　④証人調べについて速記制度がなく、テープから翻訳する経済的負担が大きい。
145　日本建設産業職員労働組合協議会　提言「公共工事における無報酬業務を解消するために」2004年6月。

> ドイツ建設工事約款（VOBのB編）
> 第2条　報酬
> 9．(1)契約、特に技術仕様書もしくは取引慣行に従って受注者が作成する義務のない図面、計算書またはその他の書類を、発注者が要求する場合は、発注者はその対価を支払わなければならない。
> 　　(2)発注者は、受注者の作成によるものでない技術上の計算を受注者に再確認させる場合は、その費用を負担しなければならない。

(9) 改変された標準約款の効果

　最後に、かねてから標準約款の運用上の問題として指摘されている、各公共事業発注者が実施約款において標準約款を不当に改変することの効果について、考察する。

　日本土木工業協会の調査結果[146]では、発注者が公共工事標準請負契約約款を用いる場合に、発注者の経費負担や賠償責任に関する条項を削除したものを用いることがあるという。

　これらの削除等は、発注者の責任を免除・軽減する規定を作り出そうとするものと思われる。しかし、これらの変更された条項は、発注者が意図するような免責の効果を有するのだろうか。

　結論から言えば、これらの削除を根拠に発注者が自己の責任を否定する場合は、原則として、公序良俗違反、あるいは「不当条項規制」の問題（損害賠償責任の免除を無効とする条項などに該当する）と考えられる。したがって、解釈として、削除は無効、つまりなかったことになり、元に戻って、公共工事の慣行に沿って、つまり、公共工事標準契約約款通りの義務を履行すべきと、契約内容を合理的に解釈されることになると思われる。

---

146 旧日本土木工業協会（2011年4月より日本建設業連合会）「土木工事共通標準仕様書の採用に関する調査結果報告書」(1999年)及び中村絹次郎「公共工事標準請負契約約款の改正」75頁。法律時報1971年10月号参照。

第5節　官庁土木建築工事の「片務契約」論

1　いわゆる「片務契約」「片務性」とは

　建設産業における不当条項問題を論ずるには、建設業界のいう「片務契約」問題への理解が不可欠である。

　「土建請負契約論」[147]では、「土建契約、特に官公署を注文者とする土建請負契約は、すでに久しきにわたって、実際界においては、――特に、請負者によって――『片務契約』であるとして、非難されてきた」としている。

　本節では、この問題を歴史的な経緯も含めて、詳しく紹介したい。

　言うまでもなく、民法上、建設工事の請負契約は、「双務契約」であり、「片務契約」ではない。請負人の工事（仕事）の完成義務と注文者の報酬支払義務とが対価関係にあり、双方が各々義務を負うからである。

　民法学で「片務契約」というと、贈与契約のように、一方（贈与者）だけが義務（贈与する義務）を負うものをいう（受贈者は受け取るだけであって何らの義務を負わない）。

　もちろん、官庁の土木建築工事は第二次大戦前から請負契約であり、封建時代やそれ以前の賦役や国役のように、租税として、仕事の完成に対して全く報酬を支払われずに一方的な義務として行われていたわけではない。

　それでも、建設業界が、公共工事請負契約を「片務契約」といってきたのは、当時の官庁請負契約においては、請負業者の義務は、契約書でも厳格な表現を用いて定め実際に履行させるのに対して、発注者である官庁側の義務は、契約書では曖昧な表現が用いられ実際には発注者の意思や都合が優先することもあるという実情を表現したいからであった。もちろん、その影響は今日も残存していると考えられている。

147　川島武宜・渡辺洋三「土建請負契約論」3頁　昭和25（1950）年　日本評論社。このほか川島武宜「官庁土建請負契約の『片務契約』的性質」川島武宜著作集第1巻209頁、岩波書店1982年がある。なお、引用に当たり原文の旧字体は変更した。

2　大正時代における土木建築業界の「三大要望」

　民法の不当条項規制の議論を聞くまでもなく、建設業界では、第二次大戦前から、発注者により公共工事の契約約款及びその運用は、民法の精神・原則から歪められ「片務契約」を強いられてきたとして、この是正を求めてきた歴史がある。

　大正8（1919）年、全国の土木建築業者の連合提携を目指して、「日本土木建築請負業者連合会」が結成された。その目的は、当時の業界の「三大要望」の実現である。

　その三大要望とは次の通りであった[148]。
① 　片務契約、入札及び契約に関する保証制度の改善[149]
② 　営業税の改廃
③ 　議員被選挙権の獲得[150]

　このように、当時から、片務契約の問題は、「久しきに亘りて」存在する「全国同業者間に深刻且つ重大なる問題」のひとつとして扱われていた。

　当時は、片務契約の具体的条項としては、「危険負担」の問題が最も大きな問題とされていた。その後、たびたび陳情に及んだが、成果は限られていたと記録されている。

　その運動が具体的に実を結ぶのは、戦後の建設業法制定、建設工事標準請負契約約款の制定を待たなければならなかったことは言うまでもない。

　しかし、建設業界の言う「危険負担」とは、民法上の「危険負担」とは異なり、少し広い意味で使われていることに注意が必要である。

　厳密に言うと、民法上の危険負担は、双務契約の一方の債務（工事の完成）が債務者（請負人）の責に帰すべき事由によらずに「履行不能」になって消滅した場合に、それと対価的関係にある債務（報酬支払）も消滅するか

---

148 「東京土木建築業組合沿革誌」49頁、昭和12（1937）年　東京土木建築業組合編著。
149 「入札及び契約に関する保証制度の改善」とは、当時各省の請負業者資格制度の取扱が統一を欠き、また、契約保証金は、随意契約、指名入札、一般公開入札を問わず請負金額の10分の1を徴収していた（国債で代用する場合も額面ではなく時価で納付）ことをいう。前掲「沿革誌」51、171頁。
150 この当時は、国税納付額を基準にした制限選挙の時代であったが、土木建築業者は衆議院議員だけでなく、地方議会の議員についても被選挙権がなかった。この要望は、昭和3（1928）年の普通選挙（男子のみ）実施の一環として実現した。この選挙で、業界からは9名の衆議院議員が当選したという。前掲「沿革誌」113〜116頁。

否かという問題である。

これに対して、「土建請負契約にいう危険負担とは、工事の『受渡』にいたる間に請負人が工事において被った損害（なかんずく、不可抗力による損害）を、請負人又は注文者のいずれが負担すべきかという問題であって、かならずしも——いや、むしろほとんどすべての場合には——請負人の履行不能に関するものではなくして、請負人の履行費用の負担に関するものである。」[151]

つまり、建設業界では、民法上の「履行不能における危険負担」の問題だけでなく、天災不可抗力等の事情変更（契約変更）による経費負担などが、ひとまとめに「危険負担」として論じられていたようだ。

それらは確かに工事完成の危険（リスク）に違いない。特に第二次大戦前は、日清、日露、第一次大戦とたびたびの戦争や経済恐慌に伴う金融情勢や物価の激変もあり、また関東大震災などで明らかなように国土は災害に弱く、当時の技術水準では工事の施行能力も限界があったと思われるので、大規模な公共土木工事のリスクは巨大であったろう。

これに対して、当時の発注者のスタンスは、原則として「受渡前に生じたる損害はすべて乙の負担とする」（当時の内務省契約条項）であった。そもそも請負契約は仕事を完成し引き渡すことと、報酬の支払が同時履行関係になるのだから、引渡前のリスクを請負人が負うことは、法律上当然としていたのであろう。しかし、それは発注者の都合である。

以上のように、巨大なリスクがあるにもかかわらず、請負人だけが一方的にリスクを負担して、工事完成義務を負う契約を指して、当時の建設業界が「片務契約」だと言ったならば、その心情、その主張は理解できる。

3 「土建請負契約論」にみる戦前の官庁土木建築工事の実状

「片務性」「片務契約」というと、まず名前が挙げられるのが、昭和25（1950）年に刊行された川島武宜・渡辺洋三両先生の「土建請負契約論」で

---

[151] 前掲・川島武宜・渡辺洋三「土建請負契約論」58頁。なお、中村絹次郎氏によると、この他に「価格の著しい変動があった場合や、施工条件の著しい変動が発見されたり発生した場合において、発生した損害や増加工事費」も危険負担の問題として論じられているという。同氏「新版建設工事請負契約要論」138頁、1974年　清文社。

ある。同書は、第二次大戦前の官庁土木建築工事の実情について、昭和23（1948）年に経済安定本部の委嘱を受けて行った「土建事業調査」[152]のうちの「契約関係」に関する成果をまとめたものである。

建設業界にはこの本の名前は広く知られているが、今や図書館で実物を見ることも容易でない貴重書である。しかし、建設業界における不当条項問題を考える原点とも言える資料であり、その指摘は今日でも意義深いものがあると思われるので、詳しく内容を紹介したい。

「第1章　序説」

同書は、「片務契約」性の内容、意義について次のように述べている[153]。

① 概念的法律的視点ではなく、法社会学的視点で見ると、形式的には近代的な双務契約の形をとっているが、現実においては、上級者・下級者、支配者・服従者の間の、「封建的な一種の権力関係」が見られる。
② このため、「両当事者は不平等な立場で——すなわち注文者は支配者の立場で、請負者は服従者の立場で——その義務を負い、その立場に応じて、義務の性質が異なるとともに、その履行を保証する強制の態様も異なる、という意味においては、『片務契約』にほかならない。」
③ 「このような『片務契約』たる双務契約、乃至、双務契約たる『片務契約』というものは、我が国に於いては必ずしも土建請負契約だけに見られるものではない。むしろこの特殊な自己矛盾的な契約は、我々の社会における現実の双務契約に共通する特色であり、土建請負契約——特に官庁を注文者とするもの——は、そのもっとも代表的なものにすぎない。」

「第2章　土建請負契約書の法律関係」

次に、同書は、各省庁の発注者が契約書として使用しているものを細部まで法律的に分析を加えた。その概要を紹介しよう。

---

152 経済安定本部の調査は、契約関係の調査の他、労働関係、資本関係の調査も行われたという。
153 川島武宜・渡辺洋三　「土建請負契約論」6〜7頁　昭和25（1950）年　日本評論社。

第2章　契約一般に関する規定

① 土建請負契約の権利義務の性質

　すべての土建請負契約書において、請負者の義務と注文者の義務はそれぞれ別の用語をもって記述されている。一般に請負者の義務は「乙ハ　・・・スヘシ」と書かれているが、注文者の義務は、非常にしばしば「甲ハ、・・・　スルコトアルヘシ」と書かれている。前者は上位者から下位者への下命であり、後者は「　・・・　するしれない」という未来の蓋然性の予測を言っており、「上位者からの下位者への自由意思に基づく恩恵的給付」である。

　また、非常にしばしば、法律関係の内容が注文者たる官が「相当ト認ムル」ところによって決まるとされたり、契約の疑義や双方の見解の相違について意見が一致しないときは「総テ甲ノ決スル所ニ依ル」とされ、紛争当事者の一方が終局的な決定権を持っている。

② 請負人の仕事完成義務

　注文者の指揮監督権が行われることは片務性があるとは言えないが、それが極めて広汎で絶対無条件であり、請負人には契約書上その不正不当に対する対抗手段がないことは片務性がある。「工期の延期—言いかえれば、履行遅滞の責任の解除」が認められるは、①のように多かれ少なかれ注文者の意思によることも片務性がある。

③ 注文者の代金支払義務

　引渡と代金支払が同時履行でないからといって片務性があるとは言えない。しかし、代金支払までの期間が受渡の後に「正規の手続を経て」などと明確にされていないことや、支払遅延の損害賠償の規定がない（仕事完成義務の遅延には請負者が損害賠償義務を負う規定があるにもかかわらず）ことは片務性がある。

④ 危険負担

　建設業界の言う「危険負担」問題の解決の原則は民法にもなく、片務契約問題とは別の問題である。ただし、その一部注文者負担を認める規定は、①のように注文者の意思により内容が決まることから片務性がある。また、受渡後まで危険を負担する規定は、受渡が遅れても請負人は受渡を請求する権

利もなく、損害を負担する期間が注文者の意思によることから、片務性がある。

⑤　工事の変更・中止・契約の解除
　工事の変更は、注文者の都合や必要に応じて必要となる。しかし、ほとんどの契約書がその際の請負人の損害賠償を認めていないこと、工事費の変更や工期の延長が注文者の意思に左右されることは、著しい片務性である。
　工事の一時中止についても同様の問題がある。
　解除については、注文者による任意（無理由）解除は民法第641条にも規定がありそれ自体は片務的ではないが、その際の損害賠償を認めないものがあり、他方、請負人に帰責事由がある解除では、請負人は厳重に制裁を受け損害を賠償すべき義務を負うことは、片務性がある。

「第3章　土建請負契約の現実の法規範関係」

　次に、法制度的な建前と離れて、契約当事者の法的規範に関する意識や行動についての現実の姿を分析している。その内容を一部、紹介しよう。今日の公共工事の現場の実感は、これと比べてどうであろうか。

①　請負人の仕事完成義務
　請負人の仕事完成義務には、注文者の義務、特に代金支払義務と大きな違いがある。
　工事の監督については、監督官吏が極めて峻厳な監督をなし、時には監督権を濫用することもあると言う見解と、逆に監督官と工事施工者との間は極めて円満に処理されることが多いと言う見解があるという。
　前者については、大林組が明治34（1901）年頃に竣功させた大阪府立師範学校の工事の例が紹介されている。

　「大阪府立師範学校に対する当局の監督は、峻厳を通り越して残酷の域に達し、大講堂の如きは徹底的に檜の節無しを強い、鑿痕ほどの節にも異議を唱へ、検収不能の木材積んで山となすと言う有様、この材料極選の為に被った損害は実に甚大なものであった。」[154]

また、後者については、「役人を怒らせることが現場では不利になるから、なんとかして監督官吏の情にすがろうということになる」と問題を指摘している。

他方、発注者としては、土建請負工事の性質上、工事の完成後は工事途中の瑕疵を発見するのが極めて困難で、工事の過程が誠実に行われる期待、信頼も薄いので、少しでも監督の目を緩めれば手抜きが行われることを心配せねばならないという。当時の手作業中心の生産様式では、それも無理からぬところもあるという。

② 注文者の支払義務

契約書においては、代金支払義務は明確な法的義務として書かれているが、現実の規範関係においては、それは外見上のものにすぎず、近代法上の義務ではなく封建的な権力支配関係において上級者が負う封建的な義務を表現したものにすぎない。

まず、注文官庁は検査を一定の期日内に完了しなければならないという明確な意識を持っていない。官庁側の都合のよしあしで左右される。検査が債務者の履行行為を完了させる注文者の協力行為（現行民法上は義務ではないとされる）であり、それを怠ることが代金債務の履行遅滞を招くという意識はない。

代金の支払が遅れるのは、手続の煩雑さやセクショナリズムの他、関係官吏には「代金支払には明確な履行期が必要で、遅れれば履行遅滞になること」の意識がない。いわんや遅延利息を払わねばならないことなど考慮にない。予算がないから遅延利息が払えないというのは国家の義務を免ずる理由にはならない。

③ 危険負担

現実には、請負者が常に損害を負担してきたわけではなく、注文者が負担

154「大林芳五郎傳」92頁、昭和15（1940）年　大林芳五郎傳編纂会。なお、このようなエピソードが伝記に記載されたのは相応の事情があった。当時の大林組は、明治25（1892）年の創業後、31年に大阪港築港工事の主要部分を請負い施工中であった。ところが、明治34年の金融恐慌やこの師範学校工事の大赤字などの内憂外患により、経営が極めて厳しい状況になり、大林芳五郎氏が一時は「最早万策が尽きた。」と大阪港築港工事の返上を申し出ようと部下に言い出すほどだったという。信義を重んじる同氏がこのような発言をしたのは、生涯ただ一度この時だけと伝記は伝えている。

することがある。しかし、それは、注文者の「暖いはからい」であり、「もともとは請負人が損失を負担すべきであるけれど、常識的に考えて、請負人に過酷であると思われるときには注文者が負担してやる。」という意識であった。

④　工事の変更、解除等

　工事の変更についても、同様に、注文者にとって極めて有利な規定の下で、請負人が損害を被る場合と、利益を得る場合とがあるという。

　そもそも、契約書は明確に工事延期請求権を請負人に認めていないが、現実にも、請負人の「懇請」と発注者の「許容」、あるいは「嘆願」と「恩恵」の形をとっている。また、「時には、工事の変更を予測し、その際に何とかして貰うつもりで、最初には不当に安い価格で入札する場合もあると言われている。」としている。

　契約の解除は、単に当該請負契約関係の消滅にとどまらず、注文者と請負者の固定的継続的人的つながり全体の消滅を意味するものと考えられた。それゆえに請負人側からの解除は、権利として要求できる時でも、義理に厚い請負人の取るべき処置ではないと考えられてきた。

　本書とそのもとになる調査は、戦前の建設業界関係者と発注者の間で交わされてきた工事契約の実情を白日の下にさらしたものである。その後の建設業法や標準約款の制定に極めて大きな影響を与えたことは言うまでもないが、なお今日でも興味深い内容を含んでいると思われる。

4　戦後の「片務契約」問題への取組み

(1)　公共工事標準請負契約約款の制定

　第二次世界大戦後の昭和24（1949）年に制定された建設業法に基づき、中央建設業審議会が設置された。

　そして、昭和25（1950）年に、中央建設業審議会の勧告により、公共工事標準請負契約約款（以下「公共工事約款」という）が初めて制定された。

　この当時、「片務性の主要なもの」として問題とされたものが、次の7項目である[155]。

第2章　契約一般に関する規定

① 注文者の代金支払時期が不明確であり、一方的に注文者の意思により定められていること
② 注文者側の一方的な工事中止又は設計変更の場合の請負業者の被る損害は、一切注文者が負担しないこと
③ 注文者側の資材支給時期遅延の場合や天災不可抗力の場合における工期延長はすべて注文者の一方的決定によること
④ 請負者の債務不履行には、遅延利息、懈怠金等厳重な損害賠償の定めがあるにもかかわらず、注文者の債務不履行については、損害賠償義務の規定がないこと
⑤ 請負契約について発生した疑義紛争は、一方的に注文者が決めること
⑥ 注文者は、任意解除権を有しているが、請負業者は注文者に重大な責のある場合も解除権を有しないこと
⑦ 天災不可抗力に基づく損害の負担については、契約上は全額請負業者の負担となっていること

この標準約款の制定を受けて、昭和25（1950）年の「国土建設の現況」（旧建設白書）[156]は、次のように述べている。昭和23年に発足したばかりの建設省が、みずから「片務性」という言葉を使い、標準約款を作成して工事請負契約の片務性を是正することを自らの政策目標としている。

「二　請負契約の規正
中央建設業審議会は、本年3月「建設工事標準請負契約々款」を作成し、その実施を関係各方面に勧告したのであるが、従来、片務性として不合理が指摘されてきた工事請負契約は、この標準約款を使用することにより、真に対等な立場からの合意に基づく公正な双務契約が実現するものと期待される。」

(2)　その後の経過
その後、標準約款自身もその後の経済社会の進展を受けてたびたび改正が行われた[157]。

---

155 「改訂版公共工事標準請負契約約款の解説」11頁、大成出版社2001年。
156 「建設月報」昭和25年7月号。

しかし、各発注者は、勧告された標準約款を、即時に完全実施したわけではなかった。

標準約款制定10年後の昭和45（1970）年頃の調査では、国・公社公団・都道府県・一部大都市に限っても、実施率は、条件変更条項が15％、第三者に及ぼした損害条項が20％、天災不可抗力条項が16％にすぎなかったという[158]。

平成元（1989）年に、(社)日本土木工業協会が地方公共団体を対象に行った調査では、前金払条項94％、瑕疵担保条項92％、履行遅延の損害賠償条項78％と、受注者の負担や責任を定める条項は実施率が高いが、賃金物価スライド条項41％、天災不可抗力条項50％、請負代金内訳書条項53％、第三者に及ぼした損害条項54％と、発注者の責任を定める条項の実施率は低かったという[159]。

今日においては、更に相当改善が進んだとはいえ、公共工事の「片務契約」問題は決して消滅していないと思われる。

(財)建設経済研究所が、平成22（2010）年度に行った建設企業へのアンケート調査では、以下のように契約条項の変更がいまだに存在することや、遅延利息も実際にはあまり支払われていないことなどの実情も明らかにされた。片務契約の問題は、今なお一定程度、存在していることが伺われる[160]。

また、平成23年8月に国土交通省は、「発注者・受注者間における建設業法令遵守ガイドライン」を定めて、取組みを進めている。

---

157 参考：六波羅昭「工事請負契約約款をめぐる長い戦い」建設産業史研究3、391頁2008年。
158 中村建次郎「建設工事標準請負契約約款の改正」法律時報1971年10月号、75頁。
159 CE／建設業界　1989年6月号11頁　(社)日本土木工業協会発行（名称は発行当時）。
160 (財)建設経済研究所　建設経済レポート56号2011年188頁、図表2－14。なお、アンケート調査は、施工実績等の一定の条件を満たす会社から無作為で抽出した3000社を対象に行い、1030社から回答があった。

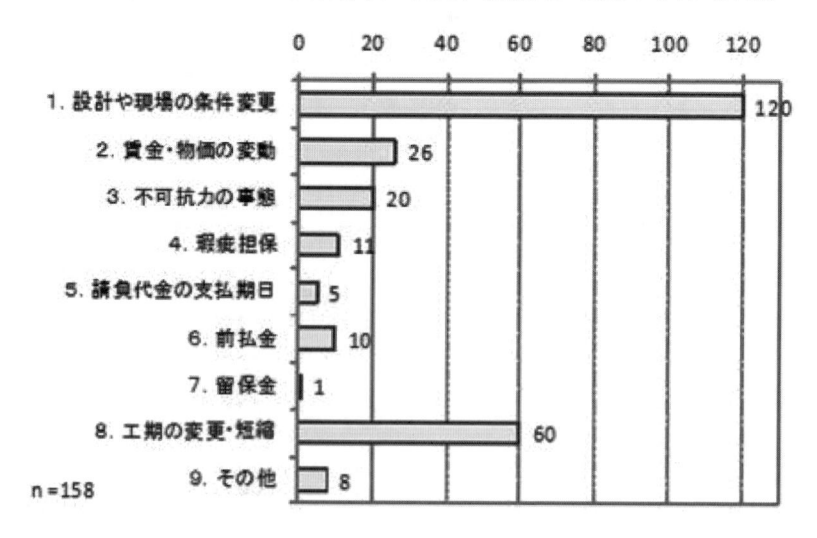

受注者に不利と思われる契約条項の変更、削除又は追加の事例（件数）

項目	件数
1. 設計や現場の条件変更	120
2. 賃金・物価の変動	26
3. 不可抗力の事態	20
4. 瑕疵担保	11
5. 請負代金の支払期日	5
6. 前払金	10
7. 留保金	1
8. 工期の変更・短縮	60
9. その他	8

n＝158

第6節　債権の効力と債務不履行

1　履行請求権とその限界

　現行民法の債権編第二節の「債権の効力」は、債務不履行の規定から始まり、そもそも債権者が債務者に債権の履行を請求できるという履行請求権の規定がない。またその例外として、どのような事由があれば債務者が履行不能に陥ったため債権者は履行請求が出来ないかという規定もない。
　今回の民法改正では、このような基本的規定の整備が検討されている。本書の趣旨に沿って、中間試案の関係部分のみ、簡単に紹介する[161]。

第9　履行請求権等
1　債権の請求力
　　債権者は、債務者に対して、その債務の履行を請求することができるものとする。

---

161 法務省「民法（債権関係）の改正に関する中間試案」14頁。同「民法（債権関係）の改正に関する論点の検討(5)」5頁。
　なお、これらの提案は「基本方針」【3.1.1.53】、【3.1.1.56】でも取り上げられていた。前掲「債権法改正の基本方針」129、131頁、同「詳解債権法改正の基本方針」184、194頁。

第 6 節　債権の効力と債務不履行

> 2　契約による債権の履行請求権の限界事由
>   契約による債権（金銭債権を除く。）につき次に掲げる事由（以下「履行請求権の限界事由」という。）があるときは、債権者は、債務者に対してその履行を請求することができないものとする。
>   ア　履行が物理的に不可能であること
>   イ　履行に要する費用が、債権者が履行により得る利益と比べて著しく過大なものであること
>   ウ　その他、当該契約の趣旨に照らして、債務者に債務の履行を請求することが相当でないと認められる事由

　民法には「履行不能」についての規定はないが、通説では物理的に不可能な場合のほか、「社会通念上の不可能」があるとされていた。中間試案では、これらを表現した言葉として「履行不能」という用語ではなく、「履行請求権の限界」という用語を用いることを提案している。
　社会通念上の不可能について、具体的には、「過分の費用を要する場合」などが挙げられており、それらをまとめて、中間試案はアイウの形で整理した案を提案している。ウが一般原則の形になっている。
　さらに、履行請求権の限界に関する規定は、以下の各所で説明するとおり、民法の法体系上重要な役割を持っている。
・原始的に不能な契約の効力（第26　契約に関する基本原則等の2）
・瑕疵の修補請求権の限界（第35　売買、第40　請負）
・瑕疵を理由とする無催告解除の要件（第11　契約の解除の1）

　建設工事契約に影響する部分を示すと、次のとおりである。これらの影響が容認できない場合は、請負独自の規定の復活を求めることが必要となろう。
・従来、請負の瑕疵担保責任について民法第634条第1項但書で書かれていた「ただし、瑕疵が重要でない場合において、その修補に過分の費用を要するときは、この限りでない。」の規定が一般規定に移行し、請負では形式的注意的な規定が置かれるのみになる。例えば、中間試案では、「ただし、修補請求権について履行請求権の限界事由があるときは、この限りでない。」という形式的な表現になっている。
　このため、請負の瑕疵修補請求ができない場合については、「履行請求権の限界」という一般的規定が適用され、その解釈によって決まるこ

とになる。これは、履行請求権の限界に関する売買など他の契約類型の実情も含めた解釈の影響を受ける可能性があることを示す。
・また中間試案で提案された「履行請求権の限界」の内容自体も、従来の請負の規定にあったものと要件等が異なる（瑕疵の重要性要件の有無や表現の違い）ので、その結論にも影響を受ける。

2 債務不履行制度見直しの概要

(1) 「基本方針」の提案

「基本方針」の提案は、下表のように包括的なものであって、債務不履行による解除・損害賠償等、債務不履行に関する現行の制度をワンセットで見直すことを提案している[162]。

「現行民法・通説」の考え方は、売買の瑕疵担保責任（民法第570条）についての法定責任説とセットになった理論構成であり、教科書などで広く知られている[163]。「基本方針」の提案は、瑕疵担保責任の法定責任説に対しても、これまで有力説とされた「契約責任説」に近い考え方に沿って民法を書き換えようというものである。これにより請負の瑕疵担保責任の考え方も売買と同様に見直される。

債務不履行制度の見直しについて

現行民法・通説	基本方針の提案
○債務不履行は、履行遅滞・履行不能・不完全履行の三分類[164] ○債務不履行による損害賠償の要件は、三分類ごとに①履行遅滞等の事実の発生、②債務者の帰責事由（→過失責任主義）[165]、③違法性の三要件。	○廃止（三分体系を一元的に理論構成） ○損害賠償における過失責任主義の否定 【3.1.1.62】（損害賠償） 　債権者は、債務者に対し債務不履行によって生じた損害の賠償を請求することができる。 【3.1.1.63】（損害賠償の免責事由）[166]

---

162 前掲「債権法改正の基本方針」別冊NBL126号参照。
163 例えば、内田貴「民法Ⅱ第2版債権各論」122頁東京大学出版会2007年参照。
164 現行民法の条文上は、履行不能の場合のみ帰責事由を明記するが（第415、第543条）、通説は三類型とも債務者の帰責事由が必要とする。
165 通説は、帰責事由とは「故意、過失又はこれと同視すべき事由」と解釈する。このような学説が、過失責任主義といわれる。
166 前掲「債権法改正の基本方針」別冊NBL126号136頁。

○帰責事由がないことによる免責は債務者に立証責任（他は債権者に立証責任）。 ○損害賠償の範囲は、相当因果関係説。民法第416条は「通常生ずべき損害」の賠償が原則。 ○特定物売買の損害賠償は、信頼利益に限られる（履行利益の賠償は不可）。 ○解除も、三類型で整理。要件は、①履行遅滞等の発生、②債務者の帰責事由、③相当の期限を定めた催告（履行不能は催告不要）。	〈1〉 契約において債務者が引き受けていなかった事由により債務不履行が生じたときには、債務者は損害賠償責任を負わない。 ○損害賠償の範囲は、予見可能性ルールを採用。 【3.1.1.67】（損害賠償の範囲） 〈1〉 契約に基づき発生した債権において、債権者は、契約締結時に両当事者が債務不履行の結果として予見し、または予見すべきであった損害の賠償を、債務者に対して請求することができる。 ○解除は契約の重大な不履行を要件。解除における過失責任主義の否定。 【3.1.1.77】（解除権の発生要件） 〈1〉 略（無催告解除も契約の重大な不履行を要件とする） 〈2〉 契約当事者の一方が債務の履行をしない場合に、相手方が相当の期間を定めてその履行を催告し、催告に応じないことが契約の重大な不履行にあたるときは、相手方は契約の解除をすることができる。
○原始的に不能な契約は無効（契約締結上の過失とする）。	○原始的に不能な契約も原則有効 【3.1.1.08】（契約締結時に存在していた履行不可能、期待不可能）（条文略）
○債務者無責の後発的履行不能は、双務契約では危険負担により問題処理。	○危険負担は廃止。解除により問題処理。 【3.1.1.85】（危険負担制度の廃止） 　現民法534条、535条、536条1項は廃止する。
○特定物の取引を中心に債権理論を構成。 （特定物の現状による引渡し）	○廃止（「特定物ドグマ」[167]の廃止） 【3.1.3.07】　現行483条は廃止する。

---

[167]「特定物の引渡は、目的物に瑕疵があっても原状での引渡で弁済になる」とする民法第483条の考え方は、これに批判的な学者からは「合理的な説明が出来ず、独断的なドグマ（教義）のようだ」という趣旨から、このように呼ばれている。

第483条　債権の目的が特定物の引渡しであるときは、弁済をする者は、その引渡しをすべき時の現状でその物を引き渡さなければならない。	
○売買の瑕疵担保責任は、瑕疵ある給付に対する無過失の法定責任（瑕疵担保責任は、483条の不都合を公平の観点から修正する制度だから、債務不履行とは別の、無過失の法定責任と考える）。	○債務不履行として一元化に理解。 【3.1.1.05】（瑕疵の定義） 　物の給付を目的とする契約において、物の瑕疵とは、その物が備えるべき性能、品質、数量を備えていない等、当事者の合意、契約の趣旨及び性質（有償、無償等）に照らして、給付された物が契約に適合しないことをいう。 【3.2.1.16】（目的物の瑕疵に対する買主の救済手段）　略

　債務不履行関係の民法・通説の見直しは、民法改正提案における学問的理論的争点として最も大きなものである。

　もともと、この債務不履行を履行遅滞・履行不能・不完全履行の三つに分けて論じる「三分体系論」は、民法制定時の解釈ではないとされる。それは、フランス民法由来の条文で構成されている日本の民法に、後からドイツ民法学の理論を持ち込んで、解釈論として展開されたものとされる。このことを、近年の民法学者は「学説継受」と呼ぶ。

　これに対して「基本方針」は、三分体系を否定し、債務不履行制度を一元的に理論構成することを提案している[168]。そして、損害賠償と解除に関し、基本的な原理原則を明示する規定を整備し、国民にわかりやすい民法を目指している（といっても、履行不能、履行遅滞等の言葉を全く使わないわけではない）。

　なお、理論的な問題が中心であるので、これまでの法律の規定の実質的な結論は、当面、現状と大きく変わらないと思われる。

　判例の動向については、通説を全面的に採用していると理解されていたが、法学会では、例えば帰責事由について判例は独自の立場とする意見も示

---

[168] 参考：山本豊「債務不履行・約款」ジュリスト1392号84頁（2010年1月1-15日号）。

されており、学問上の争いがある[169]。

　以上の議論を、建設工事の請負契約に即して言えば、これまでは、工事未完成の段階では、「債務不履行」の問題とし、その状況により、未完成の理由が工事完成が不可能（履行不能）なのか、遅れているだけか（履行遅滞）、不十分なところがあるのか（不完全履行）で三つに場合を分けて考え、工事完成後の段階では、工事の目的物に不具合があれば、債務不履行ではなく「瑕疵担保責任」と分けて考えていた。

　しかし、これらは、契約（設計）通りに工事が出来ていない点では同じだから工事完成前後で別々に考えず、今後は同じ考え方（債務不履行）で扱おうというわけである。

　なお、「基本方針」の表現は、我が国も批准した「国際物品売買契約に関する国際連合条約（ウィーン売買条約）」[170]や英米契約法[171]との整合を図ることを考慮した表現になっている。(3)を参照。

(2) 法制審議会の審議
１）論点整理段階

　法務省法制審議会の民法（債権関係）部会では、平成22年1月26日、2月23日に3、4回目の審議を行った。内容は債権の債務不履行関係である。実質審議の最初にこのテーマを選んだことは、その重要性を反映していると言えよう。

　上記の審議（論点整理段階）では、法務省は各論併記で中立的に説明しているが、議論は「債権法改正の基本方針」の提案を念頭に、その賛否の意見表明が行われているという展開である。我が国の法曹実務は従来の通説に馴染んでいるため、債務不履行の損害賠償における「債務者の帰責事由」に関する要件を変更することには、弁護士会からは早くから反対意見が出されていた[172]。

169　参考：帰責事由については、法務省法制審議会「民法（債権関係）の改正に関する検討事項(1)　詳細版」29頁。債務不履行制度をめぐる学問的な動向全般については、前掲の山本豊「債務不履行・約款」。
170　「国際物品売買契約に関する国際連合条約」第49条(1)(a)、第64条(1)(a)、第25条、第79条参照（条文は法務省法制審議会「民法（債権関係）の改正に関する検討事項(1)　詳細版」66頁、32頁）。曽野和明・山手正史「国際売買法」169頁、263頁（現代法律学全集第60巻、青林書院1993年）。
171　平野晋「体系アメリカ契約法」478、489頁（2009年中央大学出版部）。

パブリックコメントでも、依然として、法曹界や産業界からは慎重論が多いように思われる。債務者の帰責事由（過失責任主義）の見直し、損害賠償の範囲についての予見可能性ルールの採用、危険負担制度のあり方についても、意見が分かれている。建設業適正取引推進機構からは、次のように建設産業の実情に配慮した制度設計を望む意見が出されている[173]。

「『債務者の責めに帰すべき事由』の規定のあり方を、『契約の拘束力』の概念を中心に再構成する考え方（例えば、損害賠償の免責事由を、債務者が契約で引き受けたリスクか否かとする考え方）へと改める場合においては、契約書の不存在や契約内容の不備・不当の場合にどのようなルールが適用されるか（例えば、『公正妥当な取引慣行』など）、その理由を含め十分に検討し、国民が理解できるように、条文上の制度設計を検討されたい。

債権者と債務者とが合意した契約の内容が、債務不履行責任の根拠とされるのは当然である。しかし、例えば、損害賠償の免責事由についてとにかく契約でリスクを引き受けなければ、責任を負わずに済むことになり、契約が締結されたときの債権者と債務者の立場の強弱が反映され不当な結果になると批判されているところである。このような現象は、建設業界にも広く見られるところである。例えば、公共工事標準請負契約約款の条項を、一部の発注者において自己の有利に改変して入札契約に用いる事例は、古くから指摘されている。

他方、我が国の契約実務では、そもそも、民法同様に契約書はシンプルなもので十分として、いわゆる『誠実協議条項』が広く普及している。

契約の成立の方法、過程は多様であり、『契約の拘束力』の概念を重視して民法が見直された場合でも、このような条項を持つ契約では、『契約で債権者がリスクを引き受けていないのだから、債務者が全てリスクを負担する』ことになるか疑問がある。

我が国の産業界等の契約実務では、これまでの商慣習の反面として、詳細な紛争解決基準を契約上で用意するという法的技術やノウハウが十分に発展

---

[172] 東京弁護士会「民法（債権法）改正に関する意見書」（2010年3月9日）。他に「壊れてもいないものは、直すなという法格言がある」（現行民法に問題はないという趣旨）という批判もある。
[173] 法務省「『民法（債権関係）の改正に関する中間的な論点整理』に対して寄せられた意見の概要（各論1）」118頁。

しているとは言えないのが実状であり、この実情を踏まえたルールの作成が必要である。

『契約不適合』という瑕疵の定義を導入する場合にも、同様な配慮が必要である。」

2）中間試案段階

「中間試案」では、次のような案が示されている[174]。本書の目的から、個々の詳しい説明は割愛する。

第10　債務不履行による損害賠償
1　債務不履行による損害賠償とその免責事由（民法第415条前段関係）
　民法第415条前段の規律を次のように改めるものとする。
　(1)　債務者がその債務の履行をしないときは、債権者は、債務者に対し、その不履行によって生じた損害の賠償を請求することができるものとする。
　(2)　契約による債務の不履行が、当該契約の趣旨に照らして債務者の責めに帰することのできない事由によるものであるときは、債務者は、その不履行によって生じた損害を賠償する責任を負わないものとする。
6　契約による債務の不履行における損害賠償の範囲（民法第416条関係）
　民法第416条の規律を次のように改めるものとする。
　(1)　契約による債務の不履行に対する損害賠償の請求は、当該不履行によって生じた損害のうち、次に掲げるものの賠償をさせることをその目的とするものとする。
　　ア　通常生ずべき損害
　　イ　その他、当該不履行の時に、当該不履行から生ずべき結果として債務者が予見し、又は契約の趣旨に照らして予見すべきであった損害

第11　契約の解除
1　債務不履行による契約の解除の要件（民法第541条から第543条まで関係）
　(1)　（催告解除）当事者の一方がその債務を履行しない場合において、相手方が相当の期間を定めて履行の催告をし、その期間内に履行がないときは、相手方は、契約の解除をすることができるものとする。ただし、その期間が経過した時の不履行が契約をした目的の達成を妨げるものでないときは、この限りでないものとする。
　(2)　（無催告解除）当事者の一方がその債務を履行しない場合において、その不履行が次に掲げるいずれかの要件に該当するときは、相手方は、上記(1)の催告をすることなく、契約の解除をすることができるものとする。

174　法務省「民法（債権関係）の改正に関する中間試案」15頁以下。

第2章　契約一般に関する規定

　　　ア　契約の性質又は当事者の意思表示により、特定の日時又は一定の期間内に履行をしなければ契約をした目的を達することができない場合において、当事者の一方が履行をしないでその時期を経過したこと。
　　　イ　その債務の全部につき、履行請求権の限界事由があること。
　　　ウ　上記ア又はイに掲げるもののほか、当事者の一方が上記(1)の催告を受けても契約をした目的を達するのに足りる履行をする見込みがないことが明白であること。
　　　（注）　解除の原因となる債務不履行が「債務者の責めに帰することができない事由」（民法第543条参照）によるときは、契約の解除をすることができないものとするという考え方がある。

第12　危険負担
1　危険負担に関する規定の削除（民法第534条ほか関係）
　民法第534条、第535条及び第536条第1項を削除するものとする。

第22　弁済
6　弁済の方法（民法第483条から第487条まで関係）
　(1)　民法第483条（特定物の現状による引渡し）を削除するものとする。

第26　契約に関する基本原則等
2　原始的に履行請求権の限界事由が生じていた（不能な）契約の効力
　契約は、それに基づく債務の履行請求権の限界事由が契約の成立の時点で既に生じていたことによっては、その効力を妨げられないものとする。
参考
第9　履行請求権等
2　契約による債権の履行請求権の限界事由
　契約による債権（金銭債権を除く。）につき次に掲げる事由（以下「履行請求権の限界事由」という。）があるときは、債権者は、債務者に対してその履行を請求することができないものとする。
　　ア　履行が物理的に不可能であること
　　イ　履行に要する費用が、債権者が履行により得る利益と比べて著しく過大なものであること
　　ウ　その他、当該契約の趣旨に照らして、債務者に債務の履行を請求することが相当でないと認められる事由

　以上のように、損害賠償の「帰責事由」など、用語を現行民法と連続性を持たせながら、おおむね「基本方針」に沿った債務不履行制度の見直しが「中間試案」に盛り込まれている。

なお、売買及び請負の瑕疵担保責任も債務不履行責任として整理されているが、それぞれの項目で説明する。

また、建設工事に関連するところでは、「第9　履行請求権等」の2において、「過分の費用」という表現が改められ、「履行に要する費用が、債権者が履行により得る利益と比べて著しく過大なものであること」（瑕疵や債務内容の重要性を問わない）が、請負の瑕疵担保責任だけでなく、債権一般の履行請求の限界事由として規定されていることが注目される。

(3) 外国法について
① ドイツ

「基本方針」の提案は、ドイツが2002年から施行した債務法改正の大枠と同じである。ただし、ドイツは債務不履行の損害賠償については、過失責任を維持したという[175]。

当時、ドイツは、「消費財の売買並びに関連する保証に関するEU指令1999／44／EC」を国内法化するため、2002年1月1日までに債務法を改正する必要に迫られていた[176]。そのEU指令の内容は次の通りである。

・特定物・不特定物を区別することなく、売主は消費者に対して契約内容に適合した消費財を給付する義務を負う。
・契約不適合の事実が商品引渡後2年以内に判明した場合に、売主は、消費者による瑕疵修補請求・代品請求・代金減額請求・解除の責任を負う。これらの請求等は同列ではなく、まず履行を優先する二段階構造である。
・引渡後6ヶ月以内に判明した契約不適合は、引渡時に存在したと推定される。
・加盟国がこれらの権利について時効期間を定める場合は、引渡後2年間より短い期間を定めることはできない（当時、ドイツ民法の瑕疵担保の時効は、6ヶ月だった）。

---

[175] 参考：マンフレッド・レービッシュ「ドイツにおける新債務法」197頁以下。立命館法学2007年2号。
[176] 田中幹夫：弁護士「EU消費財売買指令とドイツにおける国内法化の概要」JETRO　ユーロトレンド2002年5月。

EU指令への対応として、ドイツとしては瑕疵担保の部分だけを手直しする選択もあったが、1世紀も前に土台が作られた概念法学的な構造を、国際取引で一般的となりつつある単純な構造に改造すべきと考えられたため、抜本改正になったと言われる。

　さらに債務法改正に当たっては、近時の国際法の発展も考慮に入れられ、特に欧州契約法委員会の「ヨーロッパ契約法原則」及びUNIDROITによる「国際商契約原則」との調和が試みられたという。

　EU指令の売主の義務の中心概念は、「契約不適合」であるが、ドイツ債務法では「契約不適合」という概念ではなく、それよりやや広い「義務違反」という概念を基礎としているという。すなわち、「契約所定の義務に従った履行が全くなされないか、なされてもそれが契約に従った内容でなければ、義務違反を構成し、損害賠償請求権が発生する」という[177]。

② 国際物品売買契約に関する国際連合条約（ウィーン売買条約）

　国際物品売買契約に関する国際連合条約（以下「ウィーン売買条約」と言う）[178]は、我が国では、2009年に発効しており、「基本方針」にも大きな影響を与えている。EU指令の「契約不適合」の概念も、ウィーン売買条約を参考にしたものとされる。関係の条文を以下に紹介する[179]。

ウィーン売買条約
第35条第1項（物品の契約適合性）
　売主は、契約で定めた数量、品質及び記述に適合し、かつ契約で定める方法に従って容器に収められ、又は包装された物品を引き渡さなければならない。

第49条第1項（買主による契約の解除）
　買主は、次のいずれかの場合に契約の解除を宣言することができる。
　a　契約又はこの条約に基づく売主の義務のいずれかの不履行が、重大な契約違反となる場合。
　b・・・（物品を引き渡さない又は拒否した場合：条文は省略）

第74条（損害賠償）

177　田中幹夫　前掲参照。
178　国際物品売買契約に関する国際連合条約（United Nations Convention on Contracts for the International Sale of Goods：CISG）の対象は、事業者間の国際的な貿易取引、つまり物品の売買である。
179　曽野和明・山手正史「国際売買法」資料編、現代法律学全集第60巻1993年。なお、79条(1)は、法務省法制審議会「民法（債権関係）の改正に関する検討事項(1)　詳細版」32頁から引用。

第6節　債権の効力と債務不履行

> 　一方の当事者による契約違反についての損害賠償の額は、得べかりし利益の喪失も含め、その違反により相手方が被った損失に等しい額とする。そのような損害賠償の額は、契約違反を行った当事者が契約の締結時に知り、又は知るべきであった事実及び事情に照らし、当該当事者が契約違反から生じ得る結果として契約の締結時に予見し、又は予見すべきであった損失の額を超えることができない。
>
> 第79条(1)　当事者は、自己の義務の不履行が自己の支配を超える障害によって生じたこと及び契約の締結時に当該障害を考慮することも、当該障害又はその結果を回避し、又は克服することも自己に合理的に期待することができなかったことを証明する場合には、その不履行について責任を負わない。
>
> 参考（重大な契約違反の定義）
> 第25条　当事者の一方による契約違反は、その契約の下で相手方が期待するのが当然であったものを実質的に奪うような不都合な結果をもたらす場合には、重大なものとする。ただし違反をした当事者がかような結果を予見せず、かつ、同じ状況の下でその者と同じ部類に属する合理的な者もかかる結果を予見しなかったであろう場合を除く。

　「基本方針」の提案と比較してみると、「基本方針」が通説判例を大胆に変える意図がわかる。「基本方針」で用いられているキーワード（契約の解除：重大な契約違反、損害賠償：予見可能性、物の瑕疵の定義：契約に不適合、など）が、ウィーン売買条約の考え方に沿った表現になっているからである。「基本方針」は、ドイツ同様に、我が国の債権法の基本ルールを、国際取引と国内取引で統一することを目指していると言えよう。

　なお、「基本方針」が提案している上記の損害賠償の免責事由としての「契約において債務者が引き受けていなかった事由」の文言をめぐっては、ウィーン売買条約79条1項の表現を参考にすべきという意見もある[180]。

　このウィーン売買条約は、今から30年前の1980年に、ハーグ売買統一条約の改定版として作成されたものである。

　その前身となった1964年のハーグ売買統一条約が、「あまりにもドグマ中心で理論に傾斜しており、その構成も複雑なため内容も明瞭性を欠き、英米

180　前掲　山本豊「債務不履行・約款」89頁。また、法務省『「民法（債権関係）の改正に関する中間的な論点整理」に対して寄せられた意見の概要（各論1）』116頁。この79条は帰責事由の考え方（過失責任主義）を採用していないと解されている。

法との調和を試みているもののやはり大陸法中心であること・・・」[181]から、世界各国で幅広く採用される見込みが乏しいとされたため、改定が必要とされたからである。

したがって、ウィーン売買条約は、「実際的かつ明快、簡易であり、理論的ドグマの影響を一貫して排斥した結果として、取引に従事している当事者にも理解しやすくなった・・・この点で売買に関する米国統一商事法典第二編の影響は大きい」[182]とされる。

このような「国際売買法」の記述を今日の視点で読むと、債権法のあり方の国際的方向性として大陸法から英米法へ接近することは、1980年の時点で既に決まっていたとも言えよう。

(4) 建設工事請負契約への影響

「中間試案」では、「基本方針」の提案の実現に一歩近づいたが、その成否は今後の議論次第であろう。これが実現すれば、国際取引のルールと民法による国内取引のルールの間の整合が図られることになる。

すでに国際貿易取引では英米法が主流であり、私法の国際的なハーモナイゼーションという視点では、実業界としては異論が少ないのではないか[183]。建設業界にとっても、FIDIC約款は英国のICE約款を母体に作成されたとされており、国際進出を図る場合も事情は同じである。

工事契約約款に対する影響としては、債務不履行制度に関する民法改正により実務上の結論は大きく変わらないと思われるが、法令の用語やものの考え方が変わることに注意が必要である。

特に、売買と請負の瑕疵担保責任が、従来の法定責任説から契約責任説に変わることから、請負の瑕疵担保も債務不履行制度全体の影響を受けることになり、約款の解釈についても点検が必要であろう。

「中間試案」では、「責めに帰すべき事由」の言葉がなくなることはなさそ

---

181 前掲 曽野和明・山手正史「国際売買法」17頁。
182 前掲 曽野和明・山手正史「国際売買法」26頁。ウィーン売買条約は69ケ国が批准し、ドイツでは、西ドイツ時代の1991年に発効。アメリカでは1986年発効。
　　また「米国統一商事法典」とは、アメリカ各州で成文法として採用されているモデル法典であり、その内容は州の間の貿易、つまり売買に関する規定が中心である。アメリカでは州は国とみなされたので、州間の貿易ルールの統一を図る商事法典の作成は、国際貿易ルールとの整合性を意識して行われたという。
183 経済同友会「民法（債権関係）改正に関する意見書」(2010年4月8日)。

うであるが、損害賠償において契約の趣旨も重視されることになるので、約款全体にわたって用語の見直しや、設計図書、仕様書等も含め「契約」において何を定めているのかの再確認も必要になろう。

公共工事約款における「責めに帰すべき事由」の
文言が使用されている条項

条―項	該 当 条 項
第17条第1項	設計図書不適合の場合の改造義務及び破壊検査等
第20条第1項	天災等による工事の中止
第21条第1項、第2項	受注者の請求による工期の延長
第27条	一般的損害
第28条第1項	第三者に及ぼした損害
第29条第1項	不可抗力による損害
第32条第3項	請負代金の支払い
第45条第1項、第3項	履行遅滞の場合における損害金等
第47条	発注者の解除権

3　金銭債務の特則と損害賠償の予定

　金銭債務の特則に関する民法第419条、損害賠償の予定に関する第420条は、工事契約約款の実務に関係の深い条文である。本書の趣旨に沿って、「中間試案」の内容のみ、簡単に紹介する[184]。

> 9　金銭債務の特則（民法第419条関係）
> (1)　民法第419条の規律に付け加えて、債権者は、契約による金銭債務の不履行による損害につき、同条第1項及び第2項によらないで、損害賠償の範囲に関する一般原則（前記6）に基づき、その賠償を請求することができるものとする。
> (2)　民法第419条第3項を削除するものとする。
> （注1）　上記(1)につき、規定を設けないという考え方がある。
> （注2）　上記(2)につき、民法第419条第3項を維持するという考え方がある。
> 10　賠償額の予定（民法第420条関係）
> (1)　民法第420条第1項後段を削除するものとする。

184　法務省「民法（債権関係）の改正に関する中間試案」17頁。「基本方針」【3.1.1.72】【3.1.1.75】、前掲「債権法改正の基本方針」142、143頁。

> (2) 賠償額の予定をした場合において、予定した賠償額が、債権者に現に生じた損害の額、当事者が賠償額の予定をした目的その他の事情に照らして著しく過大であるときは、債権者は、相当な部分を超える部分につき、債務者にその履行を請求することができないものとする。
> （注１） 上記(1)について、民法第420条第１項後段を維持するという考え方がある。
> （注２） 上記(2)について、規定を設けないという考え方がある。

　これらの提案も反対意見があり、今後の審議の動向に注意すべきである。
　9(2)は、大災害の事例などに鑑み、金銭債権の不履行について不可抗力をもって抗弁出来ないという規定の削除が検討されていることである。
　10は、損害賠償の予定について現行民法でも公序良俗違反で無効と出来るが、不当なものは裁判所が額を見直す趣旨を明確化するもの。

4　法定利率

　民法第404条の法定利率は、損害賠償との関連でも重要な役割を果たす。年利５％という現行制度は、現在の金融情勢の下では問題であり、見直しが提案されている。本書の趣旨に沿って、「中間試案」の内容のみ、簡単に紹介する[185]。

> 第８　債権の目的
> ４　法定利率（民法第404条関係）
> (1) 変動制による法定利率
> 　民法第404条が定める法定利率を次のように改めるものとする。
> 　ア　法改正時の法定利率は年［３パーセント］とするものとする。
> 　イ　上記アの利率は、下記ウで細目を定めるところに従い、年１回に限り、基準貸付利率（日本銀行法第33条第１項第２号の貸付に係る基準となるべき貸付利率をいう。以下同じ。）の変動に応じて［0.5パーセント］の刻みで、改定されるものとする。
> 　ウ　上記アの利率の改定方法の細目は、例えば、次のとおりとするものとする。
> 　　(ｱ)　改定の有無が定まる日（基準日）は、１年のうち一定の日に固定して定めるものとする。

185　前掲「民法（債権関係）の改正に関する中間試案」13頁。「基本方針」【3.1.1.48】。前掲「債権法改正の基本方針」127頁。

> (イ) 法定利率の改定は、基準日における基準貸付利率について、従前の法定利率が定まった日（旧基準日）の基準貸付利率と比べて［0.5パーセント］以上の差が生じている場合に、行われるものとする。
> (ウ) 改定後の新たな法定利率は、基準日における基準貸付利率に所要の調整値を加えた後、これに［0.5パーセント］刻みの数値とするための所要の修正を行うことによって定めるものとする。
>   （注1）　上記イの規律を設けない（固定制を維持する）という考え方がある。
>   （注2）　民法の法定利率につき変動制を導入する場合における商事法定利率（商法第514条）の在り方について、その廃止も含めた見直しの検討をする必要がある。
> (3) 中間利息控除
>   損害賠償額の算定に当たって中間利息控除を行う場合には、それに用いる割合は、年［5パーセント］とするものとする。
>   （注）　このような規定を設けないという考え方がある。また、中間利息控除の割合についても前記(1)の変動制の法定利率を適用する旨の規定を設けるという考え方がある。

「中間試案」の法定利率の案は、変動制である。簡単に言うと、当初スタート時に3％という案が示され、その後、基準貸付金利の変動を勘案して、年1回、0.5％刻みで金利を上下させる仕組みとなる。0.5％刻みとは、0.25％単位で切上げ・切捨てを想定している。

法務省の説明[186]では、この3％は、固定部分と変動部分を合算した金利水準である。固定部分は、スタート時に3％から変動部分を引いたものである。これがその後の金利の変動部分に上乗せされるという。

変動部分は、「基準貸付金利（＝基準割引率）」が基準となる。「基準貸付金利」とは、日銀が手形、国債その他の有価証券を担保に金融機関に資金を貸し付ける時の金利をいう。金利の自由化で制度は見直されたが、かつて「公定歩合」と呼ばれていたものである。基準貸付利率の決定又は変更が行われた場合には、その旨が公表される。

なお、スタート時の3％という法定金利の案は、政府契約の支払遅延に対する遅延利息の率が、平成24年度は3.1％であることからみて、現在の金利水準ではおおむね妥当と思われる。なお、FIDIC約款の遅延利息（金融費

---

186 法務省法制審議会「民法（債権関係）の改正に関する論点の補充的な検討(1)」（平成24年11月6日部会資料）1頁以降参照。

用）は、原則として、中央銀行の割引率（＝基準貸付金利）プラス年利3％とされている[187]。FIDICは、変動部分が3％の外に出ていることになる。

また、法定金利の見直しと関連して保険業界などから強い懸念のあった中間利息控除の利率の問題は、「中間試案」の(3)で、不法行為の損害賠償や損害保険の実務等への影響を考慮して、現状のまま（5％）としている。

5　消滅時効

時効制度の見直しは、時効制度全般に及び、今回の民法改正において重要な位置を占めている。しかし、本書の趣旨に沿って、請負の瑕疵担保制度の理解を助けるため、関連する「中間試案」の内容を簡単に紹介する[188]。

第7　消滅時効
1　職業別の短期消滅時効の廃止
　民法第170条から第174条までを削除するものとする。

2　債権の消滅時効における原則的な時効期間と起算点
【甲案】「権利を行使することができる時」（民法第166条第1項）という起算点を維持した上で、10年間（同法第167条第1項）という時効期間を5年間に改めるものとする。
【乙案】「権利を行使することができる時」（民法第166条第1項）という起算点から10年間（同法第167条第1項）という時効期間を維持した上で、「債権者が債権発生の原因及び債務者を知った時（債権者が権利を行使することができる時より前に債権発生の原因及び債務者を知っていたときは、権利を行使することができる時）」という起算点から［3年間／4年間／5年間］という時効期間を新たに設け、いずれかの時効期間が満了した時に消滅時効が完成するものとする。
　（注）【甲案】と同様に「権利を行使することができる時」（民法第166条第1項）という起算点を維持するとともに、10年間（同法第167条第1項）という時効期間も維持した上で、事業者間の契約に基づく債権については5年間、消費者契約に基づく事業者の消費者に対する債権

---

[187] Red Book1999年版　Sub-Clause14.8(Delayed Payment)。(社)日本コンサルティングエンジニヤ協会「建設工事の契約条件書」42頁、14.8「支払いの遅延」参照。金融費用（financing charges）は、特約がなければ、支払通貨国の中央銀行の割引率（discount rate）に年利3％を加え、未払期間について月複利で計算される。

[188] 法務省「民法（債権関係）の改正に関する中間試案」10頁。他に不法行為など契約を原因としない債権や人身損害の債権の時効期間、中断中止制度などがある。なお「基本方針」【3.1.3.44】【3.1.3.45】。前掲「債権法改正の基本方針」198頁以下参照。

> については3年間の時効期間を新たに設けるという考え方がある。

　「時効」とは、事実上の関係が一定期間継続した場合に、真実の権利関係に関わらず、その継続してきた事実関係を尊重してこれに権利の取得・消滅の効果を与える制度である。これと類似した概念に「除斥期間」がある。これは、権利関係を短期間に確定する目的で一定の権利について法律の定めた存続期間をいう。時効と異なり、中断がなく当事者の援用がなくとも当然に権利消滅の効果を生じるとされる。

　「中間試案」では、職業別の短期消滅時効は廃止と提案している。これだけにとどまると時効期間が一律に長期化することになるため、原則の見直しも同時に提案している。原則の見直しは甲乙案が示されている。

　甲案は、「権利を行使することができる時」（民法第166条第1項）という消滅時効の起算点については現状を維持した上で、10年間を単純に短期化し、商事消滅時効を参照して5年間にするという考え方である。

　乙案は、「権利を行使することができる時」から10年間という現行法の時効期間と起算点の枠組みを維持した上で、これに加えて「債権者が債権発生の原因及び債務者を知った時」等の本文記載の起算点から［3年間／4年間[189]／5年間］という時効期間を新たに設け、いずれかの時効期間が満了した時に消滅時効が完成するとする考え方である。乙案では、実際上ほとんど［3年間／4年間／5年間］が適用され、時効期間の大幅な長期化を回避することが想定されている。

　注の案は、甲案の修正案である。甲案によると、事務管理・不当利得に基づく債権や、契約に基づく債権であっても安全配慮義務違反に基づく損害賠償請求権のように、契約に基づく一般的な債権とは異なる考慮を要するものも、すべてその時効期間が5年間に短縮されるのは問題とされる。このような指摘を踏まえ、甲案の修正案は、「権利を行使することができる時」という起算点のみならず、10年間という原則的な時効期間についても現状を維持した上で、これとは別に時効期間の長期化を避けるため、事業者間の契約に

---

[189] 4年案について「基本方針」の説明は無いが、「国際物品売買における時効に関する条約」（日本未加盟）が、原則時効4年、除斥期間10年としていることなどを参考にしていると思われる。参考：曽野和明・山手正史「国際売買法」19頁有斐閣法律学全集1993年。 各国の法制や時効条約については、「民法（債権関係）の改正に関する検討事項(9) 詳細版」参照。なお、米国各州など、権利の消滅の時効制度ではなく、出訴期間の制限（例：アメリカ統一商事法典では売買関係は4年）という法制度を採用する国もある。

第2章 契約一般に関する規定

基づく債権については5年間、消費者契約に基づく事業者の消費者に対する債権については3年間とする考え方である。

第7節 債権者代位権（事実上の優先弁済効果の否定）

(1) 基本方針の提案

「基本方針」では、債権者代位権について広汎な提案が示されているが、建設業界に関わりのあるものは、【3.1.2.02】の債権者代位権による金銭債権回収につき相殺を禁止する提案である。

これにより債権者代位権による「事実上の優先弁済効果」が否定される。その趣旨は、債権者代位権により、代位債権者が交付を受けた金銭は、総債権者のための責任財産である以上、本来債務者に返還すべきだからとされている。

現行民法・判例	基本方針の提案
（債権者代位権） 第423条　債権者は、自己の債権を保全するため、債務者に属する権利を行使することができる。ただし、債務者の一身に専属する権利は、この限りでない。 2　（略） 通説判例： 　代位債権者は、金銭債権を直接自己に交付することを求めることができ、これと自己の債権を相殺することにより事実上の優先弁済を受けることができる。	【3.1.2.01】（債権者代位権） 〈1〉　債権者は次に掲げる場合には、その有する債権を保全するため、債務者に属する権利を行使することができる。 〈ア〉　債務者がその負担する債務をその有する財産をもって完済することができない状態にあるとき 【3.1.2.02】（受領を要する権利の代位行使） 〈3〉　〈1〉〈ア〉の場合において、金銭を受領した債権者は、債務者に対する返済債務または相当額の金銭の支払債務と自己の債務者に対する債権とを相殺することができない。

建設業界にとって重要なのは、この「事実上の優先弁済効果」の廃止とワ

ンセットで、請負における下請負人の発注者への報酬の直接請求権が創設されるという「基本方針」の提案が行われていることである。

債権者代位権の「事実上の優先弁済」の廃止とセットになった「直接請求権」は、次のように、合わせて３つの典型契約において、提案されている。
・下請負人の発注者への報酬の直接請求権
・賃貸借において賃貸人から転貸人への賃料の直接請求権（なお転貸借の場合は現行法でも認められている）
・委任における復受任者の委任者への報酬の直接請求権

その理由としては、これらは「元となる契約にそれを基礎とした従たる契約が接合される関係から、直接の契約関係に立たない元契約の債権者と従たる契約の債務者の間に直接の法律関係が存在するという点で、他の契約連鎖と区別しうる共通の特徴」[190]があると説明されている。そして、「基本方針」は、このような法律関係については、債権者代位権のような一般的規定ではなく、個別の契約類型ごとに規定をおくことを提案している。

(2) 法制審議会の審議
１）論点整理段階

法制審議会の審議（論点整理段階）では、債権者代位制度そのものを見直すことには慎重な意見が多かった。事実上の優先弁済効果の否定については責任財産の保全という制度の目的を逸脱するものという観点から賛成する意見もあったが、慎重な意見もあり、分かれている。

パブリックコメント（論点整理段階）においても、法曹界の意見は分かれている。最高裁判所は、「権利保全に勤勉であった者に、判例・実務で認められた限度で、事実上の優先弁済を容認するのが相当であるとの意見が大勢を占めた。」[191]としている。

産業界では、金融業界からは、債権回収に努力した者へのインセンティブは必要とする観点から、優先弁済効果の否定には慎重な意見が出されている。次のような預金保険機構からの意見も注目される[192]。

---
190 民法（債権法）改正検討委員会編「詳解債権法改正の基本方針Ⅴ」79頁（商事法務2010年）。
191 『民法（債権関係）の改正に関する中間的な論点整理』に対して寄せられた意見の概要（各論１）」420頁。

第2章　契約一般に関する規定

「預金保険機構及び株式会社整理回収機構（以下「RCC」という）は、財産隠匿行為を行っている反社会的勢力等の悪質債務者からの回収に当たり、債権者代位権を活用している。・・・債権者代位権の事実上の優先弁済機能の否定又は制限については、預金保険機構やRCCのような、預金者（いわば国民）に対して一定の責務を負う機関の果たす役割等をも考慮した上で、慎重にご議論いただくことが望ましい。」

2）中間試案段階
「中間試案」では、次のような案が示されている[193]。

第14　債権者代位権
1　責任財産の保全を目的とする債権者代位権　（略）
3　代位行使の方法等
(1)　債権者は、前記1の代位行使をする場合において、その代位行使に係る権利が金銭その他の物の引渡しを求めるものであるときは、その物を自己に対して引き渡すことを求めることができるものとする。この場合において、相手方が債権者に対して金銭その他の物を引き渡したときは、代位行使に係る権利は、これによって消滅するものとする。
(2)　上記(1)により相手方が債権者に対して金銭その他の物を引き渡したときは、債権者は、金銭その他の物を債務者に対して返還しなければならないものとする。この場合において、債権者は、その返還に係る債務を受働債権とする相殺をすることができないものとする。
（注1）　上記(1)については、代位債権者による直接の引渡請求を認めない旨の規定を設けるという考え方がある。
（注2）　上記(2)については、規定を設けない（相殺を禁止しない）という考え方がある。

---

(1)は、判例通説に沿った条文化の提案である。
(2)は、判例の結論を立法で変更する提案である。つまり、責任財産の保全を目的とする債権者代位権制度については、基本的には現行の枠組みを維持しつつ、債権者が引渡を受けた債権を返済する債務を自分の債権で相殺することを禁止する提案をしている。この提案には、判例の結論を維持する立場の反対意見があることが示されている。

---

192 「『民法（債権関係）の改正に関する中間的な論点整理』に対して寄せられた意見の概要（各論1）」417頁。
193 法務省「民法（債権関係）の改正に関する中間試案」20頁。

(3) 外国法について

　我が国の債権者代位権の制度は、フランス法に由来する制度であり、ドイツ法には存在しないとされる[194]。その是非、理由等については、民事執行制度のあり方とも関連して議論されている[195]。

○　フランス民法
第1165条（契約の相対効）
　合意は、契約当事者間でなければ、効果を有しない。合意は、第三者を何ら害さない。合意は、第1121条（第三者のためにする約定）によって定められる場合でなければ、第三者の利益とならない。
第1166条（債権者代位権）
　ただし、債権者は、その債務者の全ての権利および訴権を行使することができる。ただし、一身に専属するものを除く。

---

(4) 建設工事請負契約への影響

　先に述べたように、建設業界にとって重要なのは、この「事実上の優先弁済効果」の廃止とワンセットで、請負における下請負人の発注者への報酬の直接請求権が創設されるという「基本方針」の提案が行われていることである。

　この点は、「中間試案」では、下請負報酬について直接請求権の創設は断念されたので、この相殺禁止規定の創設自体が建設業界に直接影響を及ぼす恐れはなくなったが、この相殺禁止規定自体にも反対は強く、成り行きが注目される。

　今後とも、債権者代位権をめぐる議論の経緯を注意して見守っていく必要がある。

194　前掲「民法（債権関係）の改正に関する検討事項(2)　詳細版」3頁。
195　片山直也「責任財産の保全」ジュリスト1392号111頁（2010年1月1-15日号）。債権者代位権の規定の民法上の位置づけは、「基本方針」のいう「責任財産の保全」ではなく、「債権（合意）の第三者効」という観点から行われるべきであり（フランス民法第1165条の規定参照）、さらには、詐害行為取消権とともに「債権者平等主義」（日本）か「優先主義」（ドイツ。フランスも相対効という表現で優先主義と同趣旨）かという立法論の議論が必要という。

第8節　債権譲渡禁止特約の効力

(1) 基本方針の提案

「基本方針」では、債権譲渡についても多くの提案が行われているが、建設業との関連では「債権譲渡禁止特約の効力」の見直しが重要である。建設工事請負契約では、工事代金債権等の権利義務の譲渡禁止特約が付されているからである[196]。

債権譲渡の問題全体が金融界とかかわりの深いテーマであるので、その結論は金融業界の動向に左右されるところがあり、その成り行きに注目すべきである。

現行民法・判例	基本方針の提案
（債権の譲渡性） 第466条　債権は、譲り渡すことができる。ただし、その性質がこれを許さないときは、この限りでない。 2　前項の規定は、当事者が反対の意思を表示した場合には、適用しない。ただし、その意思表示は、善意の第三者に対抗することができない。 通説・判例 　譲渡禁止特約に反した債権譲渡は、当事者間でも「無効」（物権的効力説）。 　善意でも重過失ある譲受人には譲渡無効。 　特約があっても債務者が承諾すれば譲渡有効。	【3.1.4.03】（債権譲渡禁止特約の効果） 〈1〉　債権者及び債務者が特約により債権の譲渡を許さない旨を定めていた場合であっても、当該特約に反してなされた譲渡の効力は妨げられない。ただし、債務者はこの特約をもって譲受人に対抗することができる。 〈2〉　〈1〉ただし書きにかかわらず、債務者は、次に掲げる場合には、〈1〉の特約をもって譲受人に対抗することができない。 　〈ア〉　債務者が譲渡人または譲受人に対し、当該譲渡を承認したとき 　〈イ〉　譲受人が〈1〉の特約につき善意であり、かつ重大な過失がないとき 　〈ウ〉　第三者対抗要件が備えられていた場合で、譲渡人について倒産手続の開始決定があったとき 〈3〉　〈1〉の特約のある債権が差し押さえられたときは、債務者は、差押債権者に対して〈1〉の特約をもって対抗する

196　公共工事標準請負契約約款第5条、民間連合協定工事請負契約約款第6条参照。

	ことができない。

　債権譲渡禁止特約は、例えば、公共工事約款では、次のように規定している。

公共工事約款
（権利義務の譲渡等）
第5条　受注者は、この契約により生ずる権利又は義務を第三者に譲渡し、又は承継させてはならない。ただし、あらかじめ、発注者の承諾を得た場合は、この限りでない。

　現行民法第466条では、債権譲渡は自由としながら、譲渡禁止特約に反した債権譲渡は、当事者間でも「無効」（物権的効力説）とされる（通説・判例）。

　これに対して「基本方針」【3.1.4.03】は、債権の譲渡性を重視し、相対的効力説を採用することを提案している。

　その理由は、もともと債権譲渡の禁止特約の制度は、「立法時には、債権が苛酷な取立てをする第三者に譲渡されることを防止し、弱い立場に置かれている債務者を保護するためとされていたが、現在では、むしろ力関係において優位にある債務者によって、①譲渡に伴う事務の煩雑化の回避、②過誤払の危険の回避及び③相殺の期待の確保といった理由から用いられている」[197]とされ、現在では譲渡禁止特約の存在が資金調達目的で行われる債権譲渡取引（債権譲渡担保）の障害となっているとの指摘もあるからである。

　この債権の譲渡禁止特約の効力を制限すべきだという主張は、かねてから金融界に根強い[198]。

　なお、「基本方針」が「相対的効力説」を採用すると言っても、次の表のように、現在の通説・判例と比べて、実際の結論が異なるのは、⑤の場合だけであると考えられる[199]。

---

[197] 法務省法制審議会「民法（債権関係）の改正に関する検討事項(4)　詳細版」3頁。内田貴「民法Ⅲ第三版」211頁。
[198] 例えば、一般社団法人・流動化・証券化協議会・民法改正ワーキング・グループ「債権法改正に係る意見書」平成22年4月7日。
[199] 判例は、②の重過失の場合については最判昭和48年7月19日、③の債務者の承諾については最判平成9年6月5日、④の差押えについては最判昭和45年4月10日。小林卓泰・栗生香里：弁護士「企業取引実務から見た民法（債権法）改正の論点　第4回　債権譲渡③債権譲渡特約、対抗要件」NBL 924号68頁2010年。

債権譲渡禁止特約の効果に関する「通説・判例」と「基本方針」の違い

現行民法の通説・判例	基本方針の提案
①譲渡禁止特約に反した譲渡は当事者間でも無効[200]。 ②債務者は、譲受人が善意かつ無重過失なら特約を対抗できない。 ③債務者は、自ら譲渡を承諾した譲渡人・譲受人に対抗できない。 ④債務者は、債権が差押された場合に差押債権者に対抗できない。 ⑤譲渡人倒産の場合でも、原則として特約を対抗できる。	①譲渡禁止特約に反した譲渡は有効だが債務者は特約を対抗できる。 ②③④ 通説・判例に結論同じ。 ⑤譲渡人に倒産手続の開始決定があったときに、譲受人が第三者対抗要件（登記）を備えていた場合は、債務者は特約を対抗できない。

　⑤は、どのような場合かというと、譲渡人に倒産手続が開始したときには、譲受人が譲渡禁止特約についてたとえ悪意・重過失でも、対抗要件（債権譲渡登記制度の活用を想定[201]）を備えていれば、債務者は債権譲渡禁止特約を対抗できないということになる。倒産手続開始後は、倒産手続の中で決定すべきであり、この局面においてまで債務者の意思により譲渡禁止特約の効力を譲受人に対抗するか否かを選択させることは相当でないとされるためである。

(2) 法制審議会の審議

1）論点整理段階

　法制審議会の審議（論点整理段階）は、議論百出であった[202]。債権譲渡に

---

200 ①については、最判平成21年3月27日民集63巻3号449頁が、譲渡禁止特約が債務者の利益を保護するために付されるということを理由として、譲渡人からは譲渡禁止特約により譲渡の無効を主張できないとした。したがって、判例は譲渡禁止特約の効力が「物権的効力」であるという前提から演繹的に譲渡禁止特約をめぐる個別の問題についての結論を導いてきたわけではないという主張がある。法務省「民法（債権関係）の改正に関する論点の検討(9)」4頁。

201「基本方針」は、金銭債権の譲渡の対抗要件を登記に一元化することを提案している（【3.1.4.04】）。その理由としては、現行民法の債務者への通知承諾制度に問題があること（現行制度は債務者が債権の公示機能を担うとされるが、債務者は譲受人からの照会に真実を答える義務は無いと解釈されていること）などが指摘されている。具体的には、「動産及び債権の譲渡の対抗要件に関する民法の特例等に関する法律（平成10年法律第104号）」に基づく債権譲渡登記（現行制度の対象は法人のみ）を見直すことが想定されている。前掲「詳解 債権法改正の基本方針Ⅲ」288頁。

202 法制審議会民法（債権法）部会第7回議事録参照。

関する新しい制度の導入へ慎重論を唱える意見が多く述べられた。債券登記制度にも、登記事項の内容、コスト、利便性等の問題が詳細に指摘された。

　パブリックコメント（論点整理段階）[203]でも、各界の意見は分かれている。法曹界の意見も分かれているが、日弁連は慎重論である。
　金融界でも意見は分かれている。流動化・証券化協議会は、原則として譲渡禁止特約自体を無効することが望ましいとしている。全国銀行協会は、相対的効力説には問題も多く賛成できないとし、預金債権に譲渡性を付与することには反対の意見である[204]。日本クレジット協会や全信販協会は現行制度見直しには反対である。
　なお、注目されるのは、在日米国商工会議所（ACCJ）から意見が出されていることである。
　米国商工会議所は、「譲渡人企業が資金調達を目的として債権譲渡しようとする場合には、債権譲渡禁止特約につき譲受人が悪意の場合を含め、法律により常に特約の効力を否定すべきである。」[205]という。
　その理由としては、①諸外国では債権が担保融資に利用可能なことからその譲渡性を制限しないことの重要性が認識されており、「例えば、米国の統一商法典（UCC）第9－406条及び第9－408条では、譲渡禁止特約がある場合でも債権譲渡を可能にしている。フランスの商法第L.442－6－Ⅱ．c条でも同様に、企業間契約において『相手方契約当事者による第三者への債権譲渡を禁止する条項』は『無効』とされている。このほかドイツの商法第354a条でも、契約の債権譲渡禁止条項にかかわらず債権譲渡は有効と定められている。」とすること、②対象債権に譲渡禁止特約が付いている場合には、債権を担保にとったABL[206]や債権流動化による資金調達を行うことができない又は困難になることから、中小企業の資金調達に与えるマイナスの影響を与える、としている。

---

203 法務省「『民法（債権関係）の改正に関する中間的な論点整理』に対して寄せられた意見の概要（各論2）」1頁以下。
204 前掲「意見の概要（各論2）」11頁。なお、全国銀行協会「銀行取引に係る債権法に関する研究会報告書」平成19年4月参照。膨大な数の預金払戻の際に債権者確認を間違いなく行うリスクとコストや、貸出債権との相殺期待を阻害するなどが理由である。このような問題は、流動化・証券化協議会も例外扱いとしている。
205 前掲「意見の概要（各論2）」5頁。
206 ABLとは、Asset Based Lending（動産債権担保融資）の略。

2) 中間試案段階

法制審議会民法部会の審議では、債権の譲渡禁止特約の効力について、大きく分けると、次の3案が示され、議論が行われた（細部の論点は省略）[207]。内容は、パブリック・コメントで提出された意見の影響もうかがわれる。

部会審議の3案
(1) 譲渡禁止特約の第三者への対抗の可否
　【甲案】　民法第466条第2項に代えて、譲渡禁止特約は専ら譲渡人と債務者との間で効力を有するにとどまり、第三者に対抗することができない旨の規定を設けるものとする。
　【乙案】　譲渡禁止特約は原則として悪意［又は重過失］（後記(2)ア参照）の第三者に対抗することができるものとするが、一定の類型の債権については、譲渡禁止特約を譲受人に対抗することができない旨の規定を設けるものとする。
　　　譲渡禁止特約を第三者に対抗することができない債権の類型としては、例えば、金銭債権とするという考え方の当否を検討する。
　【丙案】　譲渡禁止特約は、債権の種類にかかわらず、悪意［又は重過失］の第三者に対して対抗することができる旨の規定を設けるものとする。

「中間試案」では、次のような案が示されている[208]。

第18　債権譲渡
1　債権の譲渡性とその制限（民法第466条関係）
　民法第466条の規律を次のように改めるものとする。
　(1)　債権は、譲り渡すことができるものとする。ただし、その性質がこれを許さないときは、この限りでないものとする。
　(2)　当事者が上記(1)に反する内容の特約（以下「譲渡制限特約」という。）をした場合であっても、債権の譲渡は、下記(3)の限度での制限があるほか、その効力を妨げられないものとする。
　(3)　譲渡制限特約のある債権が譲渡された場合において、譲受人に悪意又は重大な過失があるときは、債務者は、当該特約をもって譲受人に対抗することができるものとする。この場合において、当該特約は、次に掲げる効力を有するものとする。

---

[207] 法務省法制審議会民法（債権関係）部会資料「民法（債権関係）の改正に関する論点の検討(9)」1頁。石田剛「譲渡禁止特約の効力規制の将来像」法律時報84巻8号31頁。
　　細部の論点で注文者の報酬支払実務に関係するものとしては、差押・転付命令のあったとき、破産・民事再生・会社更生の手続開始のとき、第三者異議の訴えが提起されたときにおいて、悪意（又は重過失）の第三者に対しても特約が対抗できない場合がある趣旨の規定をおくことが議論されているので、その推移に注意が必要である。
[208] 法務省「民法（債権関係）の改正に関する中間試案」34頁。

ア　債務者は、譲受人が権利行使要件（後記2(1)【甲案】ウ又は【乙案】イの通知をすることをいう。以下同じ。）を備えた後であっても、譲受人に対して債務の履行を拒むことができること。
　　イ　債務者は、譲受人が権利行使要件を備えた後であっても、譲渡人に対して弁済その他の当該債権を消滅させる行為をすることができ、かつ、その事由をもって譲受人に対抗することができること。
(4)　上記(3)に該当する場合であっても、次に掲げる事由が生じたときは、債務者は、譲渡制限特約をもって譲受人に対抗することができないものとする。この場合において、債務者は、当該特約を譲受人に対抗することができなくなった時まで（ウについては、当該特約を対抗することができなくなったことを債務者が知った時まで）に譲渡人に対して生じた事由をもって譲受人に対抗することができるものとする。
　　ア　債務者が譲渡人又は譲受人に対して、当該債権の譲渡を承諾したこと。
　　イ　債務者が債務の履行について遅滞の責任を負う場合において、譲受人が債務者に対し、相当の期間を定めて譲渡人に履行すべき旨の催告をし、その期間内に履行がないこと。
　　ウ　譲受人がその債権譲渡を第三者に対抗することができる要件を備えた場合において、譲渡人について破産手続開始、再生手続開始又は更生手続開始の決定があったこと。
　　エ　譲受人がその債権譲渡を第三者に対抗することができる要件を備えた場合において、譲渡人の債権者が当該債権を差し押さえたこと。
(5)　譲渡制限特約のある債権が差し押さえられたときは、債務者は、当該特約をもって差押債権者に対抗することができないものとする。
（注1）　上記(4)ウ及びエについては、規定を設けないという考え方がある。
（注2）　民法第466条の規律を維持するという考え方がある。

　「中間試案」の提案では、債務者は、譲渡人又は最初に現れた対抗要件を備えた譲受人（若しくはその承継人）のいずれかに債務を履行すればよく、他方、譲渡制限特約付債権の譲受人や差押債権者間の関係も、対抗関係の優劣のみで決せられることになる[209]。
　これは、法律関係を簡明化するために「譲渡禁止特約」に関する現在の判例（前掲最判平成9年6月5日）の考え方を改めるものである。なお、対抗

---

[209] すなわち、対抗要件で劣る第二の譲渡を債務者が承認して弁済できず、第二の譲受人は善意無過失でも救済されない。他方、債務者は、特約を悪意・重過失の第一譲受人に対抗できて元の債権者（譲渡人）に弁済できるが、譲渡人に差押や破産等があったときは、対抗要件に勝る悪意・重過失の第一譲受人に弁済しなければならない。

第2章　契約一般に関する規定

要件も見直しが検討されていることに注意が必要である。

(3) **外国法について**

　法務省資料では、次のような各国の法制度や国際条約が紹介されている[210]。全体の傾向としては、少なくとも事業者間・商人間の債権については、「欧米の法律では、譲渡禁止特約を第三者にも対抗できる、とする例はほとんどない（むしろ債権の譲渡を制約する合意を無効とする場合がある）。」[211]という認識は、決して一方的な見解ではないようである。

① フランス

　民法典では譲渡禁止特約についての規定はないが、商法典では、一定の債権譲渡禁止特約を無効としている。

〔フランス商法典〕
商法典L442-6-Ⅱ
　製造業者、商人、職人、または職業名簿に登録された者のために［の利益になるように］以下の可能性について定める条項ないし契約は無効である。
　c）契約相手方に対して、契約相手方が自己に対して保持する債権を第三者に対して譲渡することを禁止するもの。

② ドイツ

　民法では、譲渡禁止特約の有効性を認める規定があるが、商法では双方の当事者にとって商行為である法律行為を原因とした債権や公法人の債権については譲渡禁止特約があっても債権譲渡できるとする。

ドイツ民法
第399条（内容変更または合意による譲渡性の排除）
　債権は、原債権者以外の者に対しては内容を変更せずには履行を提供することができないとき、又は、債務者との合意により譲渡が排除されているときは、譲渡することができない。

ドイツ商法第354ａ条
(1)　ドイツ民法典第399条にしたがい、金銭債権の譲渡が債務者との合意により
　　禁止された場合であっても、当該債権の原因である法律行為が双方の当事者に

210　法務省法制審議会「民法（債権関係）の改正に関する論点の検討(9)」94頁比較法資料。
211　日本銀行「ABLを活用するためのリスク管理」2012年33頁の注51。

よって商行為であるとき、または、債務者が公法人もしくは公法上の特別財産であるときは、債権譲渡は有効とする。ただし、債務者は、旧債権者に対して履行をしたときも免責されることができる。本規定の定めと異なる内容の合意は無効とする。

③ 国際取引における債権譲渡に関する条約

同条約においては、譲渡禁止特約があっても債権譲渡が有効になる対象を列挙する条項の形を採用している。3(a)に「建築契約」とあり、建設工事が対象となっている。

○国際取引における債権譲渡に関する条約[212]
第9条　譲渡に関する契約による制限
1．最初の又は後続の譲渡人と債務者又は後続の譲受人との間の、譲渡人の債権を譲渡する譲渡人の権利を制限する合意にかかわらず、債権の譲渡は効力を有する。
2．この条の規定は、前項の合意についての違反に対する譲渡人の義務又は責任に影響を及ぼさない。ただし、譲渡人以外のその合意の当事者は、その違反のみを理由として原因契約又は譲渡契約を取り消すことができない。前項の合意の当事者以外の者は、その合意を知っていたことのみを原因として責任を負わない。
3．この条の規定は、次の債権の譲渡にのみ適用する。
　(a)　物品若しくは金融サービスを除くサービスの供給契約若しくは賃貸借契約、建築契約又は不動産の売買契約若しくは賃貸借契約である原因契約から生じる債権
　(b)　工業その他の知的所有権若しくは財産的情報の売買、賃貸借又は使用許諾を目的とする原因契約から生じる債権
　(c)　クレジットカード取引に基づく支払義務の立替払いによる債権
　(d)　3以上の者によるネッティング合意に従い、満期の支払のネット決済に基づく譲渡人の債権

(4) 建設工事請負契約への影響

① 産業政策からの視点

公共工事に関する債権譲渡禁止特約の問題は、銀行業界が、かねてから要望しながら抜本的な見直しが行われていない問題である。これについては、これまでは、単に金融側の事情（担保、債権回収という個別の取引に関する

---

[212] 条約自体は未発効。わが国は未批准。国会図書館調査及び立法考査局「わが国が未批准の国際条約一覧」17頁。2009年3月

問題）と理解されていたのではないだろうか。したがって、国側の債権譲渡の承諾に関する施策は、主に経済対策の一環として臨時的に行われてきた[213]。

しかし、工事請負代金の債権譲渡を認めるのは、発注者の利益にもなるという視点も再認識すべきではないかと思う。そもそも、「民法の原則に従って工事代金は後払い」という取引慣行は、何の対価を要せず成立しているのではない。経済的に見れば、「後払い」は、請負人の資力信用を借りることを前提にして成立しており、最終的には発注者が請負人の資金コストを負担する仕組みにすぎない。したがって、請負人の資金調達を支援することは、発注者の利益にもつながると考えられる。

また、産業界全体を見渡すと、民法の想定する個別の指名債権譲渡ではなく、ローンクレジット債権や将来債権など多数の債権群を一括して担保目的で譲渡する取引が盛んになっており、民法のまったく想定しない債券取引の世界が広がっている。

さらに今後は、債権譲渡禁止特約の問題が、新しい金融システムである「動産債権担保融資」（ABL：Asset Based Lending）の基盤整備の一環として議論されるという視点が加わったことを理解すべきであろう。

企業融資の約2割がABLであるという米国のように、我が国も、不動産担保に頼る従来の金融システムのあり方を見直して[214]、企業の収益性に基づく金融システムの整備が必要ではないかという主張がある[215]。

このように考えると、建設産業への安定的な資金供給のため、土地だけでなく、債権や動産の包括的な担保システムの構築に対応していかなければならないと思われる[216]。

そのためには、債権譲渡禁止特約の効力を制限するというフランス・ドイツのような仕組みに、いずれは移行する必要があるのだろう[217]。

現時点では、譲渡禁止特約の相対効力説だけでも課題は多く、産業界の意

---

213 例えば「完成工事未収入金債権の流動化のための債権譲渡の承諾について」（平成10年12月24日建設省厚契発第67号他）、「公共工事に係る工事請負代金債権の譲渡を活用した融資制度について」（平成14年12月18日国官会第1811号他）参照。
214 日本のABL融資残高は、約4300億円で企業融資残高450兆円の0.1％。ABLの貸出実績は中小企業が多いといわれる。他方、全企業融資残高のうち不動産・保証の担保がついたものは約53％、信用（無担保無保証）が約44％。しかし、全企業の資産のうち、土地が187兆円に対して、売掛金・棚卸資産（在庫）が284兆円もあり、ABL活用の余地は大きいとされる。前掲・日本銀行「ABLを活用するためのリスク管理」2頁。
215 経済産業省「ABL（Asset Based Lending）研究会報告書」（2006年3月）。

見も一致していないと思われるので、米国商工会議所の意見のような方向に一気に進むとは思えない。しかし、この問題は、今後の産業政策と金融のあり方という現代的かつグローバルな視点まで議論が広がっていることに留意すべきであろう。

② 工事契約約款への対応

現下の建設産業に対する金融環境も、建設経済研究所の調査[218]においては、依然として厳しいと指摘されているので、民法改正を機に、今後の新しい金融システムのあり方を踏まえた、約款の検討が望まれる。

第一に、現行約款第5条の規定は、金銭債権（請負代金）、非金銭債権、契約上の地位の三つの問題が混在した規定となっているが、少なくとも金銭債権の譲渡性に関する規定を他と分けて規定しておくべきではないか。

理論的に考えると、3つを分けた条文にすると、債権譲渡禁止特約についての金融界の議論について発注者の理解が深まるのではないか。例えば、発注者としては、請負人としての「契約上の地位」が譲渡できないのは当然であるが、そのことと請負代金にかかる譲渡担保権設定等の金融の便宜とは別ではないかと思われる。

契約上の地位の移転についても、「中間試案」は、民法に明文の規定を置くことを提案している[219]ので、民法改正の際に、約款の見直しを検討すべきであろう。

第二は、現在ある債権譲渡の事務処理の改善である。

これまでの債権譲渡の承諾等の事務処理は、絶対無効説を前提に例外的な

---

216 動産・債権譲渡の登記制度や信用保証協会の「流動資産担保融資保証制度」（2007年度導入）なども、その一環として整備が進められてきた。
　　他方、ABL融資の手法は、金融機関のリスク管理のため、従来型の融資手法とは大きく異なる。融資に当たって「コベナンツ Covenants」が設定され、営業活動に対しても金融機関のモニタリングによる企業の経営実態や担保資産の動向の把握が重視される。コベナンツとは、例えば、融資に当たって一定の条件（遵守・禁止事項、表明・保証、特定指標の一定水準維持など）が課され、その違約・履行不能と認められると企業は期限の利益を失い、金融機関が担保権を実行することができるなどの特約条項である。実務上、コベナンツにおいて、売掛債権に譲渡禁止特約がないことの表明・保証が求められる。前掲・日本銀行「ABLを活用するためのリスク管理」参照。
217 前掲経済産業省「ABL（Asset Based Lending）研究会報告書」76頁は「債権譲渡禁止特約の商慣行も依然根強く残っており、普及の障害となっている。」としている。
218 建設経済研究所「建設経済レポート」55号135頁、56号101頁参照。
219 法務省「民法（債権関係）の改正に関する中間試案（案）」第21、43頁。

扱いを定める趣旨と考えられる。

　しかし、特約違反の譲渡も当事者間で有効という民法改正が行われれば、より実務に即した対応の検討が必要ではないか。例えば、「中間試案」に沿った民法改正が行われれば、発注者等は、請負人の倒産、銀行取引停止（履行遅滞）、差押などの際に、工事代金の支払先について債権譲渡登記の有無を確認する等の注意を要することになる。

　また、問題は未承認で登記済みの債権譲渡の存在だけではない。承認後のトラブルの対応（債権の譲受人への抗弁権の対抗[220]等）など、広い視点から対応マニュアル作りが望まれる。

第9節　弁済（代理受領の担保的機能）

(1) 基本方針の提案

　そもそも民法の「弁済」に関する規定はわかりにくい。民法には、弁済に関する基本的な規定はなく、「第三者」が行った弁済の規定（第474条）などの例外的な場合に関する規定から始まっている。

　これは、わかりきったことは書かないという現行民法の立案方針のためだが、「基本方針」は、民法を国民にわかりやすくするため弁済に関する規定の整備を提案している[221]。

　その中で、建設業界としては、「代理受領」の規定、つまり「債権者以外の第三者が正当な受領権限を有する場合の規律を明らかにする」規定をおくという提案が注目される。代理受領は、公共工事約款第42条にも規定されている制度だからである。

現行民法・判例	基本方針の提案
現行民法に規定なし	【3.1.3.03】（債権者以外の者に対する履行

220　現行でも「異議」をとどめて「承諾」を行えば対策は可能であるが、民法改正後の債権譲渡スキームでの対応を周知する必要がある。
　　債権譲渡に伴う抗弁権の切断については、判例の積み重ねもあり、工事代金債権を幅広く譲渡しても発注者の権利を守る合理的なスキームの作成は、十分期待できると思われる。判例には、工事請負契約において報酬請求権が譲渡され、債務者（注文者）が異議をとどめない承諾をしても、譲受人において右債権が未完成仕事部分に関する請負報酬請求権であることを知っていた場合には、債務者は譲受人に対して契約解除をもって対抗することができるとしたものがある（最判昭和42年10月27日）。
221　前掲「債権法改正の基本方針」別冊NBL126号175頁。【3.1.3.03】以下。

第9節　弁済（代理受領の担保的機能）

	〈1〉債権者が第三者に受領権限を与えた場合、または法律に基づき第三者が受領権限を有する場合[222]、その第三者（この提案では、債権者以外の者で受領権限を有するものという）に対する履行は、弁済となる。 〈2〉～〈5〉は略

　この提案では、単なる弁済の規定の整備としては当然の話であり、特別の意義はない。しかし、法制審議会でも、代理受領制度については単なる規定の整備として扱っているものの、「実務上広く活用され、重要な機能を果たしている。・・・別の債権の担保や回収手段として利用される場合がある」[223]と、実際上の意義（担保的機能）も説明している。今日では、代理受領も、教科書では非典型担保制度のひとつとして扱われる[224]。

　公共工事約款では、代理受領を次のように規定している。

公共工事約款
（第三者による代理受領）
第42条　請負人は、発注者の承諾を得て請負代金の全部又は一部の受領につき、第三者を代理人とすることができる。
2　発注者は、前項の規定により請負人が第三者を代理人とした場合において、請負人の提出する支払請求書に当該第三者が請負人の代理人である旨の明記がなされているときは、当該第三者に対して第32条（第38条において準用する場合を含む。）又は第37条の規定に基づく支払をしなければならない。

　このような公共工事における代理受領制度は、「昭和23、24（1948、1949）年ごろの金融逼迫期に、各省庁が協議のうえ、政府・公共企業体発注の建設請負工事につき、政府支払いを見返しとして受領委任の形式で銀行が中小企業に融資をなしうるようにしたこと」に始まるという[225]。この記述からもわかるように、最初から事実上、担保的機能があることは意識されていた。

---

[222]「法律に基づき第三者が受領権限を有する場合」とは、例えば、介護保険法第41条第6項のような場合である。同項は、指定居宅サービス事業者には、保険者（市町村）は、介護保険給付費を、当該被保険者（要介護者）に代わり、当該事業者に支払うことができると定めている。代理受領により、被保険者がいったん立替払をする手間を省き、事業者に確実に保険給付が支払われる。
[223] 前掲「民法（債権関係）の改正に関する検討事項(5)　詳細版」7頁。もちろん、新しい債権担保制度の創設を提案する趣旨ではない。
[224] 例えば、内田貴「民法Ⅲ第三版」558頁2005年。

官公庁が一般に自己を債務者とする債権の譲渡、質入を認めず、資金の前渡や支払繰延方法としての手形振出を行わないため、このような方法が発達してきたといわれる。その後、民間取引においても利用されてきたという。

代理受領の書式は、中間債務者（例えば、建設会社）と債権者（例えば、銀行、事業共同組合）の間で委任契約を締結して、さらに連名で願いを出し、これを第三債務者（発注者）が承諾するというものである[226]。

具体的には、債権者（銀行）が、債務者（建設会社）から、債務者が第三債務者（工事の発注者）に対する指名債権（請負代金）につき弁済を受領する委任を受けて、債権者が債務者に代理して第三債務者から弁済金を受領する。弁済を受領した債権者（銀行）は、これを債務者に対する融資の返済に充てること（相殺）を予定していることから、実務上、債権担保の手法と評価される[227]。

法律的には、この第三債務者（発注者）の「承諾」が問題となる。なぜならば、裁判で争われる大半のケースは、「第三債務者（発注者）が代理受領を承諾していたにもかかわらず、中間債務者（請負者）に支払ってしまい、その結果、債権回収が出来なかった債権者（代理受領権者）が第三債務者を訴える」という場合であるという。

この承諾にかかわる損害賠償責任を理論的に整理するため、代理受領の法的性格について諸説があった[228]。この問題について、最高裁は次のように述べて、第三債務者（発注者）に不法行為による損害賠償責任を認めた[229]。

「承認は、単に代理受領を承認するというにとどまらず、代理受領によって得られる右利益（発注者から請負代金を受け取れば自己の債権の満足が得

---

225 松本恒雄「担保としての代理受領と立法化の是非」法律時報73巻11号41頁2001年。加藤雅信「代理受領と振込指定」「現代民法学の展開」273頁以下。有斐閣1993年。
226 建設振興課長通達「建設工事代金の代理受領制度の推進について」（昭和51年1月31日建設省計振発第25号。「工事契約実務要覧」22年度版1857頁、新日本法規）参照。
227 松本恒雄「担保としての代理受領と立法化の是非」法律時報73巻11号41頁2001年。加藤雅信「現代民法学の展開」273頁以下、第14章代理受領と振込指定、有斐閣1993年。
228 松本恒雄「代理受領の担保的効果」判例タイムズ423号35頁以下1980年。代理受領の法律的性格をめぐって、①単なる受領委任説、②債権譲渡説、③質権設定説、④事実たる慣習説、⑤第三者のためにする契約説、⑥質権設定類似の無名契約説、⑦三面的無名契約説（債務不履行説と最履行請求権説）、⑧不法行為説（担保的利益侵害説、債権侵害説）などが唱えられた。このうち、①の説は承諾になんらの法的効果を認めないというものである。これに対して、②以下は、代理受領の担保的意義を評価して、承諾に何らかの法的効果を認める理論構成を試みたものである。
229 最判昭和44年3月4日判例時報566号122頁。なお、加藤雅信先生は、書式の見直しにより、発注者に対して代理受領権者からの直接請求が認められると解釈できるとしている。前掲・加藤雅信「現代民法学の展開」第14章代理受領と振込指定、280頁。

られること）を承認し、正当な理由がなく右利益を侵害しないという趣旨を当然包含するものと解すべきであり、したがって、第三債務者（発注者）としては、右承認の趣旨に反し、債権者（代理受領権者）の右利益を害することのないようにすべき義務がある。」

　事案では、発注者が請負者（中間債務者）から代理受領契約を解除した旨の通知を受けた場合に、この義務に反し、これを代理受領権者に確認せず支払ったことに「過失」があるとして、発注者に不法行為による損害賠償責任を認めた。
　このほか、代理受領には、次のような判例・解釈がある。しかし、代理受領は、担保としての対外的効力が弱い。
・承諾によって、第三債務者（発注者）が代理受領権者（金融機関等）に直接支払う債務を負担するものではない[230]。
・承諾があっても、第三債務者が中間債務者（請負者）に対して有する抗弁（反対債権による相殺、瑕疵担保責任による損害賠償との相殺、債務不履行による解除など）も認められる[231]。
・代理受領自体に、当該債権に関する債権譲渡や質権設定の効果を認めない。
・代理受領権者は、他の債権者による差押や、債権の譲受人、質権者等の担保権者に対抗できない。破産等の場合に別除権の対象にならず、逆に代理受領権者への債権譲渡が詐害行為とされる場合もある。

(2)　法制審議会の審議
1 ）論点整理段階
　法制審議会民法部会の審議（第 8 回）では、代理受領について発言は特になかった。
　「民法（債権関係）の改正に関する中間的な論点整理」[232]では、「・・・明文の規定を設ける方向で、更に検討してはどうか。」と部会審議である程度のコンセンサスが得られたものと扱われている。

230　最判昭和61年11月20日判例時報1219号63頁。
231　例えば、相殺について、東京高判平成 2 年 2 月19日。
232　前掲「民法（債権関係）の改正に関する中間的な論点整理」58頁。

パブリックコメント（論点整理段階）[233]では、ほとんど反対意見はなかった。

2）中間試案段階

「中間試案」では、次のような案が示されている[234]。

第22　弁済
1　弁済の意義
　債務が履行されたときは、その債権は、弁済によって消滅するものとする。

4　債務の履行の相手方（民法第478条、第480条関係）
　(1)　民法第478条の規律を次のように改めるものとする。
　　ア　債務の履行は、次に掲げる者のいずれかに対してしたときは、弁済としての効力を有するものとする。
　　　(ｱ)　債権者
　　　(ｲ)　債権者が履行を受ける権限を与えた第三者
　　　(ｳ)　法令の規定により履行を受ける権限を有する第三者
　　イ　上記アに掲げる者（以下「受取権者」という。）以外の者であって受取権者としての外観を有するものに対してした債務の履行は、当該者が受取権者であると信じたことにつき正当な理由がある場合に限り、弁済としての効力を有するものとする。
　(2)　民法第480条を削除するものとする。
　　（注）　上記(1)イについては、債務者の善意又は無過失という民法第478条の文言を維持するという考え方がある。

---

(3)　**外国法について**

　代理受領に関して、法制審議会では、外国の法制の比較、紹介はない。

(4)　**建設工事請負契約への影響**

　代理受領は、もともと発注者の便宜（建設業者の資金繰り等にかかわらず、何の責任も負わないスタンス）から出発したと思われるが、結局、判例により、発注者は債権者の担保的利益を侵害してはならない義務を負う「非典型担保制度」になってしまった。

---
[233] 前掲「『民法（債権関係）の改正に関する中間的な論点整理』に対して寄せられた意見の概要（各論2）」245頁以下。
[234] 前掲「民法（債権関係）の改正に関する中間試案」41頁。

このような義務を負うのは、発注者の当初意図していたところではなかったかもしれないが、建設業界の厳しい現状を考えると、むしろ、このような法的な意義を持つ代理受領制度を前提に、発注者の承諾の法律上の意義・責任を正面から認め、事務処理を定型化することが、望ましい解決ではないだろうか。

民法改正を機会に、実務上、権利関係がより明快になるよう、マニュアルの整備などの検討が望まれる。

第10節 売買

売買は典型契約の一つであるが、その規定は、原則として「売買以外の有償契約について準用」される（民法第559条）。売買は、代表的な有償契約として、契約の総則的な役割を持っているからである。このため、そのあり方は請負契約にも影響が大きい。本書の趣旨に沿って、建設業界に関連のある売買の瑕疵担保責任、目的物の受領義務等に関する提案を考察する。

1 瑕疵担保責任

(1) 基本方針の提案

もともと請負の瑕疵担保責任は、売買の瑕疵担保責任と類似した制度であり、民法改正においても、売買に関する民法改正の方向性に影響を受けると思われるので、特に注目する必要がある。

売買の瑕疵担保責任の提案においては、「瑕疵」の概念、瑕疵担保の要件（「隠れた」を外す）、救済手段、特に追完請求のあり方及び期間制限のあり方（現行1年以内）が重要と思われる。

1）瑕疵の定義

瑕疵の定義については、現行民法に規定はないが、「基本方針」では、瑕疵の定義規定をおくことを提案している。

この「基本方針」の提案は、債権法において売買、贈与、賃貸借、請負など「物の給付を目的とする契約」における共通の瑕疵の定義とされてい

る[235]。本書では便宜上、まず売買の節で扱い、請負契約での瑕疵に関する固有の議論は請負の章で扱う。

現行民法	基本方針の提案
現行民法に規定はない。	【3.1.1.05】（瑕疵の定義） 　物の給付を目的とする契約において、物の瑕疵とは、その物が備えるべき性能、品質、数量を備えていない等、当事者の合意、契約の趣旨及び性質（有償、無償等）に照らして、給付された物が契約に適合しないことをいう。

　通説では、「瑕疵」には、当該契約において予定されていた品質・性能を欠いていることとする「主観的瑕疵概念」と、当該種類の物として通常有すべき品質・性能を欠いていることとする「客観的瑕疵概念」があるとする。また、裁判例も同様の傾向にあるとされる。

　なお、主観的瑕疵概念と客観的瑕疵概念の関係については、原則として契約に基づく「主観的瑕疵」の有無を検討し、当事者の合意内容が明確でない場合には、副次的に「客観的瑕疵」を考慮すべきとされている[236]。

　「基本方針」の瑕疵概念の中心は、「給付された物が契約に適合しないこと」である。この瑕疵の定義は、「瑕疵」という言葉は残しつつも、ウィーン売買条約35条の売主の義務や、英米法などとの国際的な貿易のルールと整合性を図るものと考えられる。詳細は「(3)外国法について」を参照。

　この瑕疵概念は、通説判例と同じく、「主観的瑕疵」だけでなく「客観的瑕疵」も含むとされる。「数量」の不足も瑕疵に含まれる。

　また、提案された「瑕疵」の概念には、「隠れた瑕疵」についての「特別なルールを含んでおらず、瑕疵が隠れていたかどうかは特別な意味を持たないものとなっている」[237]とされる。これは、「売主が責任を負うべき瑕疵に当たるかは、瑕疵の存否を主観的客観的に判断することの中ですでに考慮されている」ので、このほかに「隠れた」こと（これは買主の善意無過失と解釈される）を要件とすることは「瑕疵概念と矛盾する」と考えるからである。

235　前掲「債権法改正の基本方針」別冊NBL126号92頁。したがって、民法第717条にいう「土地の工作物の設置又は保存」の「瑕疵」や、国家賠償法第2条第1項にいう「道路、河川その他の公の営造物の設置又は管理」の「瑕疵」とは異なる概念である。
236　前掲「民法（債権関係）の改正に関する検討事項(10)　詳細版」17頁。
237　前掲「詳解債権法改正の基本方針Ⅱ」22頁（商事法務2010年）。

なお、「法律上の制限」（例えば、建築基準法による用途制限等で予定した建物が建てられない場合）についても、物の瑕疵か、権利の瑕疵のいずれにあたるかという問題がある。判例は物の瑕疵にあたるとするが、「基本方針」はこの問題は解釈にゆだねるとしている[238]。

2）瑕疵担保責任

「基本方針」は、売買の目的物に瑕疵がある場合の買主の救済手段を具体的に列挙するという、わかりやすい規定を提案している。

現行民法	基本方針の提案
（売主の瑕疵担保責任） 第570条　売買の目的物に隠れた瑕疵があったときは、第566条の規定を準用する。ただし、強制競売の場合は、この限りでない。 第566条　・・・買主がこれを知らず、かつ、そのために契約をした目的を達することができないときは、買主は、契約の解除をすることができる。この場合において、契約の解除をすることができないときは、損害賠償の請求のみ	【3.2.1.16】（目的物の瑕疵に対する買主の救済手段） 〈1〉　買主に給付された目的物に瑕疵があった場合、買主には以下の救済手段が認められる。 　〈ア〉　瑕疵のない物の履行請求（代物請求、修補請求等による追完請求） 　〈イ〉　代金減額請求 　〈ウ〉　契約解除 　〈エ〉　損害賠償請求 〈2〉　瑕疵の存否に関する判断については、【3.2.1.27】に従って危険が移転する時期を基準とする。 【3.2.1.17】（救済手段の要件と相互の関係） 【3.2.1.16】〈1〉で定められる各救済手段の認められる要件と相互の関係は、以下のとおりとする。 　〈ア〉　【3.2.1.16】〈1〉〈ア〉の代物請求は、契約及び目的物の性質に反する場合には認められない。 　〈イ〉　【3.2.1.16】〈1〉〈ア〉の修補請求は、瑕疵の程度及び態様に照らして、修補に過分の費用が必要となる場合には認められない。 　〈ウ〉　【3.2.1.16】〈1〉〈ア〉において、代物請求と修補の請求のいずれもが可能な場合、買主はその意思に従って、いずれの権利を行使するか選択することができる。

---

[238] 前掲「詳解債権法改正の基本方針Ⅱ」23頁（商事法務2010年）。この問題は、強制競売において、物の瑕疵ならば民法第570条但書に該当して瑕疵担保責任を問えないが、権利の瑕疵ならば瑕疵担保責任を問えることに議論の実益がある。なお「基本方針」【3.2.1.20】は、同条但書を削除し強制競売でも「物の瑕疵」に関する瑕疵担保責任を問えることを提案している。内田貴「民法Ⅱ第2版債権各論」133頁参照（現行民法では、権利の瑕疵説を主張）。

をすることができる。 2　略 3　（後述）	この場合において、買主の修補請求に対し、売主は代物を給付することによって修補を免れることができる。 　また、買主の代物請求に対し、瑕疵の程度が軽微であり、修補が容易であり、かつ、修補が相当期間内に可能である場合には、修補をこの期間内に行うことによって代物請求を免れることができる。 〈エ〉から〈ク〉　（略）

① 　目的物の瑕疵

　売買の目的物の瑕疵は、【3.1.1.05】（瑕疵の定義）による。

　現行民法は、瑕疵担保責任を問えるのは「隠れた瑕疵」であることを要し、その意味は、通説・判例によれば、瑕疵の存在について買主は善意無過失であることとされる。

　これに対して、「基本方針」は、「隠れた」要件を不要としている。その理由は、契約内容として性能品質等を決め、それが備わっていないことが瑕疵であるという瑕疵概念の下では、それを買主が知りえたとしても契約で定めた債務の不履行に変わりはないためとしている[239]。

　この点は、請負の瑕疵担保責任は現行民法でも「隠れた瑕疵」という限定はないので、売買と請負の差がなくなることになる。

② 　追完請求

　救済手段のうち、【3.2.1.16】〈1〉〈ア〉追完請求については、「特定物ドグマ」に基づく法定責任説の立場では、「特定物は欠陥があってもそのまま引き渡す」ことで弁済になるので、追完請求は理論的にできないことになる[240]。しかし、これでは代替物を中心とした現在の取引の実情、「意図したとおりの性質を備えた目的物の給付を求める」という当事者の意思にそぐわないと考えられる。

　これに対して「基本方針」は、契約の効力（履行請求権）の一般的規定と

---

[239] 前掲「債権法改正の基本方針」（別冊NBL126号）278頁。前掲「民法（債権関係）の改正に関する検討事項(10)　詳細版」19頁。瑕疵担保責任について債務不履行として一元的に理解することが前提となる理論的整理である。

[240] 内田貴『民法Ⅱ第2版債権各論』123頁東京大学出版会2007年参照。売買での結論。他方、現行民法でも請負では、民法第634条第1項による種別の責任として修補請求が認められている。

して、【3.1.1.57】（追完請求権）及び【3.1.1.58】（追完権）の規定をおくことを提案しており、売買の瑕疵担保責任においてこの具体的ルールを定めるものである。

その詳細は、【3.2.1.17】〈ア〉〈イ〉〈ウ〉に定められているが、建設業に参考となる規定としては、次のものが興味深い。

【3.2.1.17】〈イ〉の規定では、「修補請求は、修補に過分の費用が必要となる場合には認められない」という。この規定は、請負人の担保責任に関する現行民法634条1項但書[241]と異なり、瑕疵が重大であっても修理に過分の費用が必要ならば、修補請求は認められないというルールとなっている。

【3.2.1.17】〈ウ〉では、「代物請求」と「修補請求」のいずれもが可能な場合において、買主がこれを選択できるのが原則であるが、売主がこれに従わないことができる場合を示している。この規定は、修補請求のあり方とも関連する重要なものである。

③ 代金減額請求

【3.2.1.16】〈1〉〈イ〉の代金減額請求については、損害賠償や解除とは別個の救済手段と考えられている。したがって、【3.2.1.17】〈エ〉に定める損害賠償の免責事由に該当する場合でも、買主は、合意されていた等価性が失われる場合には過剰に支払うべき代価の限度においてその減額を求めることができるとされる[242]。その意味では「最低限度の救済手段」とされる。その法的性格は、形成権であって、「一部解除」ではないとされている。

④ 解除

【3.2.1.16】〈1〉〈ウ〉の契約解除については、「契約の重大な不履行」にあたることが要件となっている。これは、「基本方針」が提案している解除の一般原則【3.1.1.77】どおりであることを示している。

---

241 民法第634条第1項：仕事の目的物に瑕疵があるときは、注文者は、請負人に対し、相当の期間を定めて、その瑕疵の修補を請求することができる。ただし、瑕疵が重要でない場合において、その修補に過分の費用を要するときは、この限りでない。
242 前掲「詳解債権法改正の基本方針Ⅳ」58頁（商事法務2010年）。【3.2.1.11】（権利移転義務の一部不履行）〈ア〉「代金減額請求」についての解説参照。

(2) 法制審議会の審議

1）論点整理段階

法制審議会民法部会（論点整理段階）[243]では、瑕疵担保責任を契約責任説で理解する意見が多数とされる。他方、瑕疵の定義、「隠れた」要件の要否については、意見が分かれているとされる。また、「瑕疵担保責任の要件・効果等を法的性質の理論的な検討から演繹的に導くのではなく、個別具体的な事案の解決にとって現在の規定に不備があるかという観点からの検討を行うべき」[244]という意見もあったという。

なお、代金減額請求権については、これを明記する方向で、審議会の一定のコンセンサスが得られたことが示されている。しかしながら、この規定の趣旨から代金減額請求権の規定は、売買だけでなく、他の典型契約（雇用、委任、請負等）にも妥当するという意見と、それに警戒的な意見が示されたという。

パブリックコメントでは[245]、契約責任説についてはこれまで法曹界は絶対反対という認識もあったが、意見は分かれている。日弁連でも理論的な反論はもはや難しいと思われ両論併記である。瑕疵の定義は、定義規定をおくこと自体には反対はないが、契約不適合という表現には反対が多く、日弁連も反対である。「隠れた」要件の廃止についても意見が分かれている。

産業界では、不動産業界が現行の通説判例の見直しに反対していることが注目される。不動産売買の瑕疵については、工事の欠陥だけでなく、土壌汚染、居住者が自殺、あるいは自然死した物件、売主倒産の物件、他の居住者として暴力団員が存在するマンション物件など、瑕疵に関する新しい事例が現れている事情、また瑕疵担保制度の変更により実務上の混乱が生じる恐れがあるという事情が述べられている。

また、法律上の瑕疵と競売について、東京第二弁護士会から次のような意見が出ている[246]。

「『法律上の瑕疵』は、『瑕疵』に含める方向で検討すべきである。『法律上

---

243 前掲「民法（債権関係）の改正に関する中間的な論点整理の補足説明」292頁。
244 このような意見は、個別具体的な議論の実益を重視する考え方であり、まず法的性質について法定責任説か契約責任説かを決めて、それに応じて理論的に一貫した結論をワンセットで決めるという立場ではない。ただし、民法改正問題においては、契約責任説に対して消極的な立場からの反論として主張されていると思われる。
245 前掲「『民法（債権関係）の改正に関する中間的な論点整理』に対して寄せられた意見の概要（各論5）」23頁以下。不動産業界の意見は、同33頁以下、51頁以下。

の瑕疵』と『物質的な瑕疵』とを截然と区別することは困難である。・・・

　例えば、売買の目的物である土地に土壌汚染があった場合、『土壌が汚染されている』という物理的な瑕疵があるといえるが、他方、土壌汚染対策法に基づく措置命令として立入禁止命令が発出された場合には、『法律上の瑕疵』の典型例とされている法令等による用途制限が付されている場合に類似する。この場合、土壌汚染を『物の瑕疵』とするのか、『法律上の瑕疵』とするのか、判断しにくい。このように、『法律上の瑕疵』と『物質的な瑕疵』の限界は不明確である。

　『法律上の瑕疵』は『瑕疵』にあたらないとする見解は、『法律上の瑕疵』について強制競売における瑕疵担保責任の適用が否定される（民法第570条ただし書）こととなり買受人の保護に欠けることを根拠としている。しかし、実務上、競売手続においては評価書が作成され、評価書には、土地であれば都市計画法・建築基準法その他の法令に基づく制限の有無及び内容等が記載される（民事執行規則第30条第１項第５号）ので、法律上の瑕疵について強制競売における瑕疵担保責任の適用が否定されても買受人の保護に欠けるとは言えない。」

　このほか、法曹界からは、以下のように「表明保証責任」に関する規定の検討を提案する意見が出ている[247]。

「近時の不動産取引やM&A取引等の契約書において、債務不履行責任及び瑕疵担保責任のほかに、表明保証責任に関する規定を設けることが多いにもかかわらず、表明保証責任の法的性質や要件・効果について、裁判例等も未だ少ないため、解釈が確立していない点が多い。取引上規定される表明保証責任の内容は当事者の意向に応じて多岐にわたるが、大きく分けると、売主・買主の有効な存続、内部手続履行等の契約当事者に関する事項のほか、売買対象となる物・会社等についての表明保証が一般的に規定されることが多い[248]。後者については、瑕疵担保責任と重なるところも多いが、当事者の関心事項を反映して、より個別・具体的に合意して規定されるため、紛争の

246　前掲『「民法（債権関係）の改正に関する中間的な論点整理」に対して寄せられた意見の概要（各論５）』45頁。
247　長島・大野・常松法律事務所有志。前掲「意見の概要（各論５）」69頁。

未然防止にも資している。

　表明保証責任の法的性質や要件・効果については債務不履行責任及び瑕疵担保責任との関係で議論されることがあり、また、今後もその要件・効果について訴訟等で争われることが想定できるため、今回の債権法改正にあたって、債務不履行責任と瑕疵担保責任との相互関係についての検討とあわせて、表明保証責任の法的性質や要件・効果（損害賠償、解除といった法的効果のほか、債務不履行責任又は瑕疵担保責任に基づき買主に認められる権利との間の相互関係も含む。）についても、規定する方向で検討してはどうか。」

　また、連合からは、「瑕疵担保責任については、瑕疵の定義いかんによっては就労開始後の疾病等を原因とする賃金減額がなされる恐れがある。」として、労働契約への適用に慎重な意見が出されている[249]。

2）中間試案段階

　「中間試案」では、売買の瑕疵担保責任について次のような提案をしている[250]。

第35　売買
3　売主の義務
　(2)　売主が買主に引き渡すべき目的物は、種類、品質及び数量に関して、当該売買契約の趣旨に適合したものでなければならないものとする。
　　（注）　上記(2)については、民法第570条の「瑕疵」という文言を維持して表現するという考え方がある。

248　表明保証責任は、財務諸表、業務執行や資産に関する情報の適法性、正確性、網羅性などを表明し保証する契約条項に基づいて発生するもの。契約実務において、M&Aなどにおける資産等のデューディリジェンスの限界を補うために契約に付加されるといわれる。デューデイリジェンスは、買主の権利として（売主の義務ではない）、売主の提供する情報に基づいて、限られた期間で調査するため、そもそも限界があるとされるためである。
　　この表明保証責任の要件・効果をめぐっては、例えば、買主の悪意、重過失を問わず損害賠償を請求できるとすべきなど、現行法の債務不履行責任、瑕疵担保責任の要件・効果論に収まらない実務上のニーズについて議論がある。参考：国友順市「表明保証責任に関する若干の考察」龍谷法学44巻4号2012年。
249　前掲「『民法（債権関係）』の改正に関する中間的な論点整理」に対して寄せられた意見の概要（各論5）」50頁。
250　前掲「民法（債権関係）の改正に関する中間試案」54頁。部会段階の資料（「民法（債権関係）の改正に関する論点の検討(15)」平成24年7月17日）は、「瑕疵」という言葉を残す案もあったが、「中間試案」本文では「契約不適合」とする案が示されている。なお、注に「瑕疵」という言葉を残す案が示されている。

4 目的物が契約に適合しない場合の売主の責任

民法第565条及び第570条本文の規律（代金減額請求・期間制限に関するものを除く。）を次のように改めるものとする。

(1) 引き渡された目的物が前記3(2)に違反して契約の趣旨に適合しないものであるときは、買主は、その内容に応じて、売主に対し、目的物の修補、不足分の引渡し又は代替物の引渡しによる履行の追完を請求することができるものとする。ただし、その権利につき履行請求権の限界事由があるときは、この限りでないものとする。

(2) 引き渡された目的物が前記3(2)に違反して契約の趣旨に適合しないものであるときは、買主は、売主に対し、債務不履行の一般原則に従って、その不履行による損害の賠償を請求し、又はその不履行による契約の解除をすることができるものとする。

(3) 売主の提供する履行の追完の方法が買主の請求する方法と異なる場合には、売主の提供する方法が契約の趣旨に適合し、かつ、買主に不相当な負担を課するものでないときに限り、履行の追完は、売主が提供する方法によるものとする。

5 目的物が契約に適合しない場合における買主の代金減額請求権

前記4（民法第565条・第570条関係）に、次のような規律を付け加えるものとする。

(1) 引き渡された目的物が前記3(2)に違反して契約の趣旨に適合しないものである場合において、買主が相当の期間を定めて履行の追完を催告し、売主がその期間内に履行をしないときは、買主は、意思表示により、その不適合の程度に応じて代金の減額を請求することができるものとする。

(2) 次に掲げる場合には、上記(1)の追完の催告を要しないものとする。
　ア　履行の追完を請求する権利につき、履行請求権の限界事由があるとき。
　イ　売主が履行の追完をする意思がない旨を表示したことその他の事由により、売主が履行の追完をする見込みがないことが明白であるとき。

(3) 上記(1)の意思表示は、履行の追完を請求する権利（履行の追完に代わる損害の賠償を請求する権利を含む。）及び契約の解除をする権利を放棄する旨の意思表示と同時にしなければ、その効力を生じないものとする。

参考　第9　履行請求権等
2 契約による債権の履行請求権の限界事由

契約による債権（金銭債権を除く。）につき次に掲げる事由（以下「履行請求権の限界事由」という。）があるときは、債権者は、債務者に対してその履行を請求することができないものとする。
　ア　履行が物理的に不可能であること
　イ　履行に要する費用が、債権者が履行により得る利益と比べて著しく過大な

> ものであること
> ウ　その他、当該契約の趣旨に照らして、債務者に債務の履行を請求することが相当でないと認められる事由

① 瑕疵担保責任の法体系上の位置づけと用語の変更

「中間試案」の「3　売主の義務(2)」は、売主の義務として、売主が引き渡すべき目的物が種類、数量及び品質に関して、当該売買契約の趣旨に適合したものでなければならない旨を明記する。したがって、この義務に反し、引き渡された目的物が契約の趣旨に適合しないことは、売主の債務不履行となる。

これは、通説判例の債務不履行理論体系の見直しとして、「瑕疵担保責任」は法定無過失責任ではなく、契約責任と構成されていることを示す。

法務省の「中間試案のたたき台」[251]では、「瑕疵」の用語を「契約不適合」に変えた理由としては、「『瑕疵』という言葉は、契約の趣旨に適合するか否かの評価を含まない単なる物理的な欠陥といったイメージを想起しやすく、本文(2)のような、契約の趣旨による規範的な評価を含む概念を示す言葉として用いると、かえって誤解を惹起するおそれがあり、適切でないように思われる。」としている。

なお、引き続き「瑕疵」という文言を用いるべきとの考え方も、注記している。

② 売買の瑕疵担保責任の制度設計

「中間試案」は、売買の瑕疵担保責任に関する救済手段として、買主に追完請求（完全履行請求）、代金減額請求、損害賠償、解除を認めた。追完請求は、代金減額請求に優先する（中間試案5(1)は、追完請求をしないと代金減額請求はできないと定めるため）。

追完請求権について、「中間試案」は、4(1)で、買主が、代物請求か修補請求等かという選択権を持つという原則を定める[252]。これはドイツ民法439条と同じである[253]。なお、「中間試案」4(3)の選択権も、現在のところ、代

---

251 前掲「民法（債権関係）の改正に関する中間試案のたたき台(4)」28頁。
252 「代物請求か修補請求のいずれかを優先するかは買主の選択にゆだねる」趣旨。法務省「民法（債権関係）の改正に関する論点の検討15」22頁。

物請求か修補請求かの選択権に関する規定として議論されており、複数の補修方法の選択権についての規定ではないと思われる。

　また、中間試案は、追完請求権の障害事由として2つの規定をおくことを提案している。

　第一は4(1)の但書きの履行請求権の限界に関する規定である。追完請求権の法的性質を契約による債権の効力＝完全履行請求権の具体化と考えるため、その限界事由の規定が適用される[254]。

　第二は4(3)の規定である[255]。これは、追完方法の選択につき当事者間の主張が対立する場面を念頭に、買主の選択した追完方法に対して、一定の限定的要件を満たす場合に売主の提供する追完方法が優先する旨の規定を設けるものである。「追完方法の適否は、売主と買主の利害が最も先鋭的に対立し、深刻な紛争となりやすい場面でもあるから、追完方法の選択を巡る紛争の解決を信義則や権利濫用（民法第1条第2項及び第3項）等の一般条項に委ねるのみでは、紛争解決の透明性の観点からは不十分で、当該規定が必要」[256]と法務省はいう。

　なお、売主が4(3)の要件を満たす履行の追完の提供をしたときは、弁済の提供としての効力が生じ、買主は当初選択した方法による履行の追完の請求ができない。なお、「基本方針」【3.2.1.17】（救済手段の要件と相互の関係）＜ウ＞の提案は、4(3)に関連した立法提案のひとつである。

(3)　**外国法について**

　法務省法制審議会民法部会では、売買の担保責任に関する各国の立法例が紹介された。このうち、「ウィーン売買条約」、ドイツ及びアメリカの動向について、以下に紹介する[257]。

　なお、追完請求権の具体的内容としての代物請求権と瑕疵修補請求権の関係については、立法例が分かれている[258]。

　特に代物請求権と瑕疵修補請求権の双方を行使できる場面において、その

253　前掲「民法（債権関係）の改正に関する検討事項(10)　詳細版」23頁。
254　前掲「詳解債権法改正の基本方針Ⅱ」200頁参照。
255　前掲「民法（債権関係）の改正に関する論点の検討(15)」20頁参照。
256　前掲「民法（債権関係）の改正に関する論点の検討(15)」20頁参照。
257　前掲「民法（債権関係）の改正に関する検討事項(10)　詳細版」の「【参考】売買の担保責任に関する立法例」1頁以下。
258　前掲「民法（債権関係）の改正に関する検討事項(10)　詳細版」22頁参照。

優劣関係等が問題となり得る。具体的には、ⅰ）その行使順序に優劣関係をつけるか、ⅱ）優劣関係を設けず行使の選択権を認める場合、その選択権を持つのは買主か売主か、ⅲ）買主の権利行使に対して、売主に別の方法による追完を認めるか、などといった問題が考えられる。

ウィーン売買条約は、優劣関係を明示する規定はおいていない。買主に権利行使の選択権を認めつつ、売主の追完権を一般的に認めることで買主と売主の利益調整を図る法制を採用しているものと思われる（第46条、第48条）。

ドイツ民法は、瑕疵修補請求権と代物請求権の選択権を買主に認める規定をおいている（第437条第1号、第439条第1項）。売主の利益については追完拒絶の機会を与えること（第439条第3項）により保護できるものとした。

なお、ドイツ民法には、複数の修補方法があり得る場合の選択権についての明文規定はない。この点についても、売主に選択権を認めるべきという見解と、第439条第1項の類推解釈により買主に選択権を認めるべきという見解があるという。

アメリカ統一商事法典は、債務者（売主）の追完利益の機会は、売主の追完権という形で保障している（第2-508条）[259]。

① ウィーン売買条約（国際物品売買契約に関する国際連合条約）

動産の事業者間の売買を対象とし、品質を契約への適合性ととらえ、瑕疵に対する売主の責任は契約責任として構成している（第35条、第36条）。

> ウィーン売買条約
> 第35条（物品の契約適合性）
> (1) 売主は、契約で定めた数量、品質及び記述に適合し、かつ契約で定める方法に従って容器に収められ、又は包装された物品を引き渡さなければならない。
> (2) 当事者が別段の合意をしている場合を除き、物品は、次の要件を満たさない限り、契約に適合していないものとする。
>   (a) 記述されたのと同じ種類の物品が通常使用される目的に適していること。
>   (b) 契約締結時において売主に対して明示又は暗黙の内に知らされていた特定の目的に適していること。ただし、状況からみて、買主が売主の技量及び判断に依存しなかった場合又は依存することが不合理であった場合を除く。
>   （以下略）

---

259 前掲「詳解債権法改正の基本方針Ⅳ」211頁（商事法務2010年）。

第10節　売買

第45条　（救済方法全般）
(1)　買主は、売主が契約又はこの条約に基づく義務を履行しない場合には、次のことを行うことができる。
　(a)　次条から第52条までに規定する権利を行使すること。
　(b)　第74条から第77条までの規定に従って損害賠償の請求をすること。
(2)　買主は、損害賠償の請求をする権利を、その他の救済を求める権利の行使によって奪われない。
(3)　買主が契約違反についての救済を求める場合には、裁判所又は仲裁廷は、売主に対して猶予期間を与えることができない。

第46条　（買主の追完請求）、
(1)　買主は、売主に対してその義務の履行を請求することができる。ただし、買主がその請求と両立しない救済を求めた場合は、この限りでない。
(2)　買主は、物品が契約に適合しない場合には、代替品の引渡しを請求することができる。ただし、その不適合が重大な契約違反となり、かつ、その請求を第39条に規定する通知の際に又はその後の合理的な期間内に行う場合に限る。
(3)　買主は、物品が契約に適合しない場合には、すべての状況に照らして不合理であるときを除くほか、売主に対し、その不適合を修補によって追完することを請求することができる。その請求は、第39条に規定する通知の際に又はその後の合理的な期間内に行わなければならない。

第48条（売主の追完権）
(1)　次条の規定が適用される場合を除くほか、売主は、引渡しの期日後も、不合理に遅滞せず、かつ、買主に対して不合理な不便又は買主の支出した費用につき自己から償還を受けることについての不安を生じさせない場合には、自己の費用負担によりいかなる義務の不履行も追完することができる。ただし、買主は、この条約に規定する損害賠償の請求をする権利を保持する。
(2)　売主は、買主に対して履行を受け入れるか否かについて知らせることを要求した場合において、買主が合理的な期間内にその要求に応じないときは、当該要求において示した期間内に履行をすることができる。買主は、この期間中、売主による履行と両立しない救済を求めることができない。
(3)　一定の期間内に履行をする旨の売主の通知は、(2)に規定する買主の選択を知らせることの要求を含むものと推定する。
(4)　(2)又は(3)に規定する売主の要求又は通知は、買主がそれらを受けない限り、その効力を生じない。

② ドイツ民法
　2001年の民法改正により、売主は瑕疵のない物を買主に取得させる義務を

負うことが明文化され（第433条第1項第2文）、目的物の瑕疵に対する売主の責任は一般的な履行障害法（債務不履行法）のなかに位置付けられている。

売買目的物が特定か不特定物かによる区別はなくなっている。

物の瑕疵、権利の瑕疵各々の要件が定められているが、物に瑕疵がある場合の買主の権利は、第一次的救済手段として追完（代物給付又は瑕疵修補）請求、第二次的救済手段として解除、代金減額請求、損害賠償が認められ（第437条第1号ないし第3号）である。

売買の場合は、第439条(1)により、買主に追完方法の選択権があり、同条(3)により売主の拒絶権を認めている。このように追完方法につき消費者も含めた売主一般に選択権を認めた理由として、売主は欠陥のある給付という義務違反をしたので追完方法についてはまず買主に選択権を与えることとし、売主の利益は追完拒絶の機会を与えることで確保されるという考え方であるという[260]（ただし、ドイツ民法では、請負における追完方法の選択権は、請負人にあることに留意）。

ドイツ民法
第433条　売買契約における契約上の義務
(1)　売主は、売買契約により、買主に物を引渡し、物の所有権を取得させる義務を負う。売主は、物の瑕疵または権利の瑕疵のない物を買主に取得させなければならない。
(2)　買主は、売主に対して合意した売買代金を支払い、購入した物を受領する義務を負う。

第434条　物の瑕疵
(1)　物が売買における危険移転時に合意した性状を有しているとき、物の瑕疵がない。性状について合意がなされていない限りにおいて、物について次の各号のいずれかに該当するときは、物の瑕疵はない。
　１．物が契約において前提とした使用に適する場合
　２．物が通常の使用に適し、かつ、同種の物において普通とされ、買主がその物の種類から期待できる性状を有する場合
　　本項第2文第2号にいう性状には、売主、製造者（製造物責任法第4条第1項および第2項）またはその補助者による公の表示、とりわけ広告または物の性状に関する表記（Kennzeichnung）から買主が期待できるものも含まれる。

---

[260] 石崎泰雄「ドイツ新民法における瑕疵担保責任の統合理論」63頁。駿河台法学17巻1号2003年。

第10節　売買

ただし、売主が表示を知らず、かつ、知るべきであったともいえない場合、契約締結時には表示が同様の方法により訂正されていた場合、または表示が購買決定に影響を及ぼし得なかったときは、この限りではない。（以下略）

第437条　瑕疵がある場合における買主の権利
　物に瑕疵がある場合において、買主は、各々の規定の要件をみたしている限りにおいて、次の各号に掲げる権利を有する。ただし、別段の定めがある場合はこの限りではない。
１．第439条による追完の請求
２．第440条、第323条、第326条第5項による契約の解除、または、売買代金の減額の請求
３．第440条、第280条、第281条、第283条、第311a条による損害賠償、または、第284条に基づく無駄になった費用の償還の請求

第439条　追完
(1)　買主は、追完履行として、買主の選択に従って瑕疵の除去または瑕疵のない物の引渡しを求めることができる。
(2)　売主は、追完履行のために必要な費用、特に運送、路用、労務、材料に関する費用については、これを負担しなければならない。
(3)　売主は、買主によって選択された追完履行の方法を、第275条第2項および第3項に関わりなく、それが不相当な費用によってのみ可能である場合には、拒絶することができる。その際には、特に、瑕疵のない状態における物の価値、瑕疵の意味、および他の方法の追完履行が買主にとっての著しい不利益なしに用いられ得るかどうかという問題が考慮されなければならない。この場合には、買主の請求権は、その他の方法の追完履行に限られる。第1文の要件の下でこれをも拒絶する売主の権利は、影響を受けない。
(4)　売主が追完履行のために瑕疵のない物を引き渡すときは、売主は、買主から第346条から第348条の規定に従って瑕疵のある物の返還を求めることができる。

第440条　解除および損害賠償に関する特則
　第281条第2項および第323条第2項の適用がある場合に加えて、売主が第439条第3項によりいずれの方法による追完をも拒絶するとき、買主に認められた追完が達成されなかったとき、または、買主に追完が期待できないときは、期間を定めることを要しない。修補を2回試みても失敗に終わったときは、修補は達成されなかったものとみなす。ただし、とりわけ、物の種類または瑕疵の種類その他の事情に照らして、これと異なる扱いを要するときはこの限りではない。

③　アメリカ統一商事法典

　アメリカ統一商事法典は、動産の売買を対象とするが、目的物の瑕疵は契約への不適合（商品性の欠如）と理解され、売主は契約に適合した物を売る義務を負うと構成している（第2－314条、第2－315条）。

　また、契約不適合な給付を行った債務者（売主）の追完利益の機会は、売主の追完権という形で保障している（第2－508条）[261]。

アメリカ統一商事法典
第2－314条　黙示の担保責任：商品性；取引慣行
(1)（第2－316条に基づき）排除または修正されない限り、動産が商品性を有しているということの担保責任は、売主がその種の動産に関する商人である場合には、当該動産の売買契約において含意されている。
(2) 商品性のある動産は、少なくとも以下のようでなければならない；
　(a) その種の契約における取引で、異議無く合格するものであること。
　(b) 代替可能な動産の場合、その種類において標準平均品質のものであること。
　(c) その種類の動産が使用される通常の目的に適合するものであること。
　(d) 合意により許容される変更の範囲内で、それぞれの単位内および含まれる全ての単位の中において、均一的な種類、品質、質量が維持されていること。
　(e) 合意により求められるように、十分に適切に入れられ、包装され、かつラベルが貼られていること。
　(f) 容器またはラベルにおいて事実の約束または確認がある場合には、それらに適合していること。
(3)（第2－316条に基づき）排除または修正されない限り、その他の黙示の担保責任は、取引の経過または取引慣行より生じうる。

第2－315条　黙示の担保責任：特定目的適合性
　契約時において、特定の目的のために動産が求められており、かつ買主は適切な動産を選定または供給する売主の技術または判断に依拠していることを売主が合理的に知り得る場合、次の条文において排除または修正されない限り、当該動産はそのような目的に適合しているという黙示の担保責任が存在する。

第2－508条　（不適切な提供または引渡しの売主による是正：取替え）
(1) 売主による提供または引渡しが、適合しないことを理由として拒絶された場合であって、履行期限がまだ徒過していないときは、売主は是正する意思を買

---

261 条文は、法務省資料による。第2－508条の出典は、田島裕「UCC2001：アメリカ統一商事法典の全訳」（http://hdl.handle.net/2241/338）。

主に対して時宜にかなった告知をすることができ、その契約期間内に、適合する引渡しをすることができる。
(2) 売主が、金銭的値引きをして、また値引きせずに、受領されるべきであると信じる合理的な理由がある場合に、買主が適合しない提供を拒絶する場合には、売主は、買主に対し時宜にかなった告知を与えるならば、さらに適合する提供と取り替える合理的な期間をさらに持つことができる。

アメリカの契約法において、統一商事法典の及ぼす影響は大きいとされる。日本同様、売買は契約法の基本であり、裁判においては、これが物品の売買以外の契約にも類推適用されてきたからである[262]。

(4) 建設工事請負契約への影響
① 売買と請負
　既に述べたように、民法の瑕疵担保責任の制度設計において、売買と請負は相互に比較対照され、互いに影響を及ぼしあっている。この関係は、消費者の視点で見ると、わかりやすい。分譲住宅を買った場合と、建築条件付き宅地分譲や自己の敷地に注文住宅を建ててもらった場合とで救済内容に差があってはおかしいからである。このため、住宅の品質確保の促進等に関する法律は、新築住宅の売買契約と請負契約の両方を対象としている。

② 売買において追完請求の買主選択権を明記する影響
　追完請求権のあり方について、これまでの部会審議でさまざまな議論があったが、中間試案では具体的な提案が示された。これが建設工事にどのような影響を及ぼすのであろうか。
　分譲住宅の欠陥に関する紛争を念頭において考えると、瑕疵の補修方法について建替えか修繕かで争いになっている場合（この場合を追完請求の選択方法の問題と考える）に、「最適な修理方法について専門的な知識は売主にあるかもしれないが、売主は義務違反をしたのだから、まずは買主に選択権がある」というルールは、拒否できる機会が与えられるとしても、いかなる影響を及ぼすだろうか。
　更に、細部の修理方法の選択に争いがある場合も、同様に買主に選択権が

---

262 大野晋「体系アメリカ契約法」31頁。

あるという主張・法解釈が勢いを得てくるのではないだろうか。

ついには、分譲住宅と注文住宅で紛争解決のルールが違うのはおかしいと、請負でも同じルールが主張されるかもしれない。請負の中でも住宅がそうなると、非住宅にも拡大が求められるかもしれない（請負については、ドイツ民法のように、請負人に選択権があると明記されているわけではない）。

この売買の追完請求に関する提案は、産業界（特定物や高額商品を扱う業界）からは批判があると思われるが、不利だから反対と言うだけではなく、そのようなルールが結局買主の利益も害すると説得することが必要であろう。

2　瑕疵担保責任の短期期間制限

(1) 基本方針の提案

現行民法（民法第570条で準用する第566条第3項）は、契約の解除又は損害賠償の請求は、瑕疵を知ってから1年以内にしなければならないとする。

また、商法第526条は、商人間の売買については、受領したときは遅滞なく検査し、瑕疵や数量不足があれば直ちに通知しなければならない（直ちに発見できない瑕疵でも6ヶ月以内に通知が必要）とする。

これに対し、「基本方針」の提案は、買主は、原則として、瑕疵を知ったときから「合理的期間内」に「通知」をしないと瑕疵担保責任の救済手段についての権利行使ができないとする（【3.2.1.18】[263]）。これは、消費者も含めた一般的なルールである。事業者が買主である場合は、相当な期間内に検査し、遅滞なく通知しなければならないとする（【3.2.1.19】）。

現行民法・判例	基本方針の提案
民法第570条で準用する第566条 3　前2項の場合において、契約の解除又は損害賠償の請求は、買主が事実を知った時から1年以内にしなければならない。	【3.2.1.18】（瑕疵の通知義務） 〈1〉　買主が、目的物の受領時、または受領後に瑕疵を知ったときは、契約の性質に従い合理的な期間内にその瑕疵の存在を売主に通知しなければならない。ただし、売主

263　前掲「詳解債権法改正の基本方針Ⅳ」86頁（商事法務2010年）。同「債権法改正の基本方針」（別冊NBL126号）280頁。なお「基本方針」【3.2.1.E】は、民法第570条で準用する民法第566条第3項の短期期間制限規定を削除し、一般原則に委ねると提案する。

判例:瑕疵を知ってから1年以内に権利行使すれば、それによって発生した権利の消滅時効は10年。

商法
(買主による目的物の検査及び通知)
第526条　商人間の売買において、買主は、その売買の目的物を受領したときは、遅滞なく、その物を検査しなければならない。
2　前項に規定する場合において、買主は、同項の規定による検査により売買の目的物に瑕疵があること又はその数量に不足があることを発見したときは、直ちに売主に対してその旨の通知を発しなければ、その瑕疵又は数量の不足を理由として契約の解除又は代金減額若しくは損害賠償の請求をすることができない。売買の目的物に直ちに発見することのできない瑕疵がある場合において、買主が6箇月以内にその瑕疵を発見したときも、同様とする。
3　前項の規定は、売主がその瑕疵又は数量の不足につき悪意であった場合には、適用しない。

が目的物の瑕疵について悪意であるときは、この限りでない。
〈2〉　買主が、〈1〉の通知をしなかったときは、買主は目的物の瑕疵を理由とする救済手段を行使することができない。ただし、通知をしなかったことが買主にとってやむを得ない事由に基づくものであるときは、この限りでない。

【3.2.1.19】(事業者買主の検査・通知義務)
〈1〉　事業者である買主が、その事業の範囲内で行った売買契約に基づいて目的物を受領したときは、相当な期間内に瑕疵の有無について検査しなければならない。ただし、売主が目的物の瑕疵について悪意であったときは、この限りでない。
〈2〉　事業者である買主は、目的物の瑕疵を発見し、または発見すべきであった時から遅滞なく売主に対して瑕疵の存在を通知しなければならない。
〈3〉　事業者である買主が、〈2〉に規定する通知をしなかったときは、目的物の瑕疵を理由とする救済手段を行使することができない。ただし、通知をしなかったことが買主にとってやむを得ない事由に基づくものであるときは、この限りでない。

① 買主による合理的な期間内の通知【3.2.1.18】
　現行民法の通説判例は、証拠保全の困難さや法律関係の早期確定のために1年の期間制限を設けたといわれる。この期間制限の法的性質は、除斥期間とされる(判例通説)。瑕疵を知ってから「権利を請求する」とは、具体

には瑕疵担保責任を請求する趣旨を明確に告げることが必要とされる（裁判上の請求は要しない）。それによって発生した損害賠償債権の消滅時効は、金銭債権であるから引渡のときから10年となる[264]。

「基本方針」は、消費者も含む買主一般に対して、検査義務は課さないが、瑕疵の存在を現行法の１年ではなく、「契約の性質に従い合理的な期間内に」通知しなければならない（通知しないと、原則として瑕疵担保責任を問えなくなる）とした。

「合理的な期間内」とは、契約の態様によって多様であり、柔軟に対応するために、固定的な一定期間を定めないものとした。こういうと、不明瞭でかえって混乱を招く提案のようだが、我が国も批准し国際貿易のルールとして機能しているウィーン売買条約第39条(1)と同じ表現である。

「通知」については、現行法の解釈（判例・通説）では「明確な権利行使の意思を表示することを要する」とされているが、「基本方針」は、買主の負担を軽減し、そこまでは要しないという趣旨である。

② 事業者買主の検査・通知義務

「基本方針」の提案【3.2.1.19】は、商法第526条のルールを、買主が事業者である場合に拡張して、民法に取り込むものである。したがって、売主は消費者も含み、買主といっても商人以外の事業者も含むことに留意しなければならない。

検査は「相当な期間内」に、通知は「遅滞なく」行わなければならないとするが、検査の内容も含めて、契約の実情によるものとされる[265]。

(2) 法制審議会の審議

１）論点整理段階

法制審議会（論点整理段階）[266]では、短期期間制限については、現状維持に賛成の意見、廃止して消滅時効の一般原則[267]に委ねる（期間を延ばして救

---

[264] 前掲　内田貴「民法Ⅱ第２版」136頁。
[265] 前掲「詳解債権法改正の基本方針Ⅳ」94頁（商事法務2010年）。
[266] 前掲「民法（債権関係）の改正に関する中間的な論点整理の補足説明」298頁。
[267] 消滅時効の原則は、現行法は行使できる時から10年（民法第167条）。「基本方針」は、行使できるときから10年、原因・債務者を知ってから３、４又は５年と提案している。【3.1.3.44】（債権時効の起算点と時効期間の原則）前掲別冊 NBL 126号198頁参照。

第10節　売買

済を広げる考え方）という意見、「合理的な期間内」に賛成意見、「合理的な期間」では期間が明確でなく実務上混乱を招くという意見などがあり、意見が分かれている。通知についても、現行の判例を支持する意見、消費者に通知義務を課すことに反対する意見などがあり、意見が分かれた。

　パブリックコメントでも各界の意見は分かれているが、弁護士会からは短期の期間制限は合理的でなく、廃止して一般原則に委ねるべきという意見が多く、産業界からは現状維持の意見が多いように思われる。

　不動産業界からは、次のように強い反対意見があった（以下は、社団法人不動産協会の意見）[268]。

「瑕疵担保責任に基づく権利行使は、買主が瑕疵を知った時から１年以内に行使すべきとの現行法の規定は、原則的には維持すべきものと思われる。

　期間の起算点について買主が事業者である場合については「瑕疵を知り又は知ることができた時」から起算する旨の特則を設けるのは、その「知ることができた時」という基準が、その事実認定が極めて困難なことから問題である。たとえば、宅建業者が買収した土地に土壌汚染や地中埋設物が存した場合、どの時点をいうのであろうか。またそもそも、なぜ事業者が買主のときだけそうするのか合理的な理由を見出せない。

　任意規定としての現行法の規制を残し、強行規定として宅地建物取引業法、住宅の品質確保の促進等に関する法律等の特別法で修正をしていくという考え方を変更しないことを望む。債務不履行責任の期間制限と同一の規定にすることは、売主にとって長期間にわたり不安定な地位を残すことになる。瑕疵担保の起算点についても、実際に「瑕疵を知ったとき」というのは不明確なため、不動産取引上は特約で引渡時を起算点としている。このような特約の効力を制限するような法改正には賛成できない。

　不動産売買においては、宅建業法[269]に基づき引渡時から２年と定められることが多く、実務慣例に影響を及ぼさないように十分配慮をお願いしたい。

---

[268] 前掲『『中間的な論点整理』に対して寄せられた意見の概要（各論５）』92頁。
[269] 参考：宅地建物取引業法第40条（瑕疵担保責任についての特約の制限）は次のとおり。
　　第40条　宅地建物取引業者は、自ら売主となる宅地又は建物の売買契約において、その目的物の瑕疵を担保すべき責任に関し、民法第570条において準用する同法第566条第３項に規定する期間についてその目的物の引渡しの日から２年以上となる特約をする場合を除き、同条に規定するものより買主に不利となる特約をしてはならない。
　　２　前項の規定に反する特約は、無効とする。

債権の消滅時効の一般則に委ねることは、売主にとって長期間にわたり不安定な地位を残すことに繋がるため、賛成できない。」

2）中間試案段階

「中間試案」では、瑕疵担保責任の短期期間制限について、次のような提案をしている[270]。

> 第35　売買
> 6　目的物が契約に適合しない場合における買主の権利の期間制限
> 　民法第565条及び第570条本文の規律のうち期間制限に関するものは、次のいずれかの案のように改めるものとする。
> 【甲案】　引き渡された目的物が前記3(2)に違反して契約の趣旨に適合しないものである場合の買主の権利につき、消滅時効の一般原則とは別の期間制限（民法第564条、第566条第3項参照）を廃止するものとする。
> 【乙案】　消滅時効の一般原則に加え、引き渡された目的物が前記3(2)に違反して契約の趣旨に適合しないものであることを買主が知った時から［1年以内］にそれを売主に通知しないときは、買主は、前記4又は5による権利を行使することができないものとする。ただし、売主が引渡しの時に目的物が前記3(2)に違反して契約の趣旨に適合しないものであることを知り、又は重大な過失によって知らなかったときは、この限りでないものとする。
>
> 7　買主が事業者の場合における目的物検査義務及び適時通知義務
> 　(1)　買主が事業者であり、その事業の範囲内において売買契約をした場合において、買主は、その売買契約に基づき目的物を受け取ったときは、遅滞なくその目的物の検査をしなければならないものとする。
> 　(2)　上記(1)の場合において、買主は、受け取った目的物が前記3(2)に違反して契約の趣旨に適合しないものであることを知ったときは、相当な期間内にそれを売主に通知しなければならないものとする。
> 　(3)　買主は、上記(2)の期間内に通知をしなかったときは、前記4又は5による権利を行使することができないものとする。上記(1)の検査をしなかった場合において、検査をすれば目的物が前記3(2)に違反して契約の趣旨に適合しないことを知ることができた時から相当な期間内にそれを売主に通知しなかったときも、同様とするものとする。
> 　(4)　上記(3)は、売主が引渡しの時に目的物が前記3(2)に違反して契約の趣旨に適合しないものであることを知り、又は重大な過失によって知らなかったときは、適用しないものとする。

270　前掲「民法（債権関係）の改正に関する中間試案」55頁。

> (注) 上記(1)から(4)までのような規律を設けないという考え方がある。また、上記(3)についてのみ、規律を設けないという考え方がある。
>
> 14 目的物の滅失又は損傷に関する危険の移転
> (1) 売主が買主に目的物を引き渡したときは、買主は、その時以後に生じた目的物の滅失又は損傷を理由とする前記4又は5の権利を有しないものとする。ただし、その滅失又は損傷が売主の債務不履行によって生じたときは、この限りでないものとする。
> (2) 売主が当該売買契約の趣旨に適合した目的物の引渡しを提供したにもかかわらず買主がそれを受け取らなかった場合であって、その目的物が買主に引き渡すべきものとして引き続き特定されているときは、引渡しの提供をした時以後に生じたその目的物の滅失又は損傷についても、上記(1)と同様とする。

① 目的物に契約不適合がある場合における買主の権利の期間制限

「中間試案」6の提案には、「瑕疵担保責任」の1年の期間制限を見直す2案が示されている。甲案によると、債権の消滅時効の一般原則は、短い場合でも3年間から5年間であるので、現行の1年より長くなる（本書第6節の5　消滅時効を参照）。

② 買主が事業者の場合における目的物検査義務及び適時通知義務

同7の提案は、買主が事業者についてのものであり、商人についての規定である商法第526条第1項を参考に立案されたものとされる。消費者が買主である場合を対象としていない。ただ、請負の「受領」概念と関連して、激しい議論があったところであるので、「契約の趣旨に適合しないこと」の意義などはよく議論しなければならない。

注記された反対意見は、おおむね民法に事業者概念を持ち込むべきでないという立場からのもので、7(3)についての反対意見は一般原則に委ねる立場からのものである。

先に述べたように、この規定は、有償契約に準用することができるため、請負にも影響しうると考えられるが、建設工事の場合は標準契約約款がカバーする領域であり、実際上の影響は少ないと思われる。

③ 目的物の滅失又は損傷に関する危険の移転

同14(1)は、通説判例の債務不履行制度の見直しに伴って、危険負担制度（民法第534条：債権者主義）の廃止が提案されるが、これに伴って、目的物の引渡により危険が移転するという学説のルールを売買において条文化するものである[271]。

この規定は、有償契約に準用することができるため、解釈上請負にも影響するのではないかと考えられる。

建設工事の瑕疵担保責任において実務上よく論じられる問題であるが、明文の規定がおかれることでわかりやすくなると思われる。

(3) 外国法について

「基本方針」【3.2.1.18】（瑕疵の通知義務）が提案する「合理的期間」も、ウィーン売買条約第39条の規定[272]に合わせたものであると考えられる。

ウィーン売買条約

第38条(1)　買主は、状況に応じて実行可能な限り短い期間内に、物品を検査し、又は検査させなければならない。

第39条(1)　買主は、物品の不適合を発見し、又は発見すべきであった時から合理的な期間内に売主に対して不適合の性質を特定した通知を行わない場合には、物品の不適合を援用する権利を失う。
(2)　買主は、いかなる場合にも、自己に物品が現実に交付された日から2年以内に売主に対して(1)に規定する通知を行わないときは、この期間制限と契約上の保証期間とが一致しない場合を除くほか、物品の不適合を援用する権利を失う。

---

(4) 建設工事請負契約への影響

すでに述べたように、売買は、物の引渡を債務の内容とする点で請負と同じ性格を有するところがあると考えられているため、瑕疵担保責任の制度設計において、売買と請負は相互に比較対照され、強い影響を及ぼしあっている。

---

[271] 前掲「民法（債権関係）の改正に関する中間試案のたたき台(4)」37頁。危険負担との関係は、前掲「民法（債権関係）の改正に関する中間試案のたたき台(2)」5頁。
[272] 前掲「民法（債権関係）の改正に関する検討事項(10)　詳細版」の「【参考】売買の担保責任に関する立法例」5頁。

したがって、建設業界としては、時効の規定の一般論の決着とともに売買の瑕疵担保責任における期間制限に関する議論の推移を十分注意して見守る必要がある。

3 売主と買主の義務（目的物の受領義務）

(1) 基本方針の提案

目的物の受領義務を、債権総論レベルの一般論として認めることには学説上意見が分かれ、特に役務提供型の典型契約では反対が強いという[273]。判例上も買主一般に受領義務があるとは明らかでないという。

「基本方針」は、受領義務自体は当事者の合意や契約の趣旨、性質等で決まるものであり、売買について物の引渡が問題となるものについては一般的に買主に受領義務を認めようというものである。

義務違反の効果としては、損害賠償、解除、受領強制が認められる。

現行民法・判例	基本方針の提案
現行民法に受領義務に関する規定なし 参考　民法（受領遅滞） 第413条　債権者が債務の履行を受けることを拒み、又は受けることができないときは、その債権者は、履行の提供があった時から遅滞の責任を負う。	【3.2.1.35】（目的物の受領義務） 物の買主は、目的物を受領する義務を負う。

売買における「受領」概念

「基本方針」は、目的物の「受領」という概念は、物理的な目的物の受取という意味で用いられる場合と、履行として受け入れるという意思的認容を伴う法的な意味で用いられている場合とがあるという。

売買での「受領」は、前者の物理的な受取という意味で用いられるとしている[274]。これに対して、請負での「受領」は、後者の意味であるという。請負における「受領」とは、目的物が契約内容に適合したものであるかを注文

273　前掲「詳解債権法改正の基本方針Ⅳ」125頁（商事法務2010年）。
274　前掲「詳解債権法改正の基本方針Ⅳ」86頁（商事法務2010年）。

者が請負人から引渡を受ける際に確認する行為、仕事の完成を承認し、履行として受け入れるという意思的認容を伴う法的な意味で用いられるとする[275]。

(2) 法制審議会の審議

1）論点整理段階

　法制審議会民法部会（論点整理段階）[276]　では、受領義務の明文化には、積極的な意見と慎重な意見があり、議論が分かれている。積極的な意見からは、代金後払の取引において大企業が中小企業の納品を拒否したり、消費者間の中古車売買において登録名義の書き換えについて買主が不当に引取を拒否して売主が納税や事故のリスクなどの不利益を負う場合があることが指摘され、消極的な意見からは、契約に不適合な目的物の引取を強要される恐れが強まる場合があるなどと指摘されている。

　この論点については、請負など他の典型契約でも、同様な議論がありうると思われる。

　パブリックコメントでも、それぞれの立場で意見が分かれている。日弁連も、次のように、さまざまな取引における「個別的な事情を充分斟酌して、信義則の見地から」判断すべきであるという趣旨の意見を述べている。

　「不動産の登記や自動車の登録などについての引取義務を認めることについては賛成する意見があるものの、売買におけるその他の目的物受領義務については反対する意見が強い。一般の受領義務については、判例（最判昭46年12月16日民集25巻9号1472頁）に従い、個別的な事情に照らして、信義則上これを認めるべきか否かを判断するという考え方を採るべきである。

　この点、売買の目的物が不動産や自動車等である場合、少なくともその登記や登録については買主側に引取義務を認める必要性がある。すなわち、まず不動産についてみれば、登記が移転されないままであれば売主側に固定資産税が課される他、工作物責任（民法第717条）等の負担が生じるおそれがあり、又自動車については自動車税の他、運行供用者責任（自動車損害賠償保障法第3条）等の負担が生じる恐れがある。

275　前掲「詳解債権法改正の基本方針Ⅴ」50頁（商事法務2010年）。
276　前掲「民法（債権関係）の改正に関する中間的な論点整理の補足説明」307頁。

以上の不動産や自動車の売主の負担に鑑みると、これらの売買における登記、登録等については、類型的に上記引取義務を認めるべき事情があるとみることもできる。
　他方、不動産や自動車に関する現実の占有の引取や、その他売買の目的物が車両以外の動産である場合の引取については、売主側の負担の内容、程度は一様ではない。
　また、一律に買主に売買目的物の受領を認めるような規定がなされると、例えば、消費者が悪質な業者から契約不適合な目的物の引取を求められるなど、消費者被害の拡大の懸念があるとの指摘もある。
　したがって、これらについては、受領義務一般の議論に委ねるべきであり、上記判例に従い、個別的な事情を充分斟酌して、信義則の見地から引取義務を認められるかを検討すべきである。」

2）中間試案段階
　「中間試案」では、受領義務を中心とした売主と買主の責任の制度設計について、次のような提案をしている[277]。ここでは、買主の受取義務が注目される。

第36　売買
10　買主の義務
　買主は、売主に代金を支払う義務を負うほか、次に掲げる義務を負うものとする。
　　ア　売買の目的物（当該売買契約の趣旨に適合しているものに限る。）を受け取る義務
　　イ　前記3(1)イの対抗要件を具備させる義務の履行に必要な協力をする義務

3　売主の義務
　(1)　売主は、財産権を買主に移転する義務を負うほか、売買の内容に従い、次に掲げる義務を負うものとする。
　　ア　買主に売買の目的物を引き渡す義務
　　イ　買主に、登記、登録その他の売買の内容である権利の移転を第三者に対抗するための要件を具備させる義務
　(2)　売主が買主に引き渡すべき目的物は、種類、品質及び数量に関して、当該売買契約の趣旨に適合したものでなければならないものとする。

277　前掲「民法（債権関係）の改正に関する中間試案」54、58頁。

>   (3) 売主が買主に移転すべき権利は、当該売買契約の趣旨に反する他人の地上権、抵当権その他の権利による負担又は当該売買契約の趣旨に反する法令の制限がないものでなければならないものとする。
>   (4) 他人の権利を売買の内容としたとき（権利の一部が他人に属するときを含む。）は、売主は、その権利を取得して買主に移転する義務を負うものとする。
>   （注）　上記(2)については、民法第570条の「瑕疵」という文言を維持して表現するという考え方がある。

「中間試案」は、上記のように、売主と買主の義務を対比する形で定めている。そのなかで、受領義務は、「中間試案」では「目的物の受け取り義務」として規定されており、履行として認容するという主観的な意義はないと考えられる。違反の効果は債務不履行である[278]。

(3) 外国法について

受領義務は、ウィーン売買条約により、わが国でも国際貿易のルールとしてすでに導入されている[279]。

> ○ウィーン売買条約
> 第53条　買主は、契約及びこの条約に従い、物品の代金を支払い、及び物品の引渡しを受領しなければならない。
> 第60条　引渡しを受領する買主の義務は、次のことから成る。
> (a) 売主による引渡しを可能とするために買主に合理的に期待することのできるすべての行為を行うこと。
> (b) 物品を受け取ること。
>
> ○ドイツ民法
> 第433条　売買契約における契約上の義務
> (1)　（略）
> (2)　買主は、売主に対して合意した売買代金を支払い、購入した物を受領する義務を負う。

---

[278] 前掲「民法（債権関係）の改正に関する中間試案のたたき台（4・5）」29頁、「民法（債権関係）の改正に関する論点の検討(15)」49頁。

[279] 前掲「民法（債権関係）の改正に関する検討事項(10)　詳細版」の「【参考】売買の担保責任に関する立法例」5頁。

(4) **建設工事請負契約への影響**

　「中間試案」の請負に関する提案では、「基本方針」の提案（請負における「受領」概念の導入と、「受領」と代金支払の同時履行）は取り上げられなかった。このため、建設業界への直接の影響はなくなった。しかし、売買の受取義務の内容に関する議論の動向に今後も注意することが必要である。

第3章　請負契約

第1節　請負の定義

(1) 基本方針の提案

「基本方針」は、請負の定義を「仕事の成果の引渡が観念できる類型」に限ることを提案している。

現行民法	基本方針の提案
（請負） 第632条　請負は、当事者の一方がある仕事を完成することを約し、相手方がその仕事の結果に対してその報酬を支払うことを約することによって、その効力を生ずる。	【3.2.9.01（請負の定義）】[280] 〈1〉　請負は、当事者の一方がある仕事を完成し、その目的物を引き渡す義務を負い、相手方がその仕事の成果に対してその報酬を払う義務を負う契約である。 〈2〉　この章の規定は、請負人の仕事の成果が注文者に引渡を要する無体物である場合についても適用する。

その理由としては、現行の第632条は引渡を要件としていないが、もともと、請負の瑕疵担保責任に関する規定などは仕事が目的物の引渡と結びついていない類型の請負には適用されないと解されるので、成果の引渡を観念できるものとそうでないものを同一の契約類型とする意味は薄いからだという。

この定義によれば、従来は請負契約に該当すると考えられていた契約のうち、注文者の設備や施設に対する仕事（機械の設置、施設の保守点検、家屋の修理、清掃等）、役務型の仕事（講演、舞台の上演、通訳、マッサージ、理髪、旅客運送等）は、請負契約に該当しないことになる[281]。

ただ、仕事の成果が有体物に化体し、その物の引渡を伴う場合は対象に含

---

[280] 前掲「債権法改正の基本方針」（別冊 NBL 126号）364頁以下。
[281] 前掲「民法（債権関係）の改正に関する検討事項(12)　詳細版」8頁。

まれるという。
　これら請負契約に該当しないものは、「基本方針」の提案では、新設の「役務提供」契約の類型に該当するとされる。

(2) 法制審議会の審議
1) 論点整理段階

　法制審議会の審議（論点整理段階）では、「基本方針」の提案に賛成する意見もあったが、消極的意見としては、従来の請負概念で「特段の不都合は生じていない」という意見、「物の修理を目的とする契約を例に取れば、請負人が持ち帰って修理するか、注文者の下で修理するかによって請負に該当するかどうかが異なるのは不均衡である」などの意見があったとされる[282]。

　パブリックコメントでも意見は分かれているが、建設業界からも実務の混乱を懸念する意見が出されている[283]。

　なお、以下の東京弁護士会の意見のように、この定義問題を「偽装請負」の視点から論じる立場もあることに留意が必要である。

　「いわゆる『偽装請負』、すなわち、実質的には役務提供型の契約については、請負の範囲から外すような類型化が必要である。しかし、請負の本質は仕事の完成であり、引渡しが不要なものを請負から外すと現在請負と考えられている類型の多くが請負契約から外れることになり、実務に多大な影響があると考えられる。請負というラベルは現行法の範囲で維持しつつ、請負と分類された場合の規律を改善していくというアプローチが妥当である。」

2) 中間試案段階

　請負の定義の見直しについては、「中間試案」には取り上げられなかった[284]。

　以上のような多くの反対があったことや、役務契約の総則的規定の創設も「中間試案」では取り上げられなかったことが理由と思われる。

---

[282] 前掲「民法（債権関係）の改正に関する中間的な論点整理の補足説明」350頁。
[283] 前掲「『中間的な論点整理』に対して寄せられた意見の概要（各論6）」中、建設業適正取引推進機構意見は45頁、日建連意見は46頁。
[284] 前掲「民法（債権関係）の改正に関する中間試案のたたき台(4)(5)（概要つき）」【改訂版】59頁。

(3) 外国法について

法制審議会資料では、ドイツ等の民法の規定が紹介されている[285]。

○ドイツ民法
第631条　請負契約の意義
 (1) 請負人は、請負契約により、約束した仕事を完成する義務を負い、注文者は合意した報酬を支払う義務を負う。
 (2) 請負契約は、物の制作もしくは改変、または労務もしくは労務給付によってもたらされる結果をも目的とすることができる。

○オランダ民法第7編
第750条
 (1) 請負契約は、一方当事者（請負人）が、雇用契約における場合を除き、他方当事者（注文者）に対し、注文者によって支払われる代金と引き換えに、有形の性質の仕事を完成し引き渡す義務を負う契約である。

(4) 建設工事請負契約への影響

この提案は、役務的契約の総則規定（【3.2.8.01】以下）を民法に創設するため、請負の定義を限定する趣旨と思われるが、それ以上の具体的な実益に乏しく、実務の混乱を招くのではないかと思われる。中間試案では取り上げられなかったので、この点は問題がなくなった。

第2節　注文者の義務

1　受領義務と協力義務

(1) 基本方針の提案

「基本方針」は、売買契約と同様に[286]、注文者に目的物の「受領義務」を定めること、その際には注文者に確認の機会を与え、特に注文者が事業者の場合は検査を行う義務を負うことを提案している。なお、売買と異なり、瑕疵の通知義務については、別の提案（【3.2.9.05】（瑕疵の通知義務）〈2〉）

---
[285] 前掲「民法（債権関係）の改正に関する検討事項(12)　詳細版」の別紙、比較法資料1頁。
[286] 売買については、目的物の受領義務【3.2.1.35】、通知義務【3.2.1.18】、事業者である買主の検査通知義務【3.2.1.19】の提案がある。

に規定されている。

このほか、民法改正研究会の注文者の「協力義務」の提案も紹介する。

現行民法	基本方針の提案
規定なし	【3.2.9.02】（仕事の完成とその目的物の受領） 〈1〉 請負人が仕事の完成をしたときは、注文者は、仕事の完成を受領しなければならない。この場合において、注文者は、仕事の目的物を受領する際に、仕事の目的物が契約で定めた内容に適合することを確認するための合理的な機会が与えられなければならない。 〈2〉 注文者が事業者である場合には、注文者は、仕事の目的物を受領する際に、相当の期間内に、仕事の目的物が契約で定めた内容に適合することを確認するために必要な検査を行わなければならない。 　　〈3〉は略

① 受領義務と確認する機会（又は検査）

「基本方針」の提案では、請負における目的物の「受領」とは、占有の移転を受けるという単なる事実行為ではなく、仕事の目的物が契約内容に適合したものであるか否かを確認し、履行として認容するという意思的要素が加わったものとされている。この点は、売買における「受領」が物理的な目的物の受け取りという事実行為の意味であるとされていることと異なっている。

そして、この場合に、注文者（消費者も含む）に、契約内容に適合しているかを確認する機会を与える（注文者が事業者ならばその検査義務）ことを明文で規定すべきと提案している[287]。

このような考え方に従って、仕事の成果物が契約に適合している限り、注文者はこれを受領しなければならず（受領義務を負う）、注文者がその受領を拒絶したときは、注文者の債務不履行として請負人に損害賠償請求権や解除権が発生することになると考えられる。

② 仕事の完成の定義

---
287 公共工事の請負契約では、法律上、国・自治体の職員が「給付の完了の確認」の「検査」を行うことが義務付けられている（会計法第29条の11、地方自治法第234条の2）。

なお、「基本方針」では、履行つまり仕事の完成の定義については特に触れていない。建設工事請負の場合、履行として認容される「仕事の完成」の定義は重要な問題である。

現行民法における建設工事請負では、「仕事の完成」については「予定の工程終了説」が、裁判実務の大勢である[288]。

つまり、工事が中断し予定された最後の工程を終えない場合には、工事の未完成ということになるが、予定された最後の工程まで一応終了し、ただそれが不完全なため修補を加えなければ完全なものとはならないという場合には、仕事は完成したが仕事の目的物に瑕疵があるときに該当することである。

内山尚三先生もこの説に賛成するが、「これに対しては、瑕疵がある以上、債務は完全に履行されていないのであるから、報酬の支払を拒絶しうると解する有力な反対説がある」[289]として、脚注に鳩山秀夫（1884～1946）、末広厳太郎（1888～1951）の名前を挙げる。

二人は、20世紀前半の著名な法学者であり、昭和25（1950）年の公共工事約款の制定や戦前の請負契約書などの実務に影響を与えた可能性もある。

予定の工程終了説は、「瑕疵ある仕事の完成もまた完成である」[290]と逆説的に表現されると、一般国民に誤解を与えるかもしれないが、工学的な常識には合致しているのではないだろうか。

もちろん、請負者は、瑕疵を修補して契約通りに工事を完成させる義務がある。にもかかわらず、「予定の工程終了説」が支持されるのは、「建築物に些細な瑕疵があるため請負人が多額の請負代金を請求できないとすれば、請負人に極めて酷な結果になる」[291]からである。

③ 注文者の協力義務

このほか、注文者は請負人が仕事を完成するために必要な協力義務を負う旨の規定を新たに設けるべきであるとの提案が、「民法改正研究会」から行われている[292]。現行法でも信義則等を根拠に同様の協力義務を認める裁判例

---

288 大判大正元年12月20日、大判大正8年10月1日、東京高判昭和36年12月20日（横浜弁護士会編「建築請負・建築瑕疵の法律実務」78頁、ぎょうせい2004年）。
289 内山尚三「現代建設請負契約法」46頁1999年。
290 参照 笠井修「保証責任と契約法理」245頁以下、弘文堂1999年。
291 横浜弁護士会編、前掲82頁。

があるためである。

　例えば、裁判所は、公共図書館の業務用ソフトウェアの製作請負契約において、注文者はシステム構築において自己の業務に関する正確な情報提供をする信義則上の義務を負い、不正確な情報提供を原因とするシステムの不具合は、民法第635条の「瑕疵」と認められないと判示した[293]。

(2) 法制審議会の審議

１) 論点整理段階

　法制審議会（論点整理段階）の審議では、次のような議論があった。

　受領義務については、賛否は分かれている。賛成意見のなかでも、「基本方針」の提案する「受領」の考え方に疑問を示す意見もあった。消極的な意見からは、弱い立場にある注文者が、請負人がした仕事の成果物を履行として認容することを事実上強制される恐れがあるとの意見や、信義則に委ねるべきであるとの意見があった。

　協力義務を規定することについては、これに賛成する立場から、情報処理システムの開発請負契約を例に紛争の防止には協力義務を規定することが有益であるとの意見があった。これに対し、協力義務を規定することに慎重な立場から、協力義務の具体的内容、要件効果を明確に規定するのは困難であり、信義則に委ねるか、規定するとしても柔軟な規定にする必要があるとの意見があった。

　パブリックコメントでは、次のような議論があった。

　注文者の受領義務（その際の目的物の検査・確認義務含む）については、他の論点と同様に、注文者と請負人のどちらの側に立って考えるかで意見が分かれている。もちろん産業界から賛成意見もあるが、この問題では、建設業界からは反対意見が出ている。

　注文者が消費者である場合には、受領・確認義務が課されることにより、不利益を負うのではないかと危惧し、請負に限って受領義務の規定をおくことは不要とする意見が多い（法曹界）。

　他方、建設業界からも、「受領」が、注文者の主観によって仕事の完成を決める結果になり、過剰なサービスや補修を求められたり、些細な不具合を

---
292 「民法改正国民・法曹・学会有志案」213頁、法律時報増刊　2009年　日本評論社。
293 東京地判平成15年11月５日　判例時報1857号73頁。

理由に代金支払を拒否される恐れがある、工事遅延の損害賠償を要求されうるなど、請負人の保護に欠けるとして反対の意見がある（住団連[294]、日建連、建設業適正取引推進機構）。

このほか、検収（検査）の規定については、「受領に値しないような成果物をもって注文者に受領を迫る悪質な請負業者を排除するためにも必要」とする意見（不動産協会）もある。

注文者の協力義務についても、注文者と請負人の力関係をどう見るか、どちらの側に立って考えるかで、意見が分かれている。

つまり、注文者を消費者のように弱い立場と考えると、素人に情報提供等の過重な義務を課すことになるとか、一般論としては肯定されるが請負にだけ法律に協力義務の規定をおく必要はないという意見になる。このような意見は法曹界に多い。

他方、請負者の立場から考えると、注文者の希望する仕事の完成のためには、注文者の協力は不可欠であり、その不履行による損害を請負者が負うのは酷であるため、条文化に賛成という意見になる（情報サービス産業協会、日建連[295]）。

2）中間試案段階

注文者の義務（協力義務・受領義務）については、請負の規定としては、「中間試案」には、取り上げられなかった[296]。

部会審議（平成24年9月11日）の資料は次のとおり論点として取り上げていたが[297]、審議会の意見が分かれたため見送られたと思われる。

1　注文者の義務
　ア　注文者は、請負人による仕事の完成のために必要な協力をしなければならない旨の規定を設けるという考え方があり得るが、どのように考えるか。
　イ　注文者は、仕事の目的物を［受領する／受け取る］義務を負う旨の規定を設けるものとしてはどうか。

この提案が取り上げられなかったことの影響については、次の事情から、

294　住団連の意見は、同「『中間的な論点整理』に対して寄せられた意見の概要（各論6）」29頁。日建連の意見は、同30頁。建設業適取機構の意見は、同34頁。不動産協会の意見は、同34頁。
295　日建連の意見は、前掲24頁。
296　前掲「民法（債権関係）の改正に関する中間試案のたたき台(4)(5)（概要つき）」【改訂版】58頁。
297　前掲「民法（債権関係）の改正に関する論点の検討(18)」（平成24年9月11日部会資料）1頁。破線の罫線内の番号は、部会資料による（以下同じ）。

第3章　請負契約

このような法的ルールがまったく存在しなくなった、あるいは提案の影響・意義がなくなったわけではないことに注意が必要である。

ア（協力義務）については、もともと信義則上の義務として認めた裁判例を根拠にした提案であったので、条文化が見送られても実務的な影響力は変わらない。

また、以下の参考のように、「第1　契約に関する基本原則等」の「3　付随義務及び保護義務」の規定として、付随義務の規定が提案されており、これが民法に一般論の形で規定されれば、これを根拠に協力義務を認める解釈も成り立ちうる。

イ（受領／受取義務）については、売買に目的物を受け取る義務の規定が提案されている。これが民法に規定されれば、解釈上売買の受取義務の規定を請負契約にも準用できる可能性が生じる。

参考　中間試案
第26　契約に関する基本原則等
3　付随義務及び保護義務
　契約の当事者は、当該契約に基づく債権の行使又は債務の履行に当たり、当該契約において明示又は黙示に合意されていない場合であっても、相手方が当該契約によって得ようとした利益を得ることができるよう、又は相手方の生命、身体、財産その他の利益を害しないよう、当該契約の趣旨に照らして必要と認められる行為をしなければならないものとする。
（注）このような規定を設けるべきでないという考え方がある。
第35　売買
10　買主の義務
　買主は、売主に代金を支払う義務を負うほか、次に掲げる義務を負うものとする。
　ア　売買の目的物（当該売買契約の趣旨に適合しているものに限る。）を受け取る義務
　イ　前記3(1)イの対抗要件を具備させる義務の履行に必要な協力をする義務

---

(3)　外国法について

法制審議会資料のうち、ドイツ民法等の規定を紹介する[298]。

○ドイツ民法

---

298 前掲「民法（債権関係）の改正に関する検討事項(12)　詳細版」の別紙、比較法資料1頁。

第640条　引取り
(1) 注文者は、仕事の性質上引取りを要しないものでない限り、契約に従い完成された仕事を引き取る義務を負う。
(2) 注文者は、瑕疵を知りながら瑕疵ある仕事を引き取った場合には、引取り時に瑕疵に基づく権利を留保したときに限り、第633条および第634条が規定する請求権を有する。

第642条　注文者の協力
(1) 仕事の完成に注文者の行為を要する場合において、注文者がその行為をしないことにより受領遅滞に陥るときは、請負人は、相当の補償を請求することができる。
(2) 補償額を定めるにあたっては、一方では遅滞の期間および合意された報酬額、これに対して、遅滞により請負人が節約した費用または自己の労力を他に用いることで取得し得たものを考慮しなければならない。

第641条　報酬の支払時期
(1) 報酬は、仕事の引取りと同時に支払わなければならない。仕事が部分に分割して引き取られ、かつ、個々の部分について報酬額が定められているときは、各部分の引取りの際に当該部分についての報酬を支払わなければならない。

○オランダ民法第7編
第758条
(1) 請負人が仕事目的物を引き渡す準備ができている旨を告げ、注文者が、留保を付したにせよ付さなかったにせよ、合理的な期間内に仕事について検査をせずもしくは仕事目的物を受領しなかったとき、または注文主が仕事目的物の瑕疵を指摘した上でその拒絶をしなかったときは、注文主は、仕事目的物を黙示に受領したものと推定される。受領の後は、仕事目的物は引き渡されたものと見なされる。
(2) 引渡しの後は、仕事目的物は注文者の危険に属し、その結果、請負人に帰せしめられ得ない原因による仕事目的物の損傷または劣化にかかわらず、注文者は引き続き代金を支払う義務を負う。
(3) 請負人は、引渡しの時点で注文者が合理的に発見できた瑕疵について、責任を負わない。

(4) 建設工事請負契約への影響

　以上で述べたように、注文者の受領、その際の検査については、請負代金の支払時期の問題と絡んで、建設工事契約については大きな問題である。
　「基本方針」の提案は、工事請負契約約款にも規定が存在していることなどを根拠に、民法上の請負の「引渡」の意味を変えるものであるが、「中間

試案」では取り上げられなかった。その意味では、現状が維持された。

「基本方針」の提案は、法学の理論面でも建設業界の実務面でもこれまで曖昧さを残したままに推移してきたものに焦点を当てたところに意義はあるが、多くの反対意見が指摘するように、残念ながら適切な解決策を提案したとはいえないと思われる。

2 報酬の支払時期

(1) 基本方針の提案

「基本方針」は、従来「引渡と同時」(民法第633条)であった報酬の支払時期を、「受領と同時」に改めることを提案している。

現行民法	基本方針の提案
(報酬の支払時期) 第633条　報酬は、仕事の目的物の引渡しと同時に、支払わなければならない。ただし、物の引渡しを要しないときは、第624条第1項の規定を準用する。 (報酬の支払時期) 第624条　労働者は、その約した労働を終わった後でなければ、報酬を請求することができない。	【3.2.9.03】(報酬の支払時期) 　報酬は、仕事の目的物を受領するのと同時に、支払わなければならない。 注：目的物の引渡しを要しないものは、請負の定義から除かれるため、ここでは規定されない。

この提案では、請負における目的物の「受領」は、仕事の目的物が契約内容に適合したものであることを確認し、履行として認容するという意思的要素が加わったものとされることに対応して、現行第633条の規定を改めることを提案している。

建設工事の場合、各契約約款によれば、「仕事の完成　→　検査等　→　引渡と報酬支払い」という過程を経る。「基本方針」は、これらの実務で用いられている工事請負契約約款の規定を根拠に、「実務上は、仕事の目的物の『受領』に重要な意義が認められている」として、請負における受領概念を明文で定めることを提案している[299]。

---

299 前掲「詳解債権法改正の基本方針Ⅴ」52頁(商事法務2010年)。

(2) 法制審議会の審議

1）論点整理段階

　報酬の支払時期に関する提案については、商取引を念頭に賛成する意見や、請負人の弱い立場を保護する視点や引換給付判決手続の実務上の支障から消極的な意見があった。また、「受領」という言葉を、請負においては、性状の承認を伴う意味で用いれば、売買の担保責任など、他の分野における「受領」の理解にも影響を与える恐れがあるので問題だという指摘もあった。

　法制審議会（論点整理段階）のヒアリング[300]では、報酬の支払時期について、以下のように、建設業界から反対があった。

　日本建設業連合会[301]から「請負人に大きな不利益（注文者が受領しなければ、報酬を受けられない）をもたらすことになる」として、慎重に検討すべきという意見が出されている。

　また、住宅生産団体連合会[302]もヒアリングにおいて、住宅は消費者との取引が原則であるため、このような改正は、請負人と注文者双方にとって憂慮すべきことになるとしている。請負者にとって「色のイメージなど契約で定められた内容以上の品質・性能についてまで履行として要求され、過剰なサービスを求められることとなる」だけでなく、「その結果、請負者は膨大な確認作業を注文者に求めることになり、建築の専門的知見が豊富でない注文者にとっても過大な負担及び責任を強いる」ことになるからだという。

　パブリックコメントでは、次のような議論があった。

　報酬の支払時期については、「注文者の受領義務」の規定と同様に、産業界からは実務に即しているとして賛成の意見（三菱電機）もあったが、建設業界からは同趣旨の反対意見が出ている。

　しかし、特に注目されるのは、最高裁から次のような意見が出ていることである（要旨のみ紹介する）。

---

300 法制審議会民法（債権関係）部会の第27、第28、第29回の会議で行われた、関係各団体からのヒアリングをいう。

301 日本建設業団体連合会 「法制審議会民法（債権関係）部会　第28回会議説明資料」（2011年6月17日の法制審議会民法部会における説明資料）。説明時間が20分と限られたため、日建連がヒアリングの席上で意見を説明したのは、支払い時期、目的物の所有権の帰属、瑕疵担保、性質保証、下請直接請求権の5つの論点であった。

302 住宅生産団体連合会 「民法（債権関係）の改正に関する中間的な論点整理」に対する意見」（2011年6月8日の法制審議会民法部会における説明資料）。

第3章　請負契約

「報酬支払いと履行として認容との同時履行には、以下のような理由から、反対の意見が多かった。
・『注文者が確認し、履行として認容すること』という要件は明確でなく、裁判所における認定に支障が生ずる恐れがある。
・また、注文者の代金拒絶理由として濫用される恐れもあり、請負人の保護にかけることになりかねない。
・引換給付判決の強制執行を行うにあたっては、「履行として認容する行為」があったかどうかを執行機関が限られた資料を前提に判断するのは事実上困難で、執行実務に混乱が生ずる恐れがある。」

この他に、個人の弁護士から次のような意見が出されている。

「（提案は）優越的地位にある注文者による濫用の恐れが高い。また、民法で検収基準が原則になってしまった場合には、下請代金支払遅延等防止法第2条の2のような規制も見直しを余儀なくされる可能性が高く、社会的弱者の地位にある請負人・下請負人の保護が現状より更に後退する結果とも成りかねない。」

２）中間試案段階
　報酬の支払時期の論点は、中間試案には、取り上げられなかった[303]。既に部会審議の段階で、次のように現行規定の維持が提案されていた[304]。

> ２　報酬に関する規律
> (1)　報酬の支払時期（民法第633条）
> 　民法第633条の規定内容を維持し、請負の報酬は、仕事の目的物の引渡しと同時に、引渡しを要しないときは仕事を完成した後に、支払わなければならない旨の規定を設けるものとしてはどうか。

　もともと、この提案は、「引渡（物理的な引渡）」を「受領（履行として認容すること）に改める」との提案を前提に、報酬支払時期の規定を見直す（「引渡」ではなく「受領」と同時に改める案）ものであった。
　しかし、この提案については反対も多く、法制審議会では、上記のよう

303　前掲「民法（債権関係）の改正に関する中間試案のたたき台(4)(5)（概要つき）」【改訂版】58頁。
304　前掲「民法（債権関係）の改正に関する論点の検討(18)」（平成24年9月11日部会資料）3頁。

に、平成24年9月11日の部会において本文のように「受領」に改める案は採用されず、請負報酬の支払時期について、民法第633条の規律を維持することを提案している。

このため、民法改正を要しないので論点として取り上げられなかったものと思われる。

(3) 外国法について

1)「受領義務と協力義務」の(3)を参照。

(4) 建設工事請負契約への影響

現状維持であるので、影響はないと思われる。

第3節　既履行部分の報酬請求権

(1) 基本方針の提案

請負人は、仕事を完成していない以上、報酬を請求できないのが原則だが、その例外として、「基本方針」は、何らかの事情で仕事の完成が途中で不可能になった場合の請負人の報酬請求権等についての判例のルールを明文化することを提案している。

ただし、「基本方針」は、新しい典型契約の提案である「役務提供契約」の章において、「成果完成型の役務契約一般の規律」として一般化して提案している[305]。これに対して、法制審議会民法部会では、請負の章における論点として取り上げており、本書でも請負の論点として取り上げる。

このため、以下の「基本方針」の提案は、請負契約の場合は「役務受領者」は注文者、「役務提供者」は請負人などと読み替える必要がある。便宜のために（　）で示した。

現行民法・判例	基本方針の提案
判例[306]：注文者が請負人の債務不履行を理由に解除した場合において、工	【3.2.8.08】（役務提供が中途で終了した場合における既履行部分の具体的報酬請

305　前掲「詳解債権法改正の基本方針Ⅴ」26頁。法制審議会については、前掲「民法（債権関係）の改正に関する検討事項(12)　詳細版」11頁。

事請負契約について、工事内容が可分であり、しかも当事者が既施工部分の給付を受けることに利益を有するときは、特段の事情のない限り、既施工部分については契約を解除することができず、未施工部分について契約の一部解除をすることができるにすぎない。

求権）
〈1〉 成果完成型の報酬支払の役務提供契約において、その役務提供によって成果を完成することが不可能になった場合であっても、既に行った役務提供の成果が可分であり、かつ、既履行部分について役務受領者（注文者）が利益を有するときは、役務受領者（注文者）は既履行部分について契約を解除することができない。この場合において、役務提供者（請負人）は既履行部分に対する報酬を請求することができる。
〈2〉 履行割合型の報酬支払の契約：省略

（債務者の危険負担等）
第536条
2 債権者の責めに帰すべき事由によって債務を履行することができなくなったときは、債務者は、反対給付を受ける権利を失わない。この場合において、自己の債務を免れたことによって利益を得たときは、これを債権者に償還しなければならない。

【3.2.8.09】（役務提供が不可能な場合における具体的報酬請求権）
〈1〉 役務受領者（注文者）に生じた事由によって、役務提供者（請負人）がその役務を提供することが不可能となったときは、役務提供者（請負人）は、既に行った役務提供の履行の割合に応じた報酬およびその中に含まれていない費用を請求することができる。
〈2〉 役務受領者（注文者）の義務違反によって役務を提供することが不可能となったときは、役務提供者（請負人）は、約定の報酬から自己の債務を免れることによって得た利益を控除した額を請求することができる。この場合における約定の報酬は、【3.2.8.10】〈1〉によって役務受領者（注文者）が契約を解除することができる場合には、役務提供者

---

306 大判昭和7年4月30日民集11巻780頁、最判昭和56年2月17日判時996号61頁。注文者が請負人の債務不履行を理由に解除した事案。

	（請負人）が解除によって生じた損害の賠償として【3.2.8.10】〈2〉によって請求することができる額を考慮して算定される。

　現行民法では、請負人は、仕事を完成していない以上、報酬を請求できないのが原則だが、例外がある。例えば、「注文者の責めに帰すべき事由」によって仕事の完成が不可能になったときは、民法第536条第2項（危険負担）により請負人は報酬を請求できるとされている。この場合も、民法第536条第2項は「反対給付を受ける権利を失わない」と規定するのみで、報酬請求権が発生していることを示していないのは不明確な表現といわれている。

　判例は、報酬請求権の範囲については、注文者に帰責事由があるときは請負代金全額を請求することができるとした上で、自己の債務を免れたことによる利益を償還すべき義務を負うとしている[307]。

　これらについて、明文の規定をおくことが提案されている。

　「基本方針」は、【3.2.8.08】では、請負人の債務不履行の場合も含まれるが、【3.2.8.09】では、〈1〉注文者側に生じた事情による場合、〈2〉注文者の義務違反による場合を対象としているので、【3.2.8.09】の方が、要件や効果が違っている。また、「責めに帰すべき事由」という言葉を使わない提案をしている。

　また、【3.2.8.09】〈2〉後段の規定は、注文者の義務違反の場合の損害賠償は、注文者の任意解除（現行民法第641条）の場合の損害賠償との均衡を図るという趣旨である。

　なお、それ以外の場合、つまり請負人の責めに帰すべき理由による場合（請負人の従業員の過失が滅失・損傷の原因である場合など）はもちろん、双方に責めに帰すべき事由がない場合（天災によって既履行部分が滅失し、期日までの完成が不可能になった場合など）でも、危険負担の規定（民法第534条第1項）又は、具体的報酬請求権が発生していないと考えられることから、請負人は報酬請求をすることができないのが民法上の原則と解されている。

---

[307] 最判昭和52年2月22日民集31巻1号79頁。

(2) 法制審議会の審議

1）論点整理段階

　法制審議会では、仕事の完成が不可能になった場合の報酬請求権のあり方については、賛否について特段の意見はなかったとされる。

　パブリックコメントでは、報酬規定の整備についてはおおむね賛成の意見が多い[308]。例えば、「請負の中には建築請負に代表される報酬金額の高い契約もあるから、危険負担の規定によるオール・オア・ナッシングの規律は必ずしも妥当でなく、請負人が既履行部分の割合に応じた報酬を確保するための要件を整備することは有益である。」（愛知県弁護士連合会）という意見がある。

　しかし、その規定のあり方については、異論がある。つまり、「注文者に生じた事由」、「注文者の義務違反」の具体的内容、「注文者の責めに帰すべき事由」との違いが不明確であるため、反対するというものである（日弁連他）。

　建設業界からは、日建連が次のような意見を出している。

　「現行法の下で、請負人が得られる報酬請求権の内容を後退させるべきではない。

　更に建設請負の実務の実態に照らした場合、実際に仕事の完成が不可能となった場合に、報酬請求権の範囲が問題となる場合が現実に多い。例えば、発注機関からの要請により技術提案やプロポーザル設計を行うことがあるが、提案が実現しなかった時に、これまでの提案や設計に掛かった実費請求すらも認められない場合が多い。このような現状に対し、請負人が請求できる報酬の範囲として、注文者が一方的に工事を中止した場合、それまでの実費精算はもとより、既履行部分についてのみでなく、完成したら得られたであろう得べかりし利益相当額や、出来高に反映されない先行工事費や製作キャンセル費用なども、請求できる範囲であることを規定化することができれば、実務上の意義が認められる。」

　なお、連合からは労働報酬請求権について次のような意見が出されてい

308　前掲「『中間的な論点整理』に対して寄せられた意見の概要（各論6）」中、愛知県弁護士連合会は43頁。日弁連意見は45頁。日建連意見は46頁。連合意見は49頁。

る。

　「労務供給に関する報酬請求権については、労働契約、雇用契約、請負契約、委任契約、準委任契約その他の契約形態の如何にかかわらず、現行法制より権利内容を後退させるべきではない。
　役務提供型契約には、①消費者契約のように、役務受領者が弱い立場にありその保護に配慮すべき場合、②労働契約のように、役務提供者が弱い立場にありその保護に配慮すべき場合、③企業間契約のように役務提供者と役務受領者がある程度対等な場合があり、それぞれの類型毎に規律を検討する必要があるところ、消費者保護の視点のみを強調して規律を行うことは、役務受領者の立場を片面的に強化し、労働者や零細事業者その他の立場の弱い役務提供者の契約上の地位と役務提供先に対する報酬請求権を弱める結果を招くものである。」

2）中間試案段階
　「中間試案」の提案は、次の通りである[309]。

第40　請負
1　仕事が完成しなかった場合の報酬請求権・費用償還請求権
　(1) 請負人が仕事を完成することができなくなった場合であっても、次のいずれかに該当するときは、請負人は、既にした仕事の報酬及びその中に含まれていない費用を請求することができるものとする。
　　ア　既にした仕事の成果が可分であり、かつ、その給付を受けることについて注文者が利益を有するとき
　　イ　請負人が仕事を完成することができなくなったことが、請負人が仕事を完成するために必要な行為を注文者がしなかったことによるものであるとき
　(2) 解除権の行使は、上記(1)の報酬又は費用の請求を妨げないものとする。
　(3) 請負人が仕事を完成することができなくなった場合であっても、それが契約の趣旨に照らして注文者の責めに帰すべき事由によるものであるときは、請負人は、反対給付の請求をすることができるものとする。この場合において、請負人は、自己の債務を免れたことにより利益を得たときは、それを注文者に償還しなければならないものとする。
　　(注)　上記(1)イについては、規定を設けないという考え方がある。

309　前掲「民法（債権関係）の改正に関する中間試案」68頁。

第3章　請負契約

　請負契約は、請負人は仕事を完成しないと報酬を請求できないのが原則であるが、その例外として、請負人が報酬を請求することができる場合及びその範囲について定めるものである。
　(1)は、請負報酬の全額ではないが、既に履行された部分に対応する報酬を請求することができる場合について規定する。
　まず、アは、既に完成した部分が可分でその給付を受けることについて注文者に利益がある場合であり、判例[310]を踏まえたものである。
　イは、仕事を完成させることができなかったことについて注文者側に原因がある以上、請負人が現実に仕事をした部分については報酬を請求することができることとするのが公平であると考えられるためである。イは、必要な行為を注文者がしなかったことについて帰責事由がない場合であっても既履行分の報酬を請求することができると解されるという。
　(2)は、本文(1)の場合には、注文者が請負を解除することができるが、これによって請負人の報酬請求権等が失われないとする趣旨である（失われるとすると、(1)の規定の意味がなくなるため）。
　(3)は、請負に関して民法第536条第2項を維持するものである。通説判例の債務不履行制度の見直しに伴って、危険負担制度（民法第534条：債権者主義）の廃止が提案されることに対応して、民法第536条第2項の内容を、所定の契約において維持するために規定をおくものである。
　ただし、請負においては仕事を完成させなければ報酬請求権が発生しないとされていることから、趣旨を明確にするため「反対給付を受ける権利を失わない」という現行の表現ではなく、「反対給付を請求することができる」と改めるとしている。
　なお、「中間試案」では、新しい典型契約類型としての「役務提供型契約」の創設は見送られた。

(3) 外国法について

　法制審議会資料では、オランダ等の民法の規定が紹介されている[311]。

○オランダ民法第7編
第757条
　(1) 請負人に帰せしめられ得る損傷または滅失なしに、仕事の履行の際にまた

310　最判昭和56年2月17日判時996号61頁など。

は仕事の履行に関連して生じた物の損傷または滅失により、仕事の履行が不可能となったときは、請負人は、既に行われた労働に基づいた代金および生じた費用のうちの適当な部分に関して、権利を有する。注文者の故意または重大な過失による場合には、請負人は、第764条第2項の規定に従って算出される額について、権利を有する。
(2) ただし、第1項の場合においてその物が請負人の支配下にあったときは、注文者は補償の義務を負わない。ただし、損傷または滅失が注文者の過失によるものであったときは、この限りではない。この場合には、前項の規定が全面的に適用される。

(4) 建設工事請負契約への影響

　民法の改正の動向を見極めた上で、公共工事約款の報酬や解除に関する規定について、例えば、次のような規定の表現について民法との整合性を検討すべきではないかと思われる。

① 公共工事約款第47条は、全部解除を前提にしているように読めるが、部分解除となる場合の、同条第2項の違約金の規定の表現のあり方など、条文の表現を検討すべきではないか。
② 公共工事約款第50条の「既にした仕事の報酬」の表現も、部分解除も含めて検討すべきではないか。
③ 同第47条第1項の解除事由について、債務不履行の解除要件の見直し等とあわせて、全般的に用語の見直しを検討すべきではないか[312]。
④ 催告解除と無催告解除を区別し、催告に関する文言を書き込む必要があるのではないか。
⑤ 同第49条第2項の解除の場合の損害賠償の規定の表現を、民法の規定にあわせることを検討すべきではないのか。また、同条第1項は、受注者の解除権を限定しているが、解除制度の趣旨から見て検討が必要ではないか。

公共工事約款
第47条　発注者は、受注者が次の各号のいずれかに該当するときは、この契約を解除することができる。
　一　正当な理由なく、工事に着手すべき期日を過ぎても工事に着手しないと

---
[311] 前掲「民法（債権関係）の改正に関する検討事項(12)　詳細版」の別紙比較法資料3、4頁。
[312] 「基本方針」は、解除は「契約の重大な不履行」を要件とし、「契約の目的を達し得ない場合」に限らない【3．1．1．77】こと、また債務不履行の要件として過失責任主義を採用しないことを提案している。

第3章　請負契約

　　き。
　二　その責めに帰すべき事由により工期内に完成しないとき又は工期経過後相当の期間内に工事を完成する見込みが明らかにないと認められるとき。
　三　第10条第1項第2号に掲げる者を設置しなかったとき。
　四　前3号に掲げる場合のほか、契約に違反し、その違反によりこの契約の目的を達することができないと認められるとき。
　五　第49条第1項の規定によらないでこの契約の解除を申し出たとき。
　六　（略）
2　前項の規定によりこの契約が解除された場合においては、受注者は、請負代金額の10分の○に相当する額を違約金として発注者の指定する期間内に支払わなければならない。
　　　注　○の部分には、たとえば、1と記入する。

（受注者の解除権）
第49条　受注者は、次の各号のいずれかに該当するときは、この契約を解除することができる。
　一　第19条の規定により設計図書を変更したため請負代金額が3分の2以上減少したとき。
　二　第20条の規定による工事の施工の中止期間が工期の10分の○（工期の10分の○が○月を超えるときは、○月）を超えたとき。ただし、中止が工事の一部のみの場合は、その一部を除いた他の部分の工事が完了した後○月を経過しても、なおその中止が解除されないとき。
　三　発注者がこの契約に違反し、その違反によってこの契約の履行が不可能となったとき。
2　受注者は、前項の規定によりこの契約を解除した場合において、損害があるときは、その損害の賠償を発注者に請求することができる。

（解除に伴う措置）
第50条　発注者は、この契約が解除された場合においては、出来形部分を検査の上、当該検査に合格した部分及び部分払の対象となった工事材料の引渡しを受けるものとし、当該引渡しを受けたときは、当該引渡しを受けた出来形部分に相応する請負代金を受注者に支払わなければならない。この場合において、発注者は、必要があると認められるときは、その理由を受注者に通知して、出来形部分を最小限度破壊して検査することができる。
2、3　（略）

第4節　完成建物の所有権の帰属

(1) 論点の概要（基本方針の提案なし）

　完成した建物の所有権の帰属に関する問題は、もともと「基本方針」になかった論点である。これは、法制審議会の審議の中で、問題提起の形で発言があったことを受けて、論点整理に加えられたものである[313]。具体的な立法措置について、論点整理の段階では具体的な提案はないとされている。

現行民法・判例	基本方針の提案
判例：特約のない限り、材料の全部又は主要部分を提供した者（請負者又は注文者）に原始的に帰属する。	なし。
学説（多数説）：当事者の通常の意思などを理由に、原則として注文者に原始的に帰属する。（注文者原始取得説）	

　裁判所は、建物の出来形の所有権は、材料提供者に帰属するという法理で、例えば注文者倒産の場合に請負人の報酬債権回収に関する紛争を裁いてきた[314]。これに対して、学説が異を唱えていることは上記のとおりである。

　法制審議会の論点整理では、「完成した建物に関する権利関係を明確にするため、建物建築を目的とする請負における建物所有権の帰属に関する規定を新たに設けるかどうかについて、実務への影響や不動産工事の先取特権との関係にも留意しつつ、検討してはどうか。」とされている。

　なお、注意すべきは下請の場合である。判例（請負人・材料提供者帰属説）の考え方に沿うと、下請人が材料を提供した場合も同じように考えられそうであるが、判例の結論は違う[315]。最高裁は、元請が倒産して下請代金が未払になったケースで、下請人から注文者への報酬請求を認めなかった。この事件では、請負代金の4分の1程度の価値の出来形を一括下請人（注文者

---

[313] 前掲「民法（債権関係）の改正に関する中間的な論点整理の補足説明」357頁。
[314] 内山尚三「現代建設請負契約論」14頁以下（1999年一粒社）。横浜弁護士会編「建築請負・建築瑕疵の法律実務」110頁以下（2004年ぎょうせい）。坂本武憲「請負契約における所有権の帰属」民法講座5（契約）439頁有斐閣1985年。島本幸一郎「改訂3版現代建設工事契約の基礎知識」186頁、大成出版社2011年。
[315] 最判平成5年10月19日民集47巻8号5061頁。鎌田薫「一括下請人が材料を提供して築造した未完成建物の所有権帰属」NBL549号1994年。坂本武憲「民法判例百選Ⅱ債権第六版」132頁、別冊ジュリスト196号2009年。

の承諾がない場合）が、材料を提供して作り上げていたが、元請負人が倒産して下請報酬が未払となったので、出来形の所有権は下請人にあるとして注文者に支払請求したケースである。

最高裁は、そもそも下請負人は注文者との関係では履行補助者的立場に立つにすぎず、注文者に対して元請契約の内容と異なる権利関係を主張しうる立場にないとした上で、事案では途中解除の場合に注文者が所有権取得するとの特約があり（下請契約にはそのような規定がない）、既に注文者は工事の進行に応じて代金の半額以上を支払っているためその特約を否定する特段の事情も認められないとして、一括下請人が材料を提供した出来形は注文者に所有権があり、下請負人の敗訴とした。

その理由として、同判決の可部裁判官の補足意見は、「比喩的に言えば、元請契約は親亀であり、下請契約は親亀の背に乗る子亀である」からとしている。なお、同裁判官は、これまでの請負人帰属説は工事の出来形を代金支払まで現場に存置する権利がないという点を問題としている。

(2) 法制審議会の審議

1) 論点整理段階

この論点は、法制審議会の審議の中で、問題提起の形で発言があったことを受けて、論点整理に加えられたものである。

法制審議会（論点整理段階）の審議において、「理論的な対立であるというより、どちらを原則にするかという性格の問題であり、結論的には近似しており、一致点もあることから、完成した建物に関する権利関係を明確にするためには、建物所有権の帰属に関する規定を新たに設けることを検討すべきである」との問題提起がされたことを受けたものである。

法制審議会（論点整理段階）のヒアリングでは、日本建設業連合会は、「完成建物の所有権の帰属を論じるには、材料供給の観点とともに、完成までにどれだけの請負代金の支払いが行われたかという点も視野に入れての検討が必要。『注文者原始取得説』では、請負代金債権保全の面で、請負人の保護に欠けるところがあり問題。」という趣旨の意見を述べている。

パブリックコメントでは、法曹界からは、紛争解決のため判例の明文化には賛成意見が多かった。

建設業界の各団体からは、注文者原始取得説に対して請負代金支払の実態

第4節　完成建物の所有権の帰属

等に合致しないことを理由に慎重な意見が述べられた[316]。

　このほか、注文者原始取得説については、住団連から「仮に民法が注文者原始取得説を採用した場合、所有権に基づく建物引渡請求に対し同時履行の抗弁権で対抗できるか、現時点では実務上の取扱いは不明である。同説採用の場合は、請負人の報酬請求権保護の観点から新たな法律上の手当てが必要ではないか。」という指摘が寄せられた。

　また、建設業適正取引推進機構からは、「請負人が材料を提供した場合に工事の出来形が請負人の所有物であるとする現行判例の考え方を採用する場合は、報酬支払まで敷地の上に出来形を存置する権利（例えば、法定使用貸借権或いは法定留置権）が請負者にあることについて、立法措置を検討すべきである。」という指摘が寄せられた。

２）中間試案段階

　この提案は、「中間試案」には取り上げられなかった[317]。
　部会審議（平成24年９月11日）の資料は次の通りであった[318]。

３　完成した建物の所有権の帰属
　建物建築工事の請負人が完成させた建物の所有権については、次のような考え方があり得るが、どのように考えるか。
【甲案】　建物建築工事の請負人が完成させた建物の所有権は、主たる材料を提供した側の当事者に帰属するが、当事者がこれと異なる意思を表示したときはこれに従う旨の規定を設けるものとする。
【乙案】　規定を設けないものとする。

　上記は、平成24年９月11日の部会資料に示された２案であるが、甲案は判例のルールをまとめたもの、乙案は規定を設けないものである。
　部会資料では、法務省は、乙案の理由を次のように示している。

　「請負人が完成した建物の所有権の帰属という問題は、請負報酬の支払をどのように確保するかという問題と関連して議論されてきたため、規定を設

316　前掲「『中間的な論点整理』に対して寄せられた意見の概要（各論６）」中、日建連意見は57頁。住団連意見は58頁、建設業適正取引推進機構意見は59頁。
317　前掲「民法（債権関係）の改正に関する中間試案のたたき台(4)(5)（概要つき）」【改訂版】58頁。
318　前掲「民法（債権関係）の改正に関する論点の検討(18)」11頁。

けるとすれば、不動産工事の先取特権などの在り方などを含めて請負報酬の支払の確保の在り方を総合的に検討する必要があり、建物の所有権の帰属だけを取り出して立法するのは困難であるとも考えられる。

　また、規定を設ける場合の内容についても、物権に関する規定との関係やこれと異なる規律を設けることをどのように説明するか、工事が未完成の段階での建物の所有権の帰属と整合的な規律を設けることができるか、仕事の目的物が動産である場合について規定を設けるか、建物に関する規律との整合性のある規定を設けることができるかなど、困難な問題があり、適切な規定を設けるのは困難である。」

　乙案の理由は甲案の問題点や批判があったことを指摘しているのみで、実務上の問題に何かの解決策を示しているわけではない。また、今後の民法改正の機会において物権法について議論することになったとしても、難しい問題であることも確かである。この問題は、残されたままである。

(3) 外国法について

　法制審議会では、物権法に関連し、かつ日本の民法固有の問題となるためか、特に立法例は示されていない。

　例えば、フランス[319]では土地と建物は一体の不動産とされ、土地の上に建物が建てられると、建物は土地に添付（付合）して一体の不動産となると考えられている。つまり、この場合は土地が「主たる材料（主物）」とされ、建物は建設される過程において、付合により土地の所有者のものになると考えられている。なお、土地の所有者が対価を支払っていないとその建物分の不当利得を得ていることになる。

　このように、土地と建物は一体の不動産とされる欧米諸国では、土地と建物を別々の不動産とする我が国の民法と異なり、建設工事によって建てられた建物部分のみの所有権の帰属を議論する余地はないと思われる。

---

319 坂本武憲「建築工事代金債権の確保」金融担保法講座Ⅳ巻354頁筑摩書房1986年。なお、不動産の付合は、以下の民法第242条（不動産の付合）参照。
　　第242条　不動産の所有者は、その不動産に従として付合した物の所有権を取得する。ただし、権原によってその物を附属させた他人の権利を妨げない。

(4) 建設工事請負契約への影響

この問題に関する建設業界の関心は請負代金の確保である。通説（注文者取得説）の背景には、注文者破綻の際の建設工事代金債権については、債権者平等の原則から特に優遇する必要性はないという学者の発想があるのだろうか。逆に法律の実務家には、工事用地等の処分により債権回収を早期に行うためには当該建設会社の協力が不可欠という配慮があるのだろうか。

他方、留置権に関する判例の動向等から見て、請負代金債権の保全という建設業界の期待に応える担保物権制度の見直しは、困難な課題も多い[320]。

それにしても、判例や学説の議論は、契約の趣旨内容の解釈を議論の根拠・出発点にして異なった結論に至っている。これは、逆に言えば現行約款の規定が不明確であることを示唆しているのではないか。

そこで、今回の民法改正を通じて、通説のように建設工事代金債権確保を重視しない方向性が強まるならば、これに対して、例えば割賦分譲の所有権留保特約などを参照に、代金支払までの担保としての所有権留保やその間の敷地無償利用などの具体的な契約条項を約款に定めることも検討すべきではないか。また、このような約款の見直しに関する議論を通じて、前金払や部分払に関する発注者の理解も深まるのではないかと思われる。

第5節　瑕疵担保責任

1　瑕疵の定義

(1) 基本方針の提案

「基本方針」の提案は、請負の瑕疵担保責任についても、売買の瑕疵担保責任同様、無過失の法定責任から、債務不履行責任になるとされる。瑕疵の定義も売買と共通である。

---

[320] 商事留置権については、2002年に法務省法制審議会担保・執行法制部会がまとめた「担保・執行法制の見直しに関する中間試案」において不動産について成立を否定する方針が検討されたが、結局見送られた経緯がある（短期賃貸借制度の廃止等は実現）。参考：島本幸一郎「改訂3版現代建設工事契約の基礎知識」204頁大成出版社2011年。吉田光碩「建物敷地に対する商事留置権の成否」NBL977号43頁2012年。

第3章　請負契約

　「基本方針」の提案は、請負における「瑕疵」の定義は、売買など物の給付を目的とする契約と共通である（【3.1.1.05】本書第2章第11節1　瑕疵担保責任を参照）。

　現行民法に関する学説・判例では、請負における瑕疵とは「目的物に何らかの欠陥があること」、「請負に於いては完成された仕事が契約で定められたとおりに施工されておらず、使用価値や交換価値が減少したり、当事者が特に求めた点を欠くなど不完全な部分を持っていること」等と考えられている[321]。

　その判定基準は、「契約当事者がどのような品質・性能を予定しているか（契約内容）」が基準であり、契約内容を直接に示すものは契約書や設計書である。なお、契約が曖昧なケースでは、客観的外部基準として建築基準法などの法規や住宅金融公庫の仕様書、その他技術基準などが用いられる。

　契約内容と客観的外部基準が矛盾する場合は、契約内容が優先される[322]。例えば、判例は次のように判断する。

　第一は、契約が客観的基準を上回るケース。阪神大震災で倒壊した建物跡地でのマンションの建設請負工事で、主柱に300×300の鉄筋を使う設計にもかかわらず、請負人が勝手に250×250の鉄筋を使った事例で、原審は安全上問題がなく瑕疵ではないとした。しかし最高裁は原審を破棄し、契約の重要な内容になっていたとして瑕疵と認めた[323]。

　第二は、契約が客観的基準を下回るケース。土地の売買（公共事業の代替地のために土地開発公社が買った）で、原判決は、契約して約10年後にフッソ化合物が土壌汚染の有害物質として指定された場合でも、土地が通常備えるべき品質、性能を欠くので瑕疵があるとした。しかし最高裁はこれを破棄し、契約当時の取引観念を斟酌すべきであり、当時の契約当事者に危険という意識はなく、特にフッソが含まれていない趣旨の契約でもなかったとして、瑕疵ではないとした[324]。

---

[321] 横浜弁護士会編「建築請負・建築瑕疵の法律実務」182頁、ぎょうせい2004年。
[322] 主観説：内田貴「民法Ⅱ」132頁・東京大学出版会2007年、「詳解債権法改正の基本方針Ⅱ」18頁・商事法務2009年。
[323] 最判平成15年10月10日判例時報1840号。内田貴・前掲267頁。横浜弁護士会・前掲184頁。
[324] 最判平成22年6月1日判例時報2083号77頁。

(2) 法制審議会の審議

1）論点整理段階

「基本方針」の瑕疵の定義は、売買などと共通であるので、請負では固有の論点とはなっていない。

売買に関して「瑕疵」という言葉を用いるか、「契約不適合」という用語を用いるか、瑕疵の用語を用いるとしても定義規定を置くかなどの議論がなされ、売買での瑕疵の議論は意見が分かれた。

パブリック・コメントでも意見は分かれた。日弁連は、瑕疵を契約不適合に置き換えるのは反対意見が多いとしている。瑕疵の定義規定についても、不動産業界には慎重意見がある。

2）中間試案段階

「中間試案」は、次に示すように売買、請負とも「契約不適合」とする提案を行っている。反対意見も多く、今後の動向が注目される。

(3) 外国法について

売買の節及び次の「瑕疵担保責任の救済手段とその限界」の項を参照されたい。

(4) 建設工事請負契約への影響

「中間試案」は、使い慣れた「瑕疵」の用語を捨てて、「契約不適合」という言葉に変更しようと提案しているが、この言葉は、現行の工事請負契約約款でも使われている。公共工事約款第17条の「設計図書不適合の場合」、民間工事約款第17条の「図面・仕様書に適合しない施工」のそれである（ただし仕事完成前を想定した規定である）。

つまり、売買契約と違い、建設工事の請負契約では通常設計図書が存在しこれが契約内容となるので、「設計図（＝契約）通りに出来上がっていない」ことが工事の成果物の瑕疵になることは当然のことであろう。

また、中長期的には、今後の公共工事等の発注が仕様発注から性能発注へと流れが変わる影響も注目される。契約の内容が変わることにより、瑕疵の意味が、工事の目的物が「仕様書通りに作られているか」から、「性能基準を満たしているか」を問う形になると思われるからである。

また、最近のPFI事業などで行われる設計施工の一括発注の場合の瑕疵概念についても、本来の公共施設管理者との関連では「性能基準を満たしているか」ということになると思われる。

その意味では売買のような「通常有する性能を備えていること」という瑕疵概念も今後は大いに参考になろう。

2　瑕疵担保責任の救済手段とその限界

(1)　基本方針の提案

現行民法の請負の瑕疵担保責任は、債務不履行の一般原則と比べて、①無過失責任である点、②瑕疵が重要でない場合において過分の費用を要するときは修補請求が認められない点、③解除に「契約をした目的を達することができない」という制約が課される一方で催告が要求されていない点、④土地の工作物を目的とする請負については解除が認められていない点、⑤瑕疵を理由とする権利の行使に期間制限が設けられている点等に違いがある。

「基本方針」は、瑕疵担保責任について債務不履行の一般原則に従いつつ、救済措置の見直しを提案している。

現行民法	基本方針の提案
（請負人の担保責任） 第634条　仕事の目的物に瑕疵があるときは、注文者は、請負人に対し、相当の期間を定めて、その瑕疵の修補を請求することができる。ただし、瑕疵が重要でない場合において、その修補に過分の費用を要するときは、この限りでない。 2　注文者は、瑕疵の修補に代え、又はその修補とともに	【3.2.9.04】（瑕疵担保責任の救済内容） 〈1〉　注文者は、仕事の目的物に瑕疵があるときは、【3.1.1.57】【3.1.1.58】および【3.1.1.77】【3.1.1.78】に定めるところに従い[325]、請負人に対し、次の各号に定めることをすることができる。 〈ア〉　相当の期間を定めて、その瑕疵の補修を請求すること。ただし、瑕疵の程度および態様に照らして、その補修に過分の費用を要するときは、この限りでない。 〈イ〉　瑕疵の補修に代えて、またはその補修とともに、損害賠償の請求をすること。この場合においては、請負人が損害賠

325　これらは債務不履行の原則規定である。【3.1.1.57】は債権者（注文者）の追完請求権、【3.1.1.58】は債務者（請負人）の追完権、【3.1.1.77】は双方の解除権、【3.1.1.78】は解除権の障害要件。前掲「債権法改正の基本方針」132、144頁（別冊NBL126号）。

に、損害賠償の請求をすることができる。この場合においては、第533条の規定を準用する。
注：報酬減額請求権については規定なし。

第636条　前2条の規定は、仕事の目的物の瑕疵が注文者の供した材料の性質又は注文者の与えた指図によって生じたときは、適用しない。ただし、請負人がその材料又は指図が不適当であることを知りながら告げなかったときは、この限りでない。

償債務の履行の提供をするまでは、注文者は、報酬の支払いを拒むことができる。
〈エ〉〔甲案〕報酬減額を請求すること。ただし、〈ア〉が認められる場合には、注文者が〈ア〉の催告をしても請負人がこれに応じない場合に限る。また、注文者が〈エ〉の請求をした場合には、〈ウ〉の解除は認められず、〈エ〉の請求と相容れない〈イ〉の権利は認められない。
〔乙案〕報酬減額請求権については、特に定めない。
〈2〉　〈1〉は、仕事の目的物の瑕疵が注文者の提供した材料の性質又は注文者の与えた指図によって生じたときは、適用しない。ただし、請負人がその材料又は指図が不適当であることを知りながら告げなかったときは、この限りでない。

参考【3.1.1.57】追完請求権
〈1〉　債務者が不完全な履行をしたときは、債権者は履行の追完を請求することができる。
〈2〉　〈1〉の場合において、債権者が追完の催告をしたにもかかわらず、相当の期間を経過しても債務者が追完をしないときは、債権者は追完に代わる損害賠償を請求することができる。
〈3〉　〈1〉〈2〉にかかわらず、追完を債務者に請求することが、契約の趣旨に照らして合理的に期待できないときは、債権者は債務者に対し直ちに追完に代わる損害賠償を請求することができる。
〈4〉　〈3〉の場合において、債務者は、【3.1.1.58】に従い追完をなすことによって追完に代わる損害賠償請求を免れることができる。
〈5〉　略（追完等の時効の起算点)

	【3.1.1.58】追完権 〈1〉 債務者が不完全な履行をしたときは、次の要件を満たす場合に、債務者は、自己の費用によって追完を為す権利を有する。 　〈ア〉 債務者が、なすべき追完の時期および内容について、不当に遅滞することなく通知すること 　〈イ〉 通知された追完の時期および内容が契約の趣旨に照らして合理的であること 　〈ウ〉 債務者が追完を為すことが債権者に不合理な負担を課すものではないこと 〈2〉 不完全な履行が契約の重大な不履行にあたる場合には、債務者の追完の権利は債権者の解除の権利を妨げない。

① 瑕疵担保責任の制度設計

瑕疵担保責任の債権者（注文者）の救済方法としては、追完請求、損害賠償、報酬減額請求、解除がある。

「基本方針」の提案は、瑕疵担保責任は、債務の不完全履行として位置付けるものである。この場合、債務者（請負人）が完全な給付をする機会（利益）は、現行民法では催告解除の催告において保障し、不完全履行をした債務者（請負人）の権利としての追完権は認められていない。これに対して、「基本方針」は、催告解除だけでなく、契約一般の規定として債務者の追完権を認め、債権者の追完請求権と合わせて請負にも適用することで、利害調整を図る提案をしている（売買も同じ）[326]。

② 修補請求権の限界

現行民法は、瑕疵担保責任の救済手段として注文者（債権者）の修補請求を規定している。しかし、建設工事の実情に沿って考えれば、わずかな欠陥の修理に過大な費用を要する場合も考えられる。

この問題について、現行民法第634条第1項ただし書の表現をわかりやす

---

[326] 前掲「詳解債権法改正の基本方針」211頁、同「債権法改正の基本方針」278、365頁（別冊 NBL126号）参照。

くいうと、「瑕疵が重要」である場合には、修補に過分の費用を要するときであっても、注文者は請負人に対して瑕疵の修補を請求することができるとする。

これに対して、「基本方針」【3.2.9.04】〈1〉〈ア〉[327]は、瑕疵が重要であるかどうかにかかわらず、瑕疵の程度等に照らして修補に要する費用が過分である場合には、注文者は請負人に対して瑕疵の修補を請求することができないとしている。もちろん、この場合は他の救済手段、例えば損害賠償、報酬減額などによる解決を想定している。

「基本方針」は、売買の瑕疵担保責任の修補請求についても、同様の提案をしている（【3.2.1.17】〈イ〉）。

それらの趣旨は、債権の履行請求権には限界が存在し、それは物理的に不可能な場合だけでなく、物理的には可能であっても、「契約に照らして債務者に合理的に期待できない場合」もあるという、「社会通念上の不能」[328]の理論的帰結を、瑕疵の修補請求について具体化したものとされる。

③ 報酬減額請求権

「基本方針」は、売買の瑕疵担保責任については、報酬減額請求権を認める提案をしているが（【3.2.1.16】〈1〉〈イ〉）、請負の瑕疵担保について報酬減額請求権を認めるかどうかは、両論併記としている。

肯定説は、報酬減額請求権は、過分の費用を要するために瑕疵修補を請求することができない場合や、免責事由があるために損害賠償を請求することができない場合にも認められる救済手段であり、他の救済が得られない場合にも最低限の救済として認められる点で固有の意義があるとして、請負においてもこれを認めるべきであるとの考え方である。

否定説は、請負においては、損害賠償責任について請負人に免責事由があることは考えにくいことなどから、報酬減額請求権について特に規定を設ける必要はないとの考え方である。

④ 注文者の指図などで生じた瑕疵の場合

民法第636条に定める、「注文者の指図」等によって生じた瑕疵については

---

327 前掲「債権法改正の基本方針」365頁（別冊 NBL 126号）。前掲「詳解債権法改正の基本方針Ⅴ」58頁。
328 【3.1.1.56】（履行を請求することができない場合）参照。前掲「詳解債権法改正の基本方針Ⅱ」194頁・商事法務2009年。

瑕疵担保責任を免れるという規定は、「基本方針」でも維持される。指図とは、設計その他現場での指示などを指すと考えられる。
　この規定の意義については、次の裁判例がわかりやすい。
　マンション新築工事において、排水不良は排水管工事が原因として注文者が請負人に損害賠償を求めたケースで、「工事請負人は、・・・専門的技能を駆使して仕事をすることが期待される。従って、工事に関する指示に従って工事をすれば、その指図の当不当を吟味しなくとも常に担保責任を免れると容易に理解することはできない。工事請負人の担保責任を免除するような、注文者の「指図」とは、注文者の十分な知識や調査結果に基づいて行われた指示、あるいはその当時の工事の状況から判断して事実上の強い拘束力を有する指示などであると制限的に理解しなければならない。」[329]とした。裁判所は、「事実上の強い拘束力を有する指示」という表現で請負人の弱い立場にも一定の理解を示していると言える。

(2) 法制審議会の審議
1) 論点整理段階
　法制審議会の審議（論点整理段階）では意見が分かれたという。瑕疵が重要ならばどれだけ費用がかかっても修補すべきというのは行き過ぎという意見があった反面、瑕疵があれば請負人は修補するのが当然で、例外は厳格であるべきで現行法を維持すべきという意見もあったという[330]。
　法制審議会（論点整理段階）のヒアリングでは、建設業界から、次のような意見があった。

　「瑕疵補修請求権の限界（過分の費用を要するときは不可）」に関する提案については、住宅生産団体連合会は「注文者の立場からすれば、住宅は一生の買い物」であり、「自分たちの要望に沿った住宅が完成することに対し強い思い入れがある」ため、提案は「注文者の理解が得られない懸念」がある。また現行法で不都合を感じていないとしている[331]。

---

329 京都地裁判決平成4年12月4日判例時報1476号142頁。
330 前掲「民法（債権関係）の改正に関する中間的な論点整理の補足説明」358頁。
331 住宅生産団体連合会「民法（債権関係）の改正に関する中間的な論点整理」に対する意見」5(1)(2011年6月8日の法制審議会民法部会ヒアリングにおける説明資料)。

パブリックコメントでは、「瑕疵補修請求権の限界 : 過分の費用を要するとき」の問題について、意見が分かれた。日弁連はじめ法曹界の多くは反対だが、日建連から次の賛成意見が述べられた[332]。

「請負人には、瑕疵担保責任という非常に重い無過失責任が課せられていることから、更に瑕疵修補請求の場面において、報酬に見合った負担を著しく超え、契約上予定されていない過大な負担を請負人に負わせることは、その過大な負担を請負代金に転嫁することは事実上不可能であることからも、極めて不合理である。従って瑕疵修補請求権には一定の制限を設けるべきである。

実務では、更に、不具合に対する発注者の過度な要求が行われ、請負者が過度な負担を余儀なくされる場面が少なくなく、不具合事象に対して経年劣化・使用劣化と瑕疵との分別が困難であることに加え、発注者と請負者間の力関係が必ずしも対等でない現実にあって、請負者側に一方的な負担が押し付けられる現実が存する。

これらの実務の実情を踏まえると、瑕疵の大小を問わず、契約の趣旨に照らし、報酬に見合った負担を著しく超え、修補費用が契約上予定されていない過大な額に及ぶ場合は、修補請求を制限することを規定することが望まれる。」

2）中間試案段階

「中間試案」の提案は、次の通りである[333]。

第40　請負
2　仕事の目的物が契約の趣旨に適合しない場合の請負人の責任
  (1)　仕事の目的物が契約の趣旨に適合しない場合の修補請求権の限界（民法第634条第1項関係）
　　　民法第634条第1項の規律を次のように改めるものとする。
　　　仕事の目的物が契約の趣旨に適合しない場合には、注文者は、請負人に対し、相当の期間を定めて、その修補の請求をすることができるものとする。ただし、修補請求権について履行請求権の限界事由があるときは、この限りでないものとする。
  (2)　仕事の目的物が契約の趣旨に適合しないことを理由とする解除（民法第

---

[332] 前掲「『中間的な論点整理』に対して寄せられた意見の概要（各論6）」61頁。
[333] 前掲「民法（債権関係）の改正に関する中間試案（案）」68頁。なお、前掲「民法（債権関係）の改正に関する論点の検討(18)」参照。

635条関係）
　　　　民法第635条を削除するものとする。
　　(3)　略（注文者の権利の期間制限：法第637条関係）（後述）
　　(4)　略（請負人の責任の存続期間：法第638条関係）（後述）
　　(5)　略（請負人の責任の免責特約：民法第640条関係）（後述）
　参考　売買の瑕疵担保責任に関する中間試案
　4　目的物が契約の趣旨に適合しない場合の売主の責任
　　民法第565条及び第570条本文の規律（代金減額請求・期間制限に関するものを除く。）を次のように改めるものとする。
　　(1)　引き渡された目的物が前記3(2)に違反して契約の趣旨に適合しないものであるときは、買主は、その内容に応じて、売主に対し、目的物の修補、不足分の引渡し又は代替物の引渡しによる履行の追完を請求することができるものとする。ただし、その権利につき履行請求権の限界事由があるときは、この限りでないものとする。
　　(2)　引き渡された目的物が前記3(2)に違反して契約の趣旨に適合しないものであるときは、買主は、売主に対し、債務不履行の一般原則に従って、その不履行による損害の賠償を請求し、又はその不履行による契約の解除をすることができるものとする。
　　(3)　売主の提供する履行の追完の方法が買主の請求する方法と異なる場合には、売主の提供する方法が契約の趣旨に適合し、かつ、買主に不相当な負担を課するものでないときに限り、履行の追完は、売主が提供する方法によるものとする。

　参考　第9　履行請求権等に関する中間試案
　2　契約による債権の履行請求権の限界事由
　　契約による債権（金銭債権を除く。）につき次に掲げる事由（以下「履行請求権の限界事由」という。）があるときは、債権者は、債務者に対してその履行を請求することができないものとする。
　　　ア　履行が物理的に不可能であること
　　　イ　履行に要する費用が、債権者が履行により得る利益と比べて著しく過大なものであること
　　　ウ　その他、当該契約の趣旨に照らして、債務者に債務の履行を請求することが相当でないと認められる事由

1　請負の瑕疵担保責任の制度設計
　請負の瑕疵担保責任について、「中間試案」はおおむね売買と類似の制度設計を提案している。つまり、瑕疵担保責任は契約責任であり、瑕疵の定義は契約不適合となり、瑕疵のない仕事を行う義務のある請負人の債務不履行

と考えられる。

しかし、請負と売買の瑕疵担保責任については、次の違いがある。
① 形成権としての報酬減額請求権は、取り上げられなかった。
② 追完請求については修補請求のみ提案されており、売買での修補以外の追完手段である「代替物の引渡しによる履行の追完」に相当する請求（新規製作＝建替は、新規製作であって修補ではないと思われる）については触れられていない。したがって、追完方法・補修方法の選択権がどちらにあるかの問題について触れられていないように思われる。
③ 修補請求権の限界についても、従来の第634条第1項但書きに規定されていた「過分の費用」の規定に当たる「履行請求権の限界事由」だけが提案されており、売買の4(3)の追完方法に関する売主と買主の調整規定がない。

建設工事において重要なのは、②③であるから、以下はこれについて論じる（①は部会資料の論点にあったが、必要性が認められなかったと思われる。）。

②③については、法務省資料でも明確な説明がない。売買と横並びに考えれば、追完方法の選択権がどちらにあるか、さらに修理方法の選択権はどちらかという問題があるはずである。建築紛争を例に論じれば、瑕疵の修補か建替かに関する注文者と請負人の争いは追完方法の問題であるとすれば、売買同様に請負でも注文者に選択権があるかという問題がある。また、修理方法に関する争いは、最も典型的な建築紛争であろう。

「中間試案」は、建替相当の著しい欠陥がある場合は、紛争当事者である請負人の追完（建替）は期待せず、損害賠償や解除（土地工作物の解除を新たに認める）で処理し、それ以外の修理方法の争いは履行請求権の限界規定の解釈に委ねることで十分という趣旨なのであろうか。

法務省の資料では、売買において、「追完方法の適否は、売主と買主の利害が最も先鋭的に対立し、深刻な紛争となりやすい場面でもあるから、追完方法の選択を巡る紛争の解決を信義則や権利濫用（民法第1条第2項及び第3項）等の一般条項に委ねるのみでは、紛争解決の透明性の観点からは不十分」[334]として、売買4(3)の規定が必要というが、この考えは請負についても妥当するのではないか。

第3章　請負契約

請負だけの民法改正ならばともかく、売買の4(3)の追加とあわせて考えると、実務では売買の規定が請負にも準用できるので原則として注文者に追完方法や修理方法の選択権があるという解釈上の主張も予想される。しかし、この点は、請負固有の議論が必要ではないか。

2　請負の瑕疵修補請求権とその限界

「中間試案」は、次のように、瑕疵担保責任のうち修補請求権とその限界について民法の改正を提案している。この提案は、請負の瑕疵担保責任独自の規定（現行民法第634条第1項但書）に限らない一般的条項が請負にも適用される形になる。なお、瑕疵担保責任による損害賠償（第634条第2項）は、現行条文が維持される。

「中間試案」4(1)但書の提案にいう「修補請求権について履行請求権の限界事由があるとき」とは、現行よりも広く、同第9・2には「イ　履行に要する費用が、債権者が履行により得る利益と比べて著しく過大なものであること」[335]という規定がある。

この履行請求権の限界事由では、「瑕疵が重要でない」という要件が外れることや、抽象的な要件になっていることから、消費者重視など幅広い立場から意見が出るものと思われる。

(3) 外国法について

法制審議会資料では、ドイツ等の民法の規定が紹介されている[336]。

ドイツ民法の第635条では、請負においては、売買と逆に、追完方法の選択権が請負人にあることが明記されていることに注目されたい。

○ドイツ民法
第633条　物および権利の瑕疵
　(1)　請負人は、注文者に物の瑕疵または権利の瑕疵のない仕事を取得させる義務を負う。
　(2)　仕事は合意した性状を有するとき、仕事には瑕疵がない。性状についての合意がない限りにおいて、次の各号のいずれかに該当するときは仕事には物の瑕疵がないものとする。
　　1．仕事が、契約で前提とされた使用に適している場合

334　法務省「民法（債権関係）の改正に関する論点の検討(15)」22頁。
335　前掲「民法（債権関係）の改正に関する中間試案」14頁。
336　前掲「民法（債権関係）の改正に関する検討事項(12)　詳細版」の別紙比較法資料6頁。635条の訳文は、半田吉信「ドイツ債務法現代化法概説」509頁、信山社2003年。

> 2．仕事は、通常の使用に適しており、かつ、同種の仕事において通例とされ、注文者が仕事の種類に照らして期待し得る性状を有している場合
> 　請負人のなした仕事が注文とは異なる種類または過小であるときは、物の瑕疵があるものとみなす。
> (3)　第三者が仕事に関して注文者に対して何ら権利を行使できず、または、契約上引き受けた限りでの権利しか行使できないとき、仕事には権利の瑕疵がない。
>
> 第634条　瑕疵がある場合の注文者の権利
> 　仕事に瑕疵がある場合、注文者は、次の各号に掲げる規定の要件を満たし、かつ、別段の定めがない限りにおいて、次の各号に掲げる権利を有する。
> 　1．第635条により追完を請求する権利
> 　2．第637条により瑕疵を自ら除去し、必要費の償還を請求する権利
> 　3．第636条、第323条、および第326条第5項による解除権、または、第638条による報酬の減額を請求する権利
> 　4．第636条、第280条、第281条、第283条および第311a条による損害賠償、または第284条により無駄になった費用の賠償を請求する権利
>
> 第635条　追完請求
> (1)　注文者が追完履行を請求する場合は、請負人は、その選択にしたがって瑕疵を除去し、または新しい仕事を製作しうる。
> (2)　請負人は、追完履行のために必要な費用、なかんずく運送、秤量、労働および材料の費用を負担しなければならない。
> (3)　請負人は、第275条第2、第3項にもかかわらず、それが不相当な費用を用いてのみ可能な場合は追完履行を拒否しうる。　　　以下略

(4)　建設工事請負契約への影響

① 「中間試案」の瑕疵担保制度の問題点

　「中間試案」全体を外国の法制と比較しながら点検すると、請負の瑕疵担保制度の全体像は、実際上、次のようにすることが意図されていると思われる。これは、全体として見れば、ドイツ民法やウィーン売買条約のレベルよりも強く、注文者（消費者）保護を図る制度設計となる恐れがある。

・請負においては、追完方法の選択権は、請負人にあるとの規定を定めない

　（売買は注文者の選択権を法定し、請負も注文者にあると解釈される恐れ：独は請負人に選択権）

・追完請求と他の救済手段（解除、損害賠償）との優先関係も明確でない

　（注文者に制約を課さない：独は追完請求が優先）

- ウィーン売買条約等のような債務者（売主）の追完権の制度は採用しない
  （請負人にも追完権は定めない：「基本方針」は契約一般の規定として提案）
- 土地工作物の瑕疵による解除制限は廃止
  （一般原則による。無催告解除も可）
- 瑕疵担保の権利行使の短期期間制限は廃止（一般原則による「中間試案」では両論併記である）
- 土地工作物の長期期間制限は廃止（一般原則による）
- 任意解除の規定（第641条）は維持する（損害賠償ルールの明記は見送り）

他方、注文者と請負人の利益調整は、次の項目で行う意図と思われる。上記の請負人の責任強化と十分見合っているか、検証が必要ではないか。
- 形成権としての報酬減額請求権は規定しない
- 履行請求権の限界をおき、要件は見直す（過分の費用等）
- 履行不能、解除等で契約終了の際の報酬ルールの規定を整備する

② 請負における追完請求のあり方

取引事情から見ても、売買では、価格の安い工業製品（代替物）などでは修理コストが高いため容易に新品（代物）と交換に応じることも珍しくないが、建設工事ではコスト的にも修理で対応するのが合理的であり、請負における修補請求の意義は、きわめて重要である。

民法の制度設計上の論点としては、第一に、請負においても、追完請求において、瑕疵修補請求と新規製作との選択権の所在という問題がある。付随して、追完請求、損害賠償請求、解除救済手段に法律で予め優先順位をつけるか否かという問題もある。

民法上、請負では、請負人は瑕疵のない仕事の完成義務を負うが、仕事の完成方法については、専門的な知識技能を有する請負人に裁量権があるとされる。この請負人の裁量権は瑕疵の補修にも及び、瑕疵の修補請求について請負人選択権があるとするのが妥当ではないだろうか。このような理由から、ドイツ民法第635条第1項では（売買の第439条と異なり）、請負では、

注文者の追完請求に対して、追完方法の選択権（補修か新規製作か）は、請負人にあると規定している[337]。

更に、救済手段の優先順位についても、ドイツ民法では、請負の瑕疵担保責任においては、原則として修補請求を行うことが損害賠償や解除に優先する（追完請求の催告が予め必要）とされている。

これについての考え方が、「中間試案」では明言されていない。法務省資料でも、ドイツ民法第635条が紹介されておらず、十分に議論されていないと思われる。売買4(3)に対応する選択権についての規定が、請負についてはないことは問題がないのであろうか。

第二に、瑕疵の修理方法についても、選択権がどちらにあるかという問題である。この点も請負と売買でその性質の違いが見られるところである。逆に言えば、注文者の瑕疵修補請求権は、瑕疵の内容を指摘して、その修補を専門家である請負人の裁量において補修することを請求するものであって、瑕疵の修理方法を指定して請求する権利ではないとも考えられる。

このような考え方に対しては、請負人の選択権を認めると、建替か修理かで紛争になる欠陥住宅問題を念頭に、消費者である注文者に一方的に不利な結論になることを懸念する論者があるかもしれない。このような論者は、請負人に酷な結論は、「過分の費用」など履行請求権の限界問題として処理されると反論すると思われる。

しかし、大部分のケース（裁判外の）は、可能な複数の修理方法の中でどれを選択するかという問題であって、履行請求権の限界の問題とは言えないのではないか。瑕疵修補の場合も、本来の債務の履行の一環であるから、請負人の裁量は原則として認められるべきである。

この原則を十分検討することなく、補修の例外的なケースである「建替相当の損害賠償」から「解除」を論じることだけがクローズアップされるのは、請負契約の本質を軽視しているのではないだろうか。

③　公共工事約款の瑕疵担保条項への影響

公共工事約款の瑕疵担保条項への影響については、次のように考えられ

---

[337] 参考　岡孝「ドイツ債務法現代法における請負契約法上の若干の問題」（「契約法における現代化の課題」）426頁、法政大学現代法研究所2004年。今西康人「ドイツ新債権法における仕事の瑕疵に関する請負人の責任」関大法学論集52巻4・5号85頁2002年。

る。
- ・「中間試案」によれば、まず「瑕疵」の用語の見直しを検討する必要がある。
- ・また、履行請求権の限界事由等に関する議論によっては、瑕疵の「重要ではなく」の文言が落ちるなど、所要の規定の見直しを検討する必要がある。
- ・しかし、瑕疵担保責任の法的性質が変更（無過失責任から契約責任）されてもそのこと自体は、実際上大きな影響はないと考えられる。公共工事約款の解説書でも「本約款を用いた建設工事の請負契約については、不完全履行責任と瑕疵担保責任に大差はないことになる」としている[338]。

④　国際的な影響

「中間試案」の請負の瑕疵担保責任に関する案文を、FIDIC約款の欠陥責任の条文と比べると、日本の民法も英米法の影響を受ける時代が来たことが痛感される[339]。

FIDIC約款も英米の契約法をモデルとし、欠陥の概念は同じく「契約不適合」が中心となっているからである（ただし、その内容はやや広い：条項11.2(b)参照）。

なお、FIDIC約款では、建設工事契約について、契約終了（11.4(c)参照）も認められているが、その選択には厳重な要件が課せられていることにも注目されたい。

FIDIC約款　（Red Book 1999年版）
11　欠陥補償責任　（Defects Liability）
11.1　未了工事の完成と欠陥の修復
　（Completion of Outstanding Work and Remedying Defects）
　請負者は、工事、請負の書類及び各区間が、関連する欠陥通知期間（Defects Notification Period）の満了日までに、又はその後実行できる限り速やかに、契約で求められる条件（正当な損耗、損傷を除く）を満たすよう、以下を履行する。

338　前掲「改訂4版公共工事標準請負契約約款の解説」338頁2012年。
339　FIDIC Red Book1999年版及び(社)日本コンサルティング・エンジニア協会「建設工事の一般条件書」31頁。

(a) 引渡し証明書（Take-Over Certificate）に記述される日付時点での未了作業を、エンジニアが指示する適正な期間内に完成すること。及び
(b) 当該工事又は区間（注：工事が区間に分割される場合）について、欠陥通知期間の満了日までに、発注者（又はその代理人）の通知により要求された欠陥又は損害に関する一切の修復工事を行うこと。

欠陥が現れ、又は損害が発生した場合、発注者（又はその代理人）は請負者に適切に（accordingly）通知を行う。

注：「欠陥通知期間」は、入札付属書類（APPENDIX TO TENDER）に明記されるが、通常365日である。
　　「引渡し証明書」は、請負者の請求によりエンジニアが発行する工事が完成した日付を記載した文書。この「工事の完成」には、所期の用途に実質的に影響しない軽微な未了作業及び欠陥は除外される（「実質的完成」概念）ので、(a)のような未了作業が存在することになる。

11.2　欠陥修復の費用　（Cost of Remedying Defects）
副条項11.1［未了工事の完成と欠陥の修復］の(b)号に記述される全ての工事は、それが以下に起因する場合はその範囲内で、請負者のリスクと費用において実施するものとする。
(a) 請負者が責任を負う全ての設計
(b) 契約に適合しないプラント、資材若しくは施工技術、又は
(Plant, Materials or workmanship not being in accordance with the Contract, or）
(c) 請負者によるその他の義務の不履行

当該工事の原因が他の事由による場合はその範囲内で、発注者（又はその代理人）は速やかに請負者に通知し、副条項13.3［変更の手続き］を適用する。

11.4　欠陥修復の不履行（Failure to Remedying Defects）
請負者が適正な期間内に欠陥又は損傷を修復できない場合、発注者（又はその代理人）は、その欠陥又は損傷を修復すべき期間を設定することができる。請負人は、この日付について正当な通知を受けるものとする。

請負者が、この通知日までにその欠陥又は損傷を修復できず、この修復作業は副条項11.2［欠陥修復の費用］に基づき、請負者の費用で実施すべきであった場合、発注者は（その選択により）以下のいずれかを行うことができる。
(a) 発注者又は他社により、適正な方法で、且つ請負者の費用負担において、工事を実施すること　・・・（以下略）
(b) 副条項3.5［決定 Determination］に従い、契約価格の適正な減額
(c) 欠陥若しくは損傷により、発注者が、工事若しくは工事の主要部分についての総利益を実質的に失う場合、契約の全部又は当初の用途に利用できない工事のかかる主要部分に関する契約を終了（terminate）させること（以下

> 略）
> 　注：「終了（termination）」とは、契約又は法定上の権限に基づいて契約を終了させるもので、契約違反に基づく契約の「破棄（cansellation）」とは異なる概念とされる（大野晋「体系アメリカ契約法」525頁）。
>
> 11.8　請負者による原因究明
> 　請負者は、エンジニアの要求があるときは、その指示に従って欠陥の原因を調査しなければならない。欠陥が副条項11.2[欠陥修復の費用]に基づき請負者の費用で修復されるべき場合を除き、エンジニアは、副条項3.5[決定]に従い、調査費用に適正な利潤を加えた総額に合意又はこれを決定し、契約価格に算入するものとする。

3　瑕疵を理由とする解除

(1)　基本方針等の提案

1）瑕疵を理由とする解除（土地の工作物の解除制限）

　民法第635条但書は、土地の工作物を目的とする請負契約は、解除することができないと規定している。この見直しが提案されている。

現行民法・判例	基本方針の提案
第635条　仕事の目的物に瑕疵があり、そのために契約をした目的を達することができないときは、注文者は、契約の解除をすることができる。ただし、建物その他の土地の工作物については、この限りでない。	【3.2.9.04】（瑕疵担保責任の救済内容） 〈1〉　注文者は、仕事の目的物に瑕疵があるときは、【3.1.1.57】【3.1.1.58】および【3.1.1.77】【3.1.1.78】に定めるところに従い[340]、請負人に対し、次の各号に定めることをすることができる。 〈ウ〉　仕事の目的物に瑕疵があり、そのために契約をした目的を達することができないときは、注文者は契約の解除をすること。 635条但書は、削除

　民法第635条但書は、土地の工作物を目的とする請負契約は、瑕疵のために契約をした目的を達成することが出来ない場合であっても解除することが出来ないと規定している。この規定は、強行法規と解釈されている。つま

---
[340]【3.1.1.57】は債権者（注文者）の追完請求権、【3.1.1.58】は債務者（請負人）の追完権、【3.1.1.77】は双方の解除権、【3.1.1.78】は解除権の障害要件。

り、瑕疵による解除が出来る趣旨の特約は無効である。これは、土地工作物を収去することは請負人に過大な負担となり、収去による社会的・経済的な損失も大きいからである[341]。

しかし、建築請負契約の目的物である建物に重大な瑕疵があるために当該建物を建て替えざるを得ない事案で建物の建替費用相当額の損害賠償を認めた最高裁判例[342]が現れており、この判例の趣旨からすれば注文者による契約の解除を認めてもよいことになるはずであるとの評価[343]もある。

「基本方針」は、これを踏まえ、土地の工作物を目的とする請負の解除の制限を見直し、土地の工作物を目的とする請負についての解除を制限する規定を削除し、請負に関する一般原則に委ねるという提案【3.2.9.04】〈1〉〈ウ〉[344]をしている。

このほか、建替を必要とする場合に限って解除することができる旨を明文化する民法改正研究会の提案[345]がある。

2）瑕疵を理由とする催告解除

基本方針の提案ではないが、注文者が同法第541条に基づく解除をすることができるかについては、見解が分かれており、これを立法措置で解決しようという提案である[345]（下表の下線部分を参照）。

現行民法	民法改正研究会の提案
第635条　仕事の目的物に瑕疵があり、そのために契約をした目的を達することができないときは、注文者は、契約の解除をすることができる。ただし、建物	第563条　注文者は、請負人がした仕事に瑕疵があるときは、次の各号に定める権利を行使することができる。 一　瑕疵の修補又は追完請求権。　略 二　契約の解除権。注文者は、仕事の瑕疵のため契約の目的を達することができないときは直ちに、<u>それ以外のときは前号の請求権を行使したが相当の期間</u>

---

341 前掲「民法（債権関係）の改正に関する検討事項(12)　詳細版」17頁。
342 最判平成14年9月24日判例時報1801号77頁。判決は、建物に重大な瑕疵があるため建て替えざるを得ない場合に、注文者が建替費用相当額の損害賠償を要求することは、民法第635条但書きの趣旨に反しないとする。
343 前掲「詳解債権法改正の基本方針Ⅴ」61頁（商事法務2010年）。原田剛「請負における瑕疵担保責任」131頁（成文堂2009年）。
344 前掲「債権法改正の基本方針」（別冊NBL 126号）365頁。「詳解債権法改正の基本方針Ⅴ」61頁（商事法務2010年）。
345 民法改正研究会（代表：加藤雅信）「日本民法典財産法改正　国民・法曹・学会有志案」法律時報臨時増刊214頁。

| その他の土地の工作物については、この限りでない。 | 内に履行がなかったときに、この解除権を行使することができる。
三　報酬減額請求権。　略
四　損害賠償請求権。　略 |

現行民法第635条本文は、瑕疵があるために契約目的を達成できないときは、注文者は請負契約を解除することができると規定している。

しかし、更に、契約目的を達成することができないとまでは言えないが、請負人が修補に応じない場合に、注文者が同法第541条に基づく解除をすることができるかについては、見解が分かれている。

そこで、法律関係を明確にするため、注文者が瑕疵修補の請求をしたが相当期間内にその履行がない場合には、請負契約を解除することができる旨の規定を新たに設けるべきであるとの提案[346]があり、これが論点整理に取り上げられている。

(2) 法制審議会の審議

1) 論点整理段階

法制審議会（論点整理段階）の審議でも土地の工作物の解除制限の廃止については、意見が分かれている[347]。なお、瑕疵を理由とする催告解除については、第541条の議論も見極めてから再検討するという意見もあった[348]。

法制審議会（論点整理段階）のヒアリングでは、建設業界から、次のような意見があった。

土地の工作物の解除制限の廃止提案については、住宅生産団体連合会は、「解除による原状回復は請負人にとって負担が重く」、これらの提案について解除の濫用を招かないよう「明確な判断基準」が示されねばならず、「解除を認めなくとも、建替や損害賠償を認めることで」注文者の保護は図られると、消極的な意見を述べている[349]。

同じく、土地の工作物の解除制限の廃止提案について、日本建設業団体連合会は「当該判例事案に特殊性（居住用木造建物）があること、更には、建

---

346 前掲「日本民法典財産法改正　国民・法曹・学会有志案」法律時報増刊　213頁・表のセル番号1277。
347 前掲「民法（債権関係）の改正に関する中間的な論点整理の補足説明」360頁。
348 前掲「同上」359頁。
349 住宅生産団体連合会「民法（債権関係）の改正に関する中間的な論点整理」に対する意見」法制審議会民法（債権関係）部会、平成23年6月7日。

第5節　瑕疵担保責任

物だけではなく、特に、土木工作物を収去する場合に惹起される社会的・経済的な損失は非常に大きいことから、明文化には反対である。」[350]と述べている。

パブリック・コメントでは、次のような意見があった。
【瑕疵を理由とする催告解除】
瑕疵を理由とする催告解除についても意見が分かれるが、慎重論からは濫用の危険が指摘されている。例えば、横浜弁護士会は「瑕疵が軽微であるときにも解除を認めると請負人に酷である。注文者の保護は損害賠償請求により図りうる。」という[351]。
【土地の工作物の解除制限の廃止提案】
土地の工作物の解除制限の廃止提案についても意見は分かれている[352]。賛成意見の中にも建替が必要な場合に限って解除を認める意見もある。日弁連は、次の意見のように、賛成している。

「民法第635条ただし書の見直しについては、原則として解除を制限しつつ、例外的に解除を認める要件を定めるべきであるという慎重意見もあるが、同条ただし書による解除制限の撤廃は、判例と整合性を有するから、同条ただし書を削除することに賛成する意見が多数である。」

他方、建設工事の実情を十分に踏まえた意見は、法曹界にもある（森・濱田・松本法律事務所有志の意見）。

「引用される最高裁判例は居住用建物の瑕疵が重大で建替え以外に有効な修補方法がないという相当に特殊な事案であるから、これに依拠して、土木構築物を含む広い概念である「土地の工作物」に関する瑕疵担保責任に関して一般的な議論をする際に引用するには慎重であるべきである。また、大規模な土地工作物においては、収去が不可能であって修繕等で対応せざるを得ない工作物も存在するものであるから、一律に請負に関する一般原則に委ねられるべきではない。」

---
350 日本建設業連合会の説明資料「法制審議会民法（債権関係）部会第28回会議説明資料」同部会、平成23年6月21日。
351 前掲「『中間的な論点整理』に対して寄せられた意見の概要（各論6）」69頁。
352 前掲「『中間的な論点整理』に対して寄せられた意見の概要（各論6）」70頁以下。

第3章　請負契約

　この論点については、最高裁判所の意見は次の通りである。

　「検討することに異論はなかったが、重大な瑕疵がある場合には、解除を認めるのが相当であるとする意見がある一方、軽微な瑕疵を理由に解除を請求する者が出ることへの懸念を示す意見があった。」

　産業界では、不動産協会は賛成意見である。建設業界からは、日建連、建設適取機構から同趣旨の反対意見が出されている。

２）中間試案段階
　「中間試案」は次の通りである[353]。

第40　請負
２　仕事の目的物が契約の趣旨に適合しない場合の請負人の責任
　(2)　仕事の目的物が契約の趣旨に適合しないことを理由とする解除（民法第635条関係）
　　　民法第635条を削除するものとする。

（参考）解除の一般原則に関する中間試案の考え方
第11　契約の解除
１　債務不履行による契約の解除の要件（民法第541条から第543条まで関係）
　(1)　当事者の一方がその債務を履行しない場合において、相手方が相当の期間を定めて履行の催告をし、その期間内に履行がないときは、相手方は、契約の解除をすることができるものとする。ただし、その期間が経過した時の不履行が契約をした目的の達成を妨げるものでないときは、この限りでないものとする。
　(2)　当事者の一方がその債務を履行しない場合において、その不履行が次に掲げるいずれかの要件に該当するときは、相手方は、上記(1)の催告をすることなく、契約の解除をすることができるものとする。
　　ア　契約の性質又は当事者の意思表示により、特定の日時又は一定の期間内に履行をしなければ契約をした目的を達することができない場合におい

---

[353] 前掲「民法（債権関係）の改正に関する中間試案」68頁。なお、前掲「民法（債権関係）の改正に関する論点の検討(18)」参照。

て、当事者の一方が履行をしないでその時期を経過したこと。
　　イ　その債務の全部につき、履行請求権の限界事由があること。
　　ウ　上記ア又はイに掲げるもののほか、当事者の一方が上記(1)の催告を受けても契約をした目的を達するのに足りる履行をする見込みがないことが明白であること。
(3)　当事者の一方が履行期の前にその債務につき履行する意思がない旨を表示したことその他の事由により、その当事者の一方が履行期に契約をした目的を達するのに足りる履行をする見込みがないことが明白であるときも、上記(2)と同様とする。
　　　(注)　解除の原因となる債務不履行が「債務者の責めに帰することができない事由」(民法第543条参照)によるときは、契約の解除をすることができないものとするという考え方がある。

第9　履行請求権等
2　契約による債権の履行請求権の限界事由
　契約による債権(金銭債権を除く。)につき次に掲げる事由(以下「履行請求権の限界事由」という。)があるときは、債権者は、債務者に対してその履行を請求することができないものとする。
　　ア　履行が物理的に不可能であること
　　イ　履行に要する費用が、債権者が履行により得る利益と比べて著しく過大なものであること
　　ウ　その他、当該契約の趣旨に照らして、債務者に債務の履行を請求することが相当でないと認められる事由

　「中間試案」の提案は、請負の瑕疵担保責任による解除規定(第635条)の前段と後段の両方を削除するものであるが、両者の削除の意義が大きく異なることに注意すべきである。
　第635条前段の条文を削除する意味は、請負も売買と同じく、解除については債務不履行による契約の解除に関する一般的な規定に委ねるものとし、同条本文を削除するものである。これは請負の瑕疵担保責任を債務不履行責任と構成する立場から、重複する条文の整理を図ったものといえる。「中間試案」の解除に関する一般原則の規定(催告解除)は、「契約の目的」が達成できないときに解除は限られるのだから、今と同趣旨と読める。その結果、催告解除も無催告解除もできると解釈されると思われる。

同条後段の条文を削除する意味は、土地の工作物に関する解除の制限規定を削除するものである。その理由として、法制審議会資料では法務省は次のように述べている[354]。

「これ（現行規定）は、土地の工作物が目的物である場合に解除を認めると請負人の負担が大きくなることなどを理由とするが、裁判例には、建築請負の目的物に重大な瑕疵があるために建て替えざるを得ない場合に建替費用相当額の損害賠償を認めたもの（最判平成14年9月24日判時1801号77頁）があり、この立場を推し進めれば、解除を認めることも可能であると考えられる。また、同条ただし書の趣旨として、解除を認めて土地工作物を撤去することは社会経済的に損失であることも挙げられるが、注文者の下に、契約目的を達することができない程度に重大な瑕疵がある工作物があったとしても、それが有効に利用されることを期待することは現実的ではない。以上から、同条ただし書による解除の制限は必ずしも合理的ではないと考えられる。」

なお、法務省法制審議会資料には、「建替が必要な場合に限って解除を認める」という考え方については、「この問題を個別の契約に委ねることを提案している」というコメントも見られる[355]。民法改正で土地工作物について瑕疵を理由とする解除ができることになっても、更に約款で解除をどこまで制限できるかという議論もありうることがわかる。

(3) 外国法について

ドイツ民法は瑕疵担保において解除規定があるが、ドイツ建設工事約款VOBの第13条（瑕疵担保請求権）の条項には、以下のとおり契約解除（解約告知）の規定はない[356]。なお、工事中に発見された瑕疵・契約違反が相当な期間内に是正されない場合は、発注者は解約告知が出来るという規定はある。VOB第4条（施工）第7項参照。

これについては、約款に規定はなくとも民法の規定に基づく「解除を肯定

---

354 前掲「民法（債権関係）の改正に関する中間試案のたたき台(5)」23頁。
355 前掲「民法（債権関係）の改正に関する論点の検討(18)」20頁。
356 VOBの訳文は、國島正彦「出来高部分払方式による公共工事マネジメントシステムの開発〜調査研究報告書」57頁（平成15年）による。

するか否かの問題は・・・判例にゆだねた経緯」があり、「VOBの代表的なコンメンタールにおいては、VOBの瑕疵担保権における瑕疵除去請求権中心の体系、修補、減額、損害賠償でほぼ充足されることから、実際的でないこと、連邦通常裁判所の立場のように減額（による報酬額ゼロ）により解除と類似の結論を導きえることなどを根拠とし、「通常の場合」、「実際的に意義が無い場合」、「解除権を認める必要が無い」という[357]。

　建設工事の解除については、ドイツにおいても意見の分かれる問題であるが、VOBの規定による報酬の減額を認める判例が、VOBにおける解除規定不要論の根拠となっていることは、興味深い。

ドイツ建設工事約款
第13条　瑕疵担保請求権
1．受注者は発注者に、引き渡しの時点までに瑕疵のない状態で工事目的物を引き渡さなければならない。工事目的物は引き渡しの時点で合意した性状を有し、一般的に認められている技術規則に適合している場合に、瑕疵がないものとみなす。性状を合意していないときは、次のいずれかに該当する場合に、引き渡しの時点で工事目的物に瑕疵はないものとみなす。
　a）工事が契約の前提条件とされた使用に適している場合。
　b）工事が通常の使用に適しており、かつ同種の仕事においても通例であり、発注者が工事の種類に応じて期待できる性状を有する場合。
2．見本に基づく工事の場合において、取引慣行に従い相違が無意味と見なされない限り、見本の特徴を合意された性状とみなす。契約締結後に初めて見本として認められているものについても同様とする。
3．瑕疵が作業明細書、発注者の指図、発注者によって納入もしくは指定された材料もしくは部材、または他の事業者がその前段階に行った工事などに起因する場合において、受注者が第4条第3項で義務づけられた通知を行わなかったときは、受注者が責任を負う。
4．(1)　契約で瑕疵担保請求権に対する消滅時効期間を合意する場合において、時効は土地工作物については4年間、土地に対する作業および燃焼施設の炎と接触する部分については2年間とする。第1文の規定にかかわらず、工業用燃焼施設の炎と接触する部分および排気を抑制する部分に関する時効は1年間とする。
　(2)　第1項の規定にかかわらず、保守が安全性と機能性に影響を与える機械設備、電気技術設備および電子設備またはその部分について、発注者が受注者に消滅時効期間中の保守を委託しないことを決定した場合は、瑕疵担保請求権の時効は2年間とする。

357　原田剛「請負における瑕疵担保責任」212頁（成文堂2006年）。

(3)　時効は、すべての工事目的物の引き渡し時点をもって開始する。それだけで完結した工事の一部分についてのみ、部分引き渡しをもって時効が開始する（第12条第2項）。
5．(1)　受注者は、発注者が時効満了前に書面で要求した場合は、契約に違反する工事に起因して時効期間中に発生したすべての瑕疵を自己の費用で除去する義務がある。責問された瑕疵の除去請求の時効は、書面による要求が到達した日より起算して2年間とする。ただし、時効は、第4項に規定する通常期間またはそれに代えて合意した期間が経過する前には終了しない。瑕疵を除去する工事の引き渡し後、この工事に対して新たに2年間の消滅時効期間が開始する。ただし、この時効は第4項に規定する通常期間またはそれに代えて合意した期間が経過する前には終了しない。
　(2)　受注者が、発注者によって設定された適当な期間内に瑕疵除去の催告を実行しない場合は、発注者は受注者の費用で瑕疵を除去させることができる。
6．瑕疵の除去が受注者から期待すべきでないか、不可能であるか、または過度に高額の費用を要するために受注者によって拒絶された場合は、発注者は受注者にそれを表示の上、報酬を減額できる（民法典第638条）。
7．(1)　受注者は、みずから責任を負う瑕疵の場合において、生命、身体または健康の侵害に基づく損害に対して責任を負う。
　(2)　受注者は、故意または重大な過失によって引き起こした瑕疵の場合において、すべての損害に対して責任を負う。
　(3)　それ以外の場合において、製造、保守または変更を行った建物および構築物で、使用性を著しく損ね、かつ受注者の過失に起因する重要な瑕疵が存在する場合は、受注者は発注者に対して損害を賠償しなければならない。これを超える損害については、受注者は次のいずれかに該当する場合のみ調整するものとする。
　　a）瑕疵が一般的に認められている技術規則に対する違反に基づく場合。
　　b）瑕疵が契約で合意した性状の欠如である場合。
　　c）受注者が、賠償責任保険により損害を補填したか、または国内で営業を許可された保険会社において、料金表に即し、異例の事態を想定しない保険料または割増保険料で補填し得たはずの場合。
　(4)　受注者が第3段の規定に従い保険によって保護されているか、保護し得たはずであるか、または特別の保険保護を合意した場合は、第4項の規定にかかわらず、法律上の消滅時効期間を適用する。
　(5)　正当な理由のある特別の場合において、賠償責任の制限または拡大を合意することができる。

第4条　施工
7．工事の施工中に瑕疵があるか、または契約に反することが明らかとなった場合は、受注者は自己の費用で瑕疵のないものと取り替えなければならない。受

注者が瑕疵または契約違反の責任を負うべき場合は、受注者はそれに基づいて生じる損害も調整しなければならない。受注者が瑕疵除去の義務を果たさない場合は、発注者は受注者に対して瑕疵除去のための適当な期間を定め、当該期間が成果なく経過したときは委託を取り消すことを表示できる（第8条（発注者による解約告知）第3項）。

(4) 建設工事請負契約への影響

① 瑕疵担保の制度設計における土地工作物の解除制限の意義

瑕疵担保の制度設計において、救済手段の選択や修補方法の選択の優先順位をつけるという観点から見れば、現行民法は、瑕疵修補を重視して請負人の利益にも配慮するため解除を否定し、これを損害賠償が補完するという思想に立脚しているとも考えられる。

他方、「中間試案」は、注文者の利益に配慮し、修補、解除、損害賠償を同列に扱い、その選択を注文者に委ねる制度設計を指向していると思われる。

これに対して、諸外国は、両者の利益に配慮する中間的な制度設計、つまり、一般的には、債権者（売主・注文者）に救済手段の選択権を認めつつ、債務者にも追完権を認め、双方の利害を調整したり、あるいは、請負においては、請負の債務の履行方法は請負人の裁量に委ねられるという請負の性格を重視しつつ、注文者の利益にも配慮するような制度設計を採用しているのではないだろうか。

消費者寄りの明確なルールが必要ならば、建設市場をその性格別に切り分けて、消費者等それぞれの属性にふさわしいルールを定めるべきであるが、それは民法の役割ではないと思われる。

② 建設産業全体への影響

結局のところ、土地工作物についての解除制限を廃止する目的は、瑕疵担保の救済手段として解除も加えたいということであろう。

しかし、既に述べたように、請負人の利益にも配慮した、諸外国のようなバランスの取れた制度設計が行われないと、建設工事瑕疵の紛争が混迷し、紛争解決コストの他の注文者・消費者への転嫁や、取引の萎縮といった「合成の誤謬」に陥る恐れもある。

③　解除権濫用への懸念

　特に次のような理由から、瑕疵担保に関する紛争においては、解除権の乱用が懸念される。

・瑕疵担保の救済手段の優先順位や修補手段選択のルールが実際上注文者優位になるので、注文者サイドとしては、まず、第一に解除を要求しつつ、第二に損害賠償や修理において請負人に譲歩を強いる戦術が一般化するのではないか。さらに、この場合、民法の対象となる請負契約の注文者が消費者のような弱者・素人だけではないことが、「中間試案」の意図を超えた結果を生むのではないか。

・履行請求権の限界事由が無催告解除の要件になるが、そのことが無催告解除の要件を緩和しすぎる恐れがあるのではないか。例えば、「瑕疵が重要でなく、かつ修理に過分の費用を要する」場合に、履行請求権の限界事由にあたるとして、請負人が修補請求を拒否すれば、これに対して注文者に無催告解除が許されることになるのか疑問である。

④　消費者契約の場合について世論の理解を求める

　土地工作物の解除を認めない規定の廃止については、論点整理のパブリック・コメントでも建設業界から反対意見が出ていたところであり、議論を呼ぶと思われる。法曹界の改正理由はやや観念的であるので、建設工事の実情として、被害者救済は修理（それでもだめなら損害賠償）で十分対応できること、及び廃止すると解除権の濫用の恐れがあることなどを説明する必要があろう。

　その際は、建設産業以外の人々、特に消費者保護に熱心な人々に理解してもらえるように、消費者契約（発注者が消費者）の場合を念頭に理解を求めることが肝心と思われる。

4　瑕疵担保責任の存続期間

(1)　基本方針の提案

　「基本方針」は、瑕疵を理由とする権利の行使に関する期間の見直しを提案している。

第5節　瑕疵担保責任

現行民法	基本方針の提案
（請負人の担保責任の存続期間） 第637条　前3条の規定による瑕疵の修補又は損害賠償の請求及び契約の解除は、仕事の目的物を引き渡した時から1年以内にしなければならない。 2　仕事の目的物の引渡しを要しない場合には、前項の期間は、仕事が終了した時から起算する。 参考 第638条第2項 2　工作物が前項の瑕疵によって滅失し、又は損傷したときは、注文者は、その滅失又は損傷の時から1年以内に、第634条の規定による権利を行使しなければならない。	【3.2.9.05】（瑕疵の通知義務） 〈1〉　注文者は、仕事の目的物を受領する際に、または受領後において、仕事の目的物に瑕疵があることを知ったときは、その時から当該契約の性質に応じて合理的な期間内に、当該瑕疵の存在を請負人に通知しなければならない。ただし、請負人が当該瑕疵を知っていたときは、この限りでない。 〈2〉　注文者が事業者である場合には、注文者は仕事の目的物を受領する際に、または受領後において、仕事の目的物に瑕疵があることを知り、または知ることができた時から当該契約の性質に応じて合理的な期間内に、当該瑕疵の存在を請負人に通知しなければならない。ただし、請負人が当該瑕疵を知っていたときは、この限りでない。 〈3〉　注文者が、〈1〉または〈2〉の通知をしなかったときは、当該瑕疵に基づく権利を行使することができない。ただし、注文者が通知をしなかったことが、やむを得ない事由に基づくものであるときは、この限りでない。
第638条　建物その他の土地の工作物の請負人は、その工作物又は地盤の瑕疵について、引渡しの後5年間その担保の責任を負う。ただし、この期間は、石造、土造、れんが造、コンクリート造、金属造その他これらに類する構造の工作物については、10年とする。	【3.2.9.06】（瑕疵担保期間） 〈1〉　建物その他の土地の工作物の建設工事においては、請負人は、注文者がそれを受領した日から2年以内に明らかになった工作物の瑕疵について担保の責任を負う。ただし、この期間は、耐久性を有する建物を新築する建設工事の請負契約において、その建物の耐久性に関わる基礎構造部分［および地盤］については、10年とする。

（担保責任の存続期間の伸長） 第639条　第637条及び前条第１項の期間は、第167条の規定による消滅時効の期間内に限り、契約で伸長することができる。	〈２〉　〈１〉の期間は、［20年以内の期間に限り、］契約で延長し、または短縮することができる。ただし、当該瑕疵が請負人の故意または重大な義務違反によって生じたものであるときは、〈１〉の期間を短縮することはできない。
第638条第２項 ２　工作物が前項の瑕疵によって滅失し、又は損傷したときは、注文者は、その滅失又は損傷の時から１年以内に、第634条の規定による権利を行使しなければならない。	〈３〉　〈１〉は、【3.2.9.04】および【3.2.9.05】の適用を妨げない。

① 　通知義務（現行１年以内）

　請負人の担保責任を追及するためには、民法第637条又は第638条第２項により、注文者は、１年の期限内に、瑕疵担保責任を追及する意思を明確に告げることが必要とされている（裁判外でも可）[358]。

　このような民法の規律に対しては、請負人の担保責任について１年という、消滅時効の一般原則と異なる短期の制限をする必要があるか、目的物の性質を問わず一律の存続期間を設けることが妥当か、存続期間内にすべき行為（瑕疵の内容を把握して瑕疵担保責任を請求する）が過重ではないかなどの指摘があるという。

　これに対して「基本方針」[359]は、①注文者が目的物に瑕疵があることを「知った時」から「合理的な期間内」にその旨を請負人に通知しなければならないが、②注文者が「事業者」である場合は、「瑕疵を知り又は知ることができた時」からこの期間を起算する旨の規定を設ける、③「注文者が瑕疵の存在を知りながら目的物を受領した場合は、瑕疵担保責任を問えない」と

---

[358] 例えば、１年以内に瑕疵担保責任による損害賠償の請求をすれば、請求権は金銭債権となるので、その時効は現行法では10年となる。
[359] 前掲「債権法改正の基本方針」（別冊 NBL 126号）366頁。この他、民法改正研究会（「代表：加藤雅信」「日本民法典財産法改正　国民・法曹・学会有志案」（法律時報臨時増刊214頁）では、瑕疵を知った時から１年以内という期間制限と注文者が目的物を履行として認容してから５年以内という期間制限を併存させ、この期間内にすべき行為の内容は現行法と同様とすると提案されている。

いうルールは採用しない[360]、との提案をしている。③の理由としては、実際上は受領後合理的期間内に通知をしなければならないことと、規範としては「ほぼ同義」だからという。

これらの瑕疵の通知義務については、売買と同様のルールである。

② 土地の工作物の瑕疵担保期間

民法は、土地の工作物の請負人はその工作物又は地盤の瑕疵について、引渡の後5年間（石造等の構造に類する工作物については10年間）担保責任を負うと定めている（第638条第1項）。

この担保責任の存続期間の性質については、第637条が定める1年の存続期間と同じ性質のものと理解する学説が多く、両者を除斥期間と理解する見解や、消滅時効期間と解する見解が主張されている[361]。

これに対し、「基本方針」【3.2.9.06】[362]は、その法的性質と期間について次のような提案をしている。

法的性質については、同法第638条の存続期間は「性質保証期間」（目的物が契約で定めた性質・有用性を備えていなければならない期間）と解する立場から、前記①の担保責任の存続期間に加え、土地工作物について性質保証期間に関する規定を設け、請負人はその期間中に明らかになった瑕疵について担保責任を負うことを規定すべきであるとの考え方を提案している。

この場合、性質を保証すべき期間内においては契約で定められた性質・有用性が具備されていなければならないのであるから、注文者が通常の使用をしていたにもかかわらずこの期間内にその性質・有用性が失われた場合には、請負人は、引渡時にその性質・有用性が具備されていたことを理由に責任を免れることはできないと考えられる[363]。なお、売買の瑕疵担保期間は、性質保証期間ではないとしている。

また、具体的期間については、注文者が受領した日から2年以内、耐久性を有する建物の新築工事について、基礎構造部分及び地盤については10年の

---

360 前掲「詳解債権法改正の基本方針Ⅴ」67頁（商事法務2010年）。なお、公共工事標準約款第44条第3項、民間連合協定約款第27条第4項は、引渡し時に知っていた瑕疵について直ちに通知をしないと瑕疵担保責任を問えないものとしている。
361 前掲「民法（債権関係）の改正に関する検討事項(12詳細版)」21頁。
362 前掲「債権法改正の基本方針」（別冊NBL126号）367頁。
363 前掲「民法（債権関係）の改正に関する中間的な論点整理の補足説明」364頁。

期間とし、これらは任意規定であり特約で20年以内の延長短縮ができることを提案している。この「2年」は建設工事約款の規定を参考にし、「10年」は、住宅品確法のルールを民法に取り込み、住宅以外にも拡張する提案となっている[364]。

(2) 法制審議会の審議

1) 論点整理段階

法制審議会（論点整理段階）の審議では、各論点については、意見が分かれている。

法制審議会（論点整理段階）のヒアリングでは、建設業界から、次のような意見があった。

性質保証期間について、日建連は、「土地工作物に関する性質保証期間は、任意規定とはいえ実務上の影響と混乱が大きいことが懸念されるため、規定の新設に反対である。」と意見を述べている。

その理由を要約すると、次の3点と思われる。

1 建設時の瑕疵かどうかは、年数の経過により事実や原因が不明確となるものであり、その点を考慮せず性能・有用性の保証期間を一律に2年、10年とするのは請負者に不利。
2 実務上も、建設請負の契約目的物は多種多様であり、しかもその性質・有用性は、経年・使用劣化、メンテナンス等により左右されるので、その保証期間を予め契約で確定させることは実務上困難である。
3 瑕疵の立証等について、注文者に有利なルールが提案されており、もともと注文者有利な建設市場においてさらに請負者は不利な立場になる。

パブリック・コメントでは、次のような意見が出された。
【瑕疵担保期間の存続期間】
瑕疵担保期間の存続期間の具体的な案として、パブリック・コメントには、次の3つの考え方が示されて、意見を聞かれている。
① 注文者が目的物に瑕疵があることを知った時から合理的な期間内にその旨を請負人に通知しなければならないとする考え方

---

[364] 前掲「詳解債権法改正の基本方針Ⅴ」68頁（商事法務2010年）。

第5節 瑕疵担保責任

② 瑕疵を知った時から1年以内という期間制限と注文者が目的物を履行として認容してから5年以内という期間制限を併存させ、この期間内にすべき行為の内容は現行法と同様とする考え方
③ このような期間制限を設けず、消滅時効の一般原則に委ねる考え方[365]

これに対する意見は分かれているが、日弁連は、次のように意見を言っている[366]。

「期間制限を設けず、③消滅時効の一般原則に委ねるという考え方に賛成する意見が強い。
①については、『合理的期間』という規定が不明確であり、注文者は当該目的物について専門的な知識を有していないことが多いため、何をもって通知の対象とすべき瑕疵であるかを判断できず、消費者保護の観点からも、一般的な通知義務を課すことは、注文者に酷な結果となる。
②については、例えば、住宅の瑕疵の場合、不具合(欠陥現象)には気づいても、専門家に依頼して調査するまでは不具合の原因(欠陥原因)が分からなかったという例が多く、かかるケースでも、不具合に気づいた時点で『瑕疵を知った』と判断される可能性があり、注文主の瑕疵担保責任請求権が不当に制限される。また、『履行としての認容』という概念を採用しても瑕疵の有無について検査義務を課すものではないと理解されているにもかかわらず、履行として認容したことによって短期の期間制限に服するのか、その理由が不明である。」

他方、企業法務に携わる法曹関係者(法友会)からは慎重な意見が寄せられている。

「企業法務の立場からは、現行民法の定めのままで、発注者、請負人の双方においても何ら支障を来しているものではなく、実務上の無用の混乱を避けるためにも、改正すべき明確な根拠がないならば、改正は不要である。
①について、企業間取引実務においては、瑕疵担保責任を負う期間が具体

---
365 消滅時効の中間試案については、本書第2章第6節5の消滅時効参照。
366 前掲「『中間的な論点整理』に対して寄せられた意見の概要(各論6)」81頁以下。

的に明確化されていることが非常に重要であり、『合理的な期間内に』とのみ定めることや、具体的な期間を明記しないこととすべきではない。『合理的な期間内に』と定めるならば、並存して一定の期間（例えば1年以内、6か月以内等）は民法上に明文化しておくべきである。また、瑕疵の通知義務を課すのであれば、単に瑕疵があることの通知で足りるのか、それとも瑕疵があることに合わせてどのような責任を果たすべきかをも通知する必要があるのか、受託者側としては、何をもって通知があったと判断すれば良いのか、明確にされるべきである。

②について、一般法たる民法において一律に長い担保責任の存続期間を定めるべきではない。成果物の性質によって差はあるが、瑕疵が何年にも亘って発見されないということは稀なケースであり、請負人としても一定期間は担保責任を負い得るであろうことは想定していること思われるが、長期間、担保責任を負う可能性があるということになれば、長期間に亘って、材料、機材、人材等を維持する必要があることになり、請負人の負担が大きすぎる。請負の成果物の耐用年数は、その性質により大きく異なるし、土地の工作物を除けば、実務上、通常、担保責任は1年間であるので、それを超える担保責任の存続期間を定めるのであれば、特別法で定めるのが現実的である。

③について、期間制限を設けずに消滅時効の一般原則に委ねるべきではない。請負人としては成果物を引き渡した時点で業務を完了した、と考えているのであり、その信頼は保護に値するので、消滅時効とは別に、担保責任を追及できる期間について一定の制限を設けるべきと考えられる。」

最高裁は、裁判実務の混乱を懸念しているようである。

「短期の期間制限を撤廃すると、経年変化等についても瑕疵として主張されて無用な紛争を招くことを懸念する意見、『合理的な期間』とせずに具体的に時期を定めるのが相当であるとする意見があった。」

これに対して、産業界の立場からは、三菱電機、日建連等が慎重な意見を言っている。

(三菱電機)

「請負人の担保責任の存続期間については、仕事の目的物の完成から長期間を経ると、通常の損耗や注文者帰責による不具合と請負人が責任を負うべき瑕疵との区別が困難になるから、一般債権の時効消滅期間ではなく、引渡時（引渡しを要しないときは完成時）を起点とする、取引実務で受け入れられる合理的な長さ（3ヶ月、6ヶ月、1年が目安）の特別の除斥期間たる短期期間制限を設けるべきである。当該期間内に注文者は瑕疵の存在の通知を行うだけでよいとするべきである。」

(日建連)

「『論点整理』で示す『注文者が目的物に瑕疵があることを知った時から合理的期間内にその旨を請負人に通知しなければならないとする考え方』については、『合理的な期間』の内容が不明確であり、裁判をしないと合理的な期間内なのか期間外なのかが確定しないことになるので、確定期限、例えば1年以内という期間制限を設けるべきである。また、『論点整理』では、注文者に通知義務を課すことは負担が重いとの指摘があるとのことであるが、通常、目的物を引き渡した後は、当該目的物の管理支配権は注文者にあり、請負人はその管理支配の状況を知ることはできない。したがって、注文者の瑕疵に関する権利行使の前提として、目的物に不具合があることを知ってから徒に時間が経過すると、その真の原因が請負人の仕事に起因するものなのか、注文者の使用方法の悪さに起因するものなのか、あるいは不可抗力によるものなのか分からなくなってしまう。特に土地の工作物の場合（第638条第2項）、滅失または損傷のときには、不具合事象が明確になっていることから、1年以内に責任を追及しなければならないとする現行法の構成は極めて合理的であり見直しの必要はない。これまでも、判例（最判平成4年10月20日）において、『裁判外において、瑕疵担保責任を追及する意思を明確に告げる必要がある』という解釈がなされていることから、単に通知義務を課すことは、何ら注文者に過重となるものではないと考える。」

土地の工作物の期間（法的性格、5年、10年）の見直しは、賛否両論である。建設業界からも以上で引用した趣旨の意見が述べられている。

なお、最高裁判所は、以下のように慎重な意見である[367]。

第3章　請負契約

「土地工作物についてのみこのような規定を設ける意義及び必要性に疑問を呈する意見、さまざまな性質のものが考えられる土地工作物に一律に規定を設けることに疑問を呈する意見、現在の規律で対応できるのではないかとする意見など、性質保証期間の規定については消極的な意見が多かった。」

2）中間試案段階

「中間試案」は次のとおりである[368]。

> 2　仕事の目的物が契約の趣旨に適合しない場合の請負人の責任
> 　(3)　仕事の目的物が契約の趣旨に適合しない場合の注文者の権利の期間制限
> （民法第637条関係）
> 　民法第637条の規律を次のいずれかの案のように改めるものとする。
> 【甲案】　民法第637条を削除する（消滅時効の一般原則に委ねる）ものとする。
> 【乙案】　消滅時効の一般原則に加え、仕事の目的物が契約の趣旨に適合しないことを注文者が知ったときから［1年以内］にその適合しないことを請負人に通知しないときは、注文者は、請負人に対し、その適合しないことに基づく権利を行使することができないものとする。ただし、請負人が、引渡しの時に、仕事の目的物が契約の趣旨に適合しないことを知り、又は重大な過失によって知らなかったときは、この限りでないものとする。
> 　　　(注)　乙案について、引渡時（引渡しを要しない場合には仕事の終了時）から期間を起算するという考え方がある。
> 　(4)　仕事の目的物である土地工作物が契約の趣旨に適合しない場合の請負人の責任の存続期間
> （民法第638条関係）
> 　民法第638条を削除するものとする。
>
> 参考：第36　売買に関する中間試案
> 6　目的物が契約に適合しない場合における買主の権利の期間制限
> 　民法第565条及び第570条本文の規律のうち期間制限に関するものは、次のいずれかの案のように改めるものとする。
> 【甲案】　引き渡された目的物が前記3(2)に違反して契約の趣旨に適合しないものである場合の買主の権利につき、消滅時効の一般原則とは別の期間制限（民法第564条、第566条第3項参照）を廃止するものとする。

367　前掲「『中間的な論点整理』に対して寄せられた意見の概要（各論6）」90頁。上記は、土地の工作物以外の請負や売買の瑕疵担保責任については、性質保証期間とする提案を行っていないことを疑問視している意見である。
368　前掲「民法（債権関係）の改正に関する中間試案」68頁。なお、前掲「民法（債権関係）の改正に関する論点の検討(18)」（平成24年9月11日部会資料）14頁以下参照。

【乙案】　消滅時効の一般原則に加え、引き渡された目的物が前記3(2)に違反して契約の趣旨に適合しないものであることを買主が知った時から［1年以内］にそれを売主に通知しないときは、買主は、前記4又は5による権利を行使することができないものとする。ただし、売主が引渡しの時に目的物が前記3(2)に違反して契約の趣旨に適合しないものであることを知り、又は重大な過失によって知らなかったときは、この限りでないものとする。

7　買主が事業者の場合における目的物検査義務及び適時通知義務
　(1)　買主が事業者であり、その事業の範囲内において売買契約をした場合において、買主は、その売買契約に基づき目的物を受け取ったときは、遅滞なくその目的物の検査をしなければならないものとする。
　(2)　上記(1)の場合において、買主は、受け取った目的物が前記3(2)に違反して契約の趣旨に適合しないものであることを知ったときは、相当な期間内にそれを売主に通知しなければならないものとする。
　(3)　買主は、上記(2)の期間内に通知をしなかったときは、前記4又は5による権利を行使することができないものとする。上記(1)の検査をしなかった場合において、検査をすれば目的物が前記3(2)に違反して契約の趣旨に適合しないことを知ることができた時から相当な期間内にそれを売主に通知しなかったときも、同様とするものとする。
　(4)　上記(3)は、売主が引渡しの時に目的物が前記3(2)に違反して契約の趣旨に適合しないものであることを知り、又は重大な過失によって知らなかったときは、適用しないものとする。
　　（注）　上記(1)から(4)までのような規律を設けないという考え方がある。また、上記(3)についてのみ、規律を設けないという考え方がある。

① 「(3)　仕事の目的物が契約に適合しない場合の注文者の権利の期間制限」

　仕事の目的物が契約に適合しない場合の注文者の権利の存続期間について、売買と、同じ構造の提案をしている。

　甲案の「消滅時効の一般原則」とは、期間だけ引用すると、①一律5年案、又は、②10年又は（3又は4又は5）年のどちらか早い時期とする案の、①②の両案が議論されている（本書第2章第6節3「消滅時効」参照）。

　乙案は、期間1年であるが、売買の乙案と同様の内容に改めるものである。

　ただし乙案は、請負の現行制度とは、次の点が違う。
　　①　請負（民法第637条）は、制限期間の起算点を「引渡しの時（引渡しを要しないときは仕事が終了した時）」としているが、これを売買（民

法第564条）と同様に「事実を知った時」と改めること。
② 注文者の権利を保存するためにこの期間中にすることが必要な行為についても、売買と同様に、瑕疵があったことを通知すれば足りるとすること。
③ その上で、売買同様に、請負人が、引渡の時に、仕事の目的物が契約に適合しないことを知り、又は重大な過失によって知らなかったときは、期間制限を適用しないものとすること（この場合には消滅時効の一般原則に委ねる）。

以上の「中間試案」の提案では、以前の部会資料にあった乙－2案及び乙－3案は採用されなかった[369]。したがって、「基本方針」の提案【3.2.9.05】（合理的期間内の瑕疵の通知義務）は採用されなかった。

ただし、「中間試案」では、売買の規定の7に「買主が事業者の場合における目的物検査義務及び適時通知義務」の提案がなされている。これは、商法第526条と同趣旨の規定を民法に定める提案であるが、請負の規定や解釈に影響がないか、この規定の提案に関する議論も注視する必要があろう。

② 「(4) 土地工作物の瑕疵についての請負人の担保責任の存続期間」
現行民法第638条第1項と第2項は、(3)の甲乙いずれの案を採用しても、不要となるから、削除されると法務省はいう。

甲案を採用した場合、第1項については、注文者の権利の存続期間は消滅時効の一般原則に従うことが原則となり、土地の工作物だからといって一般的に消滅時効期間よりも長くする必要性は乏しいため、不用という。また、第2項は、消滅時効一般について権利者の認識に着目した起算点の考え方（「権利行使できるときから10年又は債権者が債権発生の原因及び債務者を知った時から3から5年のいずれは早い時期」）が取り入れられるのであればそれで足り、土地工作物の瑕疵に基づく担保責任についてのみ独自の起算点の考え方を取り入れる必要はないとする。

乙案を採用した場合でも、第1項については、第2項とのバランスから見ても「知ったときから1年」以上にする理由はなく、第2項については同じ

---
[369] 法務省「民法（債権関係）の改正に関する論点の検討(18)」21頁参照。

趣旨の規定であるから不用とする。

　いずれにせよ、これらは任意規定であり、住宅を除いて約款の規定で実務は動いていることなどから、結論の是非は消滅時効に関する規定の決着次第と思われる。

　このほか「中間試案」では「性質保証期間」の提案は取り上げられていない。

(3) 外国法について

　法制審議会資料では、ドイツ、フランス等の民法の規定が紹介されている[370]。

ドイツ民法
第634a条　瑕疵に基づく請求権の消滅時効
(1) 第634条第1号、第2号および第4号に掲げる請求権は、次の各号に掲げる消滅時効にかかる。
　1．物の制作、整備もしくは改変の仕事、またはこれを計画もしくは監督する仕事については2年。ただし、第2号の場合は除く。
　2．工作物、およびこれを計画もしくは監督することを目的とする仕事については5年。
　3．その他の仕事については通常の消滅時効期間。
(2) 本条第1項第1号および第2号の場合についての消滅時効は、引取りの時から進行する。
(3) 請負人が瑕疵を知りながら告げなかったときは、本条第1項第1号および第2号ならびに本条第2項の定めがあるにもかかわらず、請求権は通常の消滅時効期間により消滅時効にかかる。本条第1項第2号の場合には、同号で定める期間が満了するまでは消滅時効は完成しない。
(4) 第634条に定める解除権については、第218条を適用する。注文者は、第218条第1項により解除が無効となるにもかかわらず、その解除の理由が正当と目される限りにおいて、報酬の支払を拒絶することができる。注文者がこの権利を行使するとき、請負人は契約を解除することができる。
(5) 第634条に定める減額請求権には、第218条および本条第4項第2文を準用する。
---

(4) 建設工事請負契約への影響

① 工事請負契約約款について

---
[370] 前掲「民法（債権関係）の改正に関する検討事項(12)　詳細版」の別紙比較法資料8頁。

第3章　請負契約

　現行の公共工事約款の瑕疵担保の期間制限に関する条項は、次の通りである。民法の規定と同じ条項は、民法改正を機会に、同様の見直しが必要か検討すべきであろう。

> 公共工事約款
> 第44条（B）
> 2　前項の規定による瑕疵の修補又は損害賠償の請求は、第31条第4項又は第5項（第38条においてこれらの規定を準用する場合を含む。）の規定による引渡しを受けた日から〇年以内に行わなければならない。ただし、その瑕疵が受注者の故意又は重大な過失により生じた場合には、請求を行うことのできる期間は〇年とする。
> 　　注　本文の〇の部分には、原則として、木造の建物等の建設工事の場合には1を、コンクリート造等の建物等又は土木工作物等の建設工事の場合には2を、設備工事等の場合には1を記入する。ただし書の〇の部分には、たとえば、10と記入する。
> 3　発注者は、工事目的物の引渡しの際に瑕疵があることを知ったときは、第1項の規定にかかわらず、その旨を直ちに受注者に通知しなければ、当該瑕疵の修補又は損害賠償の請求をすることはできない。ただし、受注者がその瑕疵があることを知っていたときは、この限りでない。
> 4　発注者は、工事目的物が第1項の瑕疵により滅失又はき損したときは、第2項に定める期間内で、かつ、その滅失又はき損の日から6月以内に第1項の権利を行使しなければならない。
> 5　第1項の規定は、工事目的物の瑕疵が支給材料の性質又は発注者若しくは監督員の指図により生じたものであるときは適用しない。ただし、受注者がその材料又は指図の不適当であることを知りながらこれを通知しなかったときは、この限りでない。

　そのほかの問題としては、次の問題がある。

・瑕疵の通知義務

　約款に関連する問題としては、建設請負契約約款では、民間工事約款第27条第4項、公共工事約款第44条第3項が、注文者は「引渡の際に瑕疵があることを知ったときは、・・・直ちに請負人に通知しなければ」、瑕疵担保責任を追及することが出来ないとしている。

　この規定は、民法改正を機会に再検討すべきではないかと思われる。

　理由の第一は、住宅品確法の適用される工事では、この約款の規定は同法第94条第2項（注文者に不利な特約の無効）に抵触する恐れがあり「適用されない」ことである[371]。

理由の第二は、瑕疵担保責任の規定が見直される結果、注文者の善意悪意が瑕疵担保責任の成否に影響すると法論理的に考えるのが困難になると思われることである[372]。このような考えから売買の瑕疵担保責任の要件は「隠れた瑕疵（＝買主が善意無過失）」に限らないものとすると「中間試案」も提案している。建設工事の請負契約も、民法上同様な条文で瑕疵担保責任が規定されるならば、第636条の場合以外に特約で特に発注者が善意であることを要する必要性が、「契約の趣旨」から説明できるだろうか。

・瑕疵担保責任の延長問題
　土地の工作物の瑕疵担保期間については、公共工事契約約款において、非住宅の建設工事にも住宅品確法と同じ期間まで瑕疵担保責任を延長できないが議論されていたが、実務上の課題も多く、見送られたところである[373]。
　瑕疵の定義の不明確さや、公平客観的な瑕疵の判定機関の設置、多額の基金が必要な保険制度の是非など課題は多いと思われる。

第6節　瑕疵担保責任の免責特約の効力

(1) 基本方針の提案

「基本方針」は、民法第640条について、次のような提案をしている。

現行民法	基本方針の提案
（担保責任を負わない旨の特約） 第640条　請負人は、第634条又は第635条の規定による担保の責任を負わない旨の特約をしたときであっても、知りながら告げなかった事実については、その責任を免れることができない。 参考	【3.2.9.07】（瑕疵担保責任の免責特約の効力） 　請負人は、【3.2.9.04】による担保の責任を負わない旨の特約をしたときであっても、請負人が仕事の目的物に瑕疵があることを知っていたとき、または、瑕疵が請負人の故意もしくは重

371　民間（旧四会）連合協定工事請負契約約款委員会編著『民間（旧四会）連合協定工事請負契約約款の解説』129頁、2007年版、大成出版社。
372　参考　前掲『詳解　債権法改正の基本方針Ⅳ』73頁。『同Ⅴ』67頁。
373　国土交通省「瑕疵保証のあり方に関する研究会報告書」2005年。建設経済研究所「米国の瑕疵担保保証制度」2005年。

第3章　請負契約

（担保責任を負わない旨の特約） 民法第572条　売主は、第560条から前条までの規定による担保の責任を負わない旨の特約をしたときであっても、知りながら告げなかった事実及び自ら第三者のために設定し又は第三者に譲り渡した権利については、その責任を免れることができない。	大な義務違反によって生じたものであるときは、当該瑕疵についてその責任を免れることができない。

　瑕疵が請負人の故意もしくは重大な義務違反によって生じたものであるときは、免責特約の効力を否定するものである。

　ただし、この規定については「基本方針」に関する文献には詳しい議論が書かれていない。

　今日では、免責特約が契約自由の原則に沿って幅広く認められるというわけではない。消費者契約法の制定前でも、多くの裁判では故意重過失の場合の免責条項や賠償額の低すぎる責任制限条項は有効と認められなかった[374]。

　今日では、免責・責任制限条項の制度設計には、一方における損害防止の自助努力と集団的損害分配（保険の付保等と価格への転嫁）のあり方、他方における予測しえない事業者責任の回避という相異なる要請を適切に調和させ、社会的なコンセンサスを作りだすことが求められると言えよう[375]。

　また、免責特約については、今日では請負の章だけで議論が完結しているわけではない。民法改正においては、次の論点に関する議論の推移にも注目する必要があると思われる。

・売買の担保責任に関する免責特約の規定である民法第572条や商法の免責規定とのバランス[376]
・現行民法の下でも民法第90条（公序良俗）等を根拠として個別に無効とされている事例があり、これらの判例との関係[377]
・今回の民法改正において提案されている不当条項規制の規定等に関する議

---

[374] 長尾治助「約款と消費者保護の法律問題」三省堂131頁以下。
[375] 参考：マンフレート・ヴォルフ「ドイツ法における損害賠償責任の免責」安田火災記念財団叢書30号1987年。また、IT産業で普及している免責条項については、経済産業省「情報システム信頼性向上のための取引慣行・契約に関する研究会報告書～情報システム・モデル取引・契約書～」2008年参照。
[376] このほか、「基本方針」【3.2.11.19】は、寄託物に関する宿泊役務提供者の免責・責任制限特約の効力を制限する規定を民法に設ける提案をしている。

論の推移
・消費者契約法第8条の存在及び今後の消費者契約法の動向（消費者契約以外の分野での規制としてのバランス）

(2) 法制審議会の審議

1）論点整理段階

　法制審議会（論点整理段階）の審議では、「その内容について特段の意見はなかった」とされている[378]。

　パブリックコメントでは、弁護士会にも「重大な義務違反」などの内容が不明として慎重意見もあるようだが、賛成意見も多い。産業界では、不動協は賛成しているが、三菱電機、日建連は反対である[379]。

2）中間試案段階

　「中間試案」は次の通りである[380]。

> (5) 瑕疵担保責任の免責特約（民法第640条関係）
> 　民法第640条の規律を改め、請負人は、担保責任を負わない旨の特約をした場合であっても、目的物の引渡時（引渡しを要しない場合には、仕事の終了時）に仕事の目的物が契約の趣旨に適合しないことを知っていたときは、その責任を免れることができないものとする。

　法務省の説明では、単なる文言の整理として扱われている。つまり、同条の現行法の文言によれば、請負人が瑕疵の存在を知っていてもそれを告げさえすれば瑕疵担保責任は免責されるようにも読めるが、これは妥当でないとしている。

　なお、「基本方針」の「請負人の故意又は重大な義務違反」等、免責されない場合を追加する提案は、取り上げられなかった。

---

[377] 例えば、最判平成15年2月28日判時1829号151頁は、ホテルの宿泊約款に客の荷物の滅失、毀損に対する損害賠償限度額（15万円）が定められていた場合でも、ホテル側に故意または重大な過失がある場合にはこの特約は適用されないとした。商法第595条の適用を制限したものとされる。参考：来住野究「宿泊客の高価品の盗難に関するホテルの不法行為責任と宿泊約款上の責任制限」明治学院大学・法学研究91号（2011年）。

[378] 前掲「民法（債権関係）の改正に関する中間的な論点整理の補足説明」365頁。

[379] 不動産協会の意見は前掲「『中間的な論点整理』に対して寄せられた意見の概要（各論6）」96頁。三菱電機、日建連の意見は同97頁。

[380] 前掲「民法（債権関係）の改正に関する中間試案」69頁。なお、前掲「民法（債権関係）の改正に関する論点の検討(18)」（平成24年9月11日部会資料）14頁以下参照。

(3) 外国法について

法制審議会の資料では、請負契約に固有の立法例は示されていない。

ただし、債務不履行一般に関する損害賠償に関する免責・責任制限条項については、次のモデル法規の条項が紹介されている。

〔ユニドロワ国際商事契約原則〕
第7．1．6条　（免責条項）
不履行による当事者の責任を制限もしくは排除する条項、または、相手方が合理的に期待したものとは実質的に異なる履行をすることを当事者に許す条項は、契約の目的を考慮し、それを主張することが著しく不公正であるときは、これを主張することができない。

(4) 建設工事請負契約への影響

現行法を変えるものではなく、影響はないと思われる。

第7節　注文者の任意解除権

(1) 基本方針の提案

現行民法・判例	基本方針の提案
（注文者による契約の解除） 第641条　請負人が仕事を完成しない間は、注文者は、いつでも損害を賠償して契約の解除をすることができる。	【3.2.9.08】（注文者の任意解除権） 請負人が仕事を完成しない間は、注文者は、契約の解除をすることができる。この場合において、請負人は、約定の報酬相当額から解除によって支出を免れた費用［自己の債務を免れたことによる利益］を控除した額に相当する損害賠償を請求することができる。

1 ）注文者の任意解除権に対する制約

民法は、請負人が仕事を完成しない間は、注文者はいつでも損害を賠償して請負契約を解除することができると規定する（第641条）。

この点については「基本方針」は、現状維持であり、新たな提案はない。

2）損害賠償の範囲（民法第641条）

注文者が民法第641条の規定に基づいて請負契約を解除した場合に、賠償すべき損害の範囲は、現行民法には具体的に規定されていない。そこで、「基本方針」【3.2.9.08】は、現在の通説的解釈を明文化し、規定することを提案している。

通説は[381]、「民法第641条の損害賠償の額については、請負人が既に支出した費用（材料費、賃金その他の経費、未工事部分の仕事のために手配された材料、労働者などを使用することができなくなることによる損失等）に、仕事を完成したとすれば請負人が得たであろう利益（報酬のうち請負人の利潤に当たるもの）を加えたもの（さらに、原状回復が必要なときはその費用を加えたもの）とする」とされている。

(2) 法制審議会の審議

1）論点整理段階

① 任意解除権の制約

法制審議会（論点整理段階）の審議では、「請負人が注文者に対して従属関係にある労働契約類似の請負など、請負人が弱い立場にある請負について注文者による解除権を広く認めることには疑問があり、一定の類型の契約においては注文者の任意解除権を制限する規定を新たに設けるべきではないか」という意見があった[382]。

パブリックコメントでは、産業界のうち日建連は賛成しているが、三菱電機は反対である。

日弁連の意見は、次のように両論併記である。なお、「こういうケースは、民法ではなく、特別法の世界で扱うべき」と言う思想が出ていることに注目されたい。

「任意解除権を制限する規定を新たに設けることについては、賛成する意見と反対する意見があり、慎重な検討を要する。

サービス契約からの離脱という意味では、注文者の任意解除権は重要な権利である。また、任意解除権の制約があり得るとしても、強力な注文者と弱

---
381 前掲「民法（債権関係）の改正に関する検討事項(02詳細版)」23頁。
382 前掲「民法（債権関係）の改正に関する中間的な論点整理の補足説明」366頁。

小請負人の力関係のもとでの例外でなければならず、「請負人が弱い立場にある請負」を民法の規定で類型化することは困難であり、下請法等の特別法で対処するか、「労働者性」の解釈などで保護すべきであるとの意見もあった。」(日弁連)

他方、法曹界でも、契約実務を担う大手法律事務所は冷静な意見を述べている。

「民法第641条の趣旨には、一定の合理性を認めることができると考えるが、委任の場合には、委任が受任者の利益をも目的としている場合には、委任者の一方的解除権が判例上認められないこととの均衡や、請負契約の性質上、仕事が途中の段階における損害の賠償の算定が困難な場合があることから、同条の合理性については、更に議論を深めることが望ましい。
　例えば、請負契約の1つの典型例である建設工事については、民間（旧四会）連合協定工事請負契約約款、日弁連住宅建築工事請負契約約款や、国際的な標準約款であるFIDICレッドブック（1999年）において、いずれも注文者による契約終了事由が限定されている。
　かかる約款の規律が広く普及していることを考慮しつつ、注文者の任意解除権を制約なしに認めることが、現代における請負の規律として合理性があるかという点について、検討を要するものと考える。」(西村あさひ有志)

② 損害賠償の範囲
　法制審議会（論点整理段階）の審議[383]では、まず、注文者の義務違反によって仕事の完成が不可能になった場合の報酬請求権の額との関係を整理すべきとの指摘があった。また、任意解除の場合にも「請負人が他の仕事をすることによって得られた利益」を控除することを検討すべきであるとの問題提起がされた。
　パブリックコメントでは、総論的には目立った反対はないが、問題は具体の金額算定方法である。
　弁護士会には万が一にも消費者（発注者）が不利にならないような配慮が

---

383 前掲「民法（債権関係）の改正に関する中間的な論点整理の補足説明」366頁。

あると思われる。逆に最高裁は、請負人の立場も考えていると思われる。

(日弁連)
「賠償すべき損害の範囲について明文の規定を新たに設けるかについては、賛成意見が強いが、有力な反対意見もある。
　通説の明文化に賛成する意見が多いが、仕事の完成が不可能になった場合の報酬請求権の範囲と整合性がとれるか(注文者の義務違反により仕事の完成が不可能になった場合の報酬請求権の範囲と同じでよいのか。)、「報酬」と「損害」との関係が明確であるかについて、指摘をする意見がある。」

(兵庫県弁)
「現行法の文言が明瞭性を欠いている以上、改正の必要性は認められる。任意解除権の行使があった場合、請負人が他の仕事をすることによって得られた利益は損害賠償額から控除するべきである。」

(最高裁)
「検討することに異論はなかったが、『自己の債務を免れたことにより得た利益』については、定義によっては請負人にとって不利な結論とならないかと懸念する意見が多かった。」

2) 中間試案段階
　この提案は、「中間試案」には取り上げられなかった[384]。意見が分かれているためと思われる。

(3) 外国法について
　特に上記の議論に影響する外国の立法例は引用されていないので、省略する。

(4) 建設工事請負契約への影響
　現行法の改正はなく、損害賠償の範囲に関する改正提案も現行法の通説の

---
384 前掲「民法(債権関係)の改正に関する中間試案のたたき台(4)(5)(概要つき)」【改訂版】58頁。

条文化を図るものであるから、条文化が見送られても影響はないと思われる。

第8節　下請負

1　下請負に関する原則

(1)　基本方針の提案

請負人が下請負人を利用することができるかどうかについて民法上明文の規定はない。しかし、当事者の意思又は仕事の性質に反しない限り、仕事の全部又は一部を下請負人に請け負わせることができると解されている。

民法改正研究会の提案は、これを条文上明記することを提案している[385]。「基本方針」では明文化の提案はないが、同様の原則を認めている。

現行民法	民法改正研究会の提案
規定なし 解釈上は当然認められる。	562条①：請負人は、仕事の性質に反しない限り、仕事の全部又は一部を他人（以下「下請負人」という。）に請け負わせることができる。

当たり前の原則を規定することに問題はないが、請負において下請負が原則自由であることと、次の下請負人の直接請求権の制度とは両立するのであろうか。

「基本方針」において対価の直接請求権の規定が提案されている転貸借や復委任はいずれも原則として賃貸人・委任者の承諾が必要とされているからである。

また、請負において下請負人の報酬の直接請求権を認めるフランスの1975年下請法でも、下請契約の存在や支払条件について発注者の承諾等を必要としている[386]。

---

[385] 前掲「日本民法典財産法改正　国民・法曹・学会有志案」法律時報臨時増刊　図表のセル1271号、213頁。
[386] 参考：建設経済研究所「第16次欧州調査報告書　第二編」87頁以下、2000年。
　　　作内良平「建築下請人の報酬債権担保と直接訴権―フランスにおける1975年法を素材として」本郷法政紀要15号2006年）。

(2) 法制審議会の審議

1）論点整理段階

法制審議会民法部会（論点整理段階）の審議では、特に注目すべき議論はなかった。

パブリックコメントでは賛成意見もあるが、日建連からは次のような意見が出されている[387]。

「請負人独立の原則から、下請負人の自由は、当然に導かれるものと考えるが、一方、委任契約においては、受任者は、原則、自ら委任事務を処理しなければならないとされている。これは、人的信頼関係に基礎を置く委任契約の性質から説明されるものであり、『論点整理』にいう『下請負に関する原則』の明記に反対ではないが、請負か委任かの区別は微妙であるため、委任契約との異同を明確にしないと実務では混乱をきたすおそれがある。」

2）中間試案段階

この提案は、「中間試案」には取り上げられなかった[388]。

部会審議（平成24年9月11日）の資料でも次の直接請求権の規定とあわせて取り上げないことが示されていた[389]。

(3) 外国法について

特に上記の議論に影響する外国の立法例は引用されていないので、省略する。

(4) 建設工事請負契約への影響

この提案自体は、もともと解釈上当然のことであり、それが取り上げられないことによる影響はない。

---

387 前掲「『中間的な論点整理』に対して寄せられた意見の概要（各論6）」109頁。
388 前掲「民法（債権関係）の改正に関する中間試案のたたき台(4)(5)（概要つき）」【改訂版】58頁。
389 前掲「民法（債権関係）の改正に関する論点の検討(18)」38頁。

2 下請負報酬の直接請求権

(1) 基本方針の提案

「基本方針」は、下請負人が報酬を注文者へ直接請求できる規定の創設を提案している。

現行民法・判例	基本方針の提案
現行民法に規定なし 判例：下請負人は注文者との関係では履行補助者的立場に立つに過ぎず、注文者に対して元請契約の内容と異なる権利関係を主張しうる立場にない。	【3.2.9.10】（注文者と下請負人との法律関係 – 直接請求権等） 〈1〉 適法な下請負がなされた場合において、下請負人が元請負人に対して有する報酬請求権と元請負人が注文者に対して有する報酬請求権のそれぞれに基づく履行義務の重なる限度において、下請負人は注文者に対して支払いを請求することができる。 〈2〉 下請負人が注文者に対して書面をもって〈1〉に定める請求を行ったときは、その請求額の限度において、注文者は、その後に元請負人に対して報酬を支払ったことをもって下請負人に対抗することができない。 〈3〉 下請負人が注文者に対して書面をもって〈1〉に定める請求を行ったときは、その旨を遅滞なく元請負人に対して通知しなければならない。 〈4〉 下請負人は、請負の目的物に関して、元請負人が元請契約に基づいて注文者に対して有する以上の権利を注文者に主張することができない。また、注文者は、元請契約に基づいて元請負人に対して有する以上の権利を下請負人に主張することができない。

「基本方針」[390]は、下請負契約は元請負契約を履行するために行われるものであって契約相互の関連性が密接であることなどから、「適法な下請負」がなされた場合には、下請負人の元請負人に対する報酬債権と元請負人の注文者に対する報酬債権の重なる限度で、下請負人は注文者に対して直接支払を請求することができる旨を新たに規定すべきとの提案をしている。

「適法な下請負」の内容としては、「基本方針」は、建設業法第22条により一括下請負では発注者の承諾のあることを挙げているが、通常の下請負は自

---
390 前掲「債権法改正の基本方針」（別冊 NBL 126号）368頁。

第8節　下請負

下請報酬の直接請求権

元請の債権者間の優劣、消費者(発注者)の保護が交錯

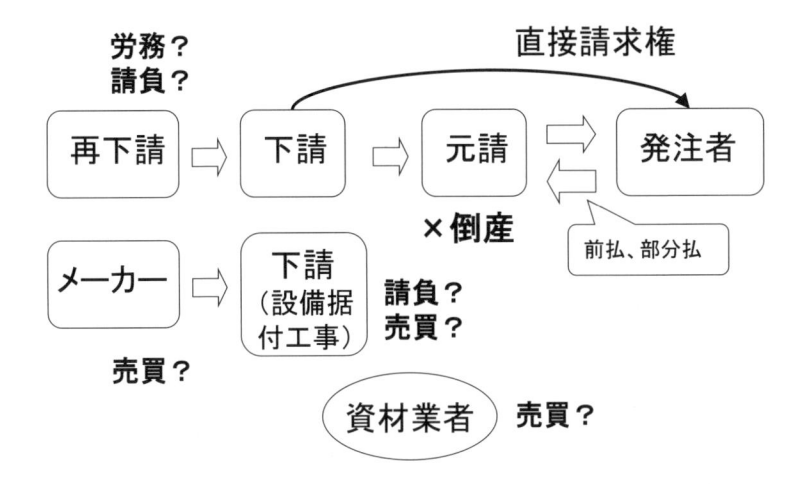

```
労務？
請負？
                    直接請求権
再下請 ⇒ 下請 ⇒ 元請 ⇄ 発注者
                ×倒産    前払、部分払
メーカー ⇒ 下請      請負？
         (設備据   売買？
         付工事)
    売買？
         資材業者  売買？
```

由なので注文者の承諾は特に要件とならないようである[391]。また、建設業以外の他の業種の請負は、どの法律の、どのような「適法性」が求められるのか、明言されていない。

　また、下請負人に直接請求権があるとしても、その権利内容は限界がある。

　下請負人は、注文者に対し請負人の履行補助者に過ぎないのだから、請負の目的物に関して元請負人と異なる権利関係を主張することはできないとするのが判例である[392]。その意味は、未払の下請代金について、発注者に事実上二重払を強いる等の危険を負わせて、下請負人を救済するものではないということである。

　「基本方針」【3.2.9.10】の〈4〉[393]は、このような判例を踏まえ、下請負人は、請負の目的物に関して、元請負人が元請負契約に基づいて「注文者に対して有する権利」を超える権利を、注文者に主張することができないことを条文上明記することを提案している。

391　前掲「詳解民法改正の基本方針Ⅴ」78頁。
392　最判平成5年10月19日民集47巻8号5061頁。事案の内容は、「第4節　完成建物の所有権の帰属」を参照。
393　前掲「詳解債権法改正の基本方針Ⅴ」77頁。

また、これとは逆に、注文者も、元請負契約に基づいて「元請負人に対して有する権利」を超える権利を下請負人に対して主張することができない旨の規定を設けることも条文上明記することを提案している。

(2) 法制審議会の審議
1）論点整理段階
　法制審議会民法部会（論点整理段階）の審議では、この提案に対して、多くの批判的意見が出された。下請問題は、建設業に限らず、日本の産業界に共通する課題であるからであろう。「論点整理の補足説明」では、以下のように法制審議会での意見を整理している[394]。
- ・下請負人に直接請求権を認めるのは担保権以上の優先権を認めることであり、その必要性があるのか慎重な検討を要する。
- ・元請負人が多数の下請負人を使用した場合や複数次にわたって下請負がされた場合に適切な処理が困難になる。
- ・元請負人が第三者に仕事を請け負わせた場合には直接請求が可能になるが、元請負人が第三者から物を購入した場合には直接請求ができないのは均衡を失する。
- ・下請負人から報酬の支払を請求される注文者が二重弁済のリスクを負うことになる。

　法制審議会（論点整理段階）のヒアリングでは、日建連は、「下請負人の注文者に対する直接請求権は、多様かつ複雑な請負関係との整合が困難であり、結局、元請負人にリスクと負担が寄せられることとなるなど、その規定の必要性に比して、実務上の弊害が大きいため、規定の新設に反対」と意見を述べた。

　その理由として、①転貸借関係と比べて、建設工事の請負関係は多様かつ複雑で、これを同列に論じることは不相当、②注文者の二重弁済リスクが結局元請負人に寄せられる恐れがあること、③下請負人保護に関する既存制度の存在を挙げている。

　パブリックコメントでは、法曹界の一部に賛成意見があるものの、大勢は

---

[394] 前掲「民法（債権関係）の改正に関する中間的な論点整理の補足説明」368頁。

反対である。もちろん建設業界は反対である。

　法律論としては、最高裁から、次のような詳細な意見が寄せられた[395]。

「検討することに異論はなかったが、次のような意見が多かった。
① 　直接請求権を認めることは、元請負人がどのような内容で下請負に出したか注文者において必ずしも把握できないため、注文者の二重弁済のリスクを増大させる懸念がある。
② 　仮にこれを認めるとしても、注文主側からみると、元請負人が下請負人に対して負う債務について並存的に債務を引き受けるのと類似した構造となり、結果的に、注文主の一般財産が元請負人の下請負報酬債務の引当てとなることに留意する必要があるほか、次の点について、下請負人の直接請求権の導入には社会的影響が大きいので、社会実体を踏まえた更なる検討を行うべきである。
　i 　例えば、元請負人と下請負人間に工事代金等についてトラブルが生じた場合において、注文主が自称下請負人から一方的に直接請求権を行使され、同請求権を保全するために注文主の一般財産（例えば預金債権）が仮差押えされて、注文主自身が窮地に陥る事例が容易に想定できる（債権者代位権の枠内で元請負報酬債務を代位行使される場合には、少なくとも元請負人の無資力が必要とされる限りで一定の歯止めがかかるが、提案されている直接請求権を行使される場合には、その歯止めはかからない。）。請負人に仕事を請け負わせる以上、注文主はその程度のリスクは覚悟しておかなければならないこととなるのか。
　ii 　元請負人が複数の下請負人に仕事を請け負わせた場合において、下請負報酬の総額が注文主に対する請負報酬額を上回るときは『下請負人の元請負人に対する報酬債権と元請負人の注文主に対する報酬債権の重なる限度』をどのような基準で判断すればよいのか。また、複数の下請負人のうち一部のみが直接請求権を行使した場合において、下請負人の総数及び下請負報酬の総額が不明なときに、裁判所として判断に窮することとなる恐れはないか。
　iii 　我が国の実務において、元請負、下請負、孫請負等請負契約が多層的

395 　前掲「『中間的な論点整理』に対して寄せられた意見の概要（各論6）」113頁。

第 3 章　請負契約

　　　　に連鎖することは日常的であるが、直接請求権は、どの範囲の上位者の責任財産を引当てにできる制度として設計するのか。仮に契約当事者の直近上位者に限定しないこととした場合、法律関係が複雑化する恐れはないか。
　　iv　直接請求権が問題となる場合は、本来別個の紛争であるはずの元請負人の注文者に対する報酬請求権の有無及び範囲ならびに下請負人の元請負人に対する報酬請求権の有無及び範囲が常にセットで問題となる。特に、後者を巡って元請負人と下請負人間のトラブルに起因する事案は決して少なくないと想定されるが、自らは関知しない紛争に巻き込まれる注文主の不利益を実質的に正当化できるか。
　③　請負人について再建型倒産手続が開始した場合、下請負人の注文主に対する直接請求権を無制限に認めると、請負人が請負報酬債権を実質的に失うことになる。請負人の倒産手続開始後に下請負人の注文主に対する直接請求を制限することの当否についても検討すべきである。」（最高裁）

日弁連も反対し、下請人の保護は建設業法等で規定すべきとしている[396]。

「下請負人の直接請求権については反対意見が強い。
　直接請求権を創設して、下請業者の書面による請求に注文者に対する請負人への支払禁止の効力を付与するというのは、いわば『裁判所でないとできないはずの差押えの自力執行を認める制度』『当事者の合意がないにもかかわらず、工事代金債権に下請業者の債権のための質権設定がされたとみなす制度』であり、下請業者に強すぎる権利を与えてしまう。下請人の保護については、先取特権で認めるか、建設業法、下請代金支払遅延防止法等の他の法律で規律すべきであって、債権法の請負における一般原則として定めることは適切でない。また、請負の場面においては、孫請負等数次の下請関係が存在することも多いところ、孫請負等の場合においても直接請求権を認めることができるのかという問題も生じる。」（日弁連）

---

[396] 前掲「『中間的な論点整理』に対して寄せられた意見の概要（各論6）」114頁。

また、全国銀行協会から、金融面の問題も指摘されている[397]。

「銀行が元請負人に対し、当該元請負人が注文者に対して有する報酬請求権を譲渡担保として融資を実行するスキームを考えると、中間的論点整理で示されるような注文者から下請負人に報酬が直接支払われることを認めるとすると、スキームが成り立たないという指摘がある。

また、注文者は下請負人と何らの直接の権利義務関係がないので、元請負人と下請負人との間に生じた問題について、注文者として客観的事実を把握し、判断することは困難と考えられるが、そのような注文者に対して下請負人から直接請求を行うことを認めると、当事者間（元請負人と下請負人）で十分な協議が行われないまま、下請負人から注文者への安易な直接請求が行われる懸念があるという指摘もある。」（全銀協）

2）中間試案段階

この提案は、「中間試案」では取り上げられなかった[398]。

部会審議（平成24年9月11日）の資料で、取り上げないことが示されていた[399]。

(3) 外国法について

1）フランス

法制審議会資料[400]には、フランスの1975年下請法第12条による直接請求権（直接訴権）の規定が立法例として挙げられているが、同法全体の要旨を以下に示す[401]。同法は、公契約、民間契約を問わない包括的な法律であり、法律全体をみると極めて強力な下請保護の特別法であり、直接請求権の該当条文だけで単独に成り立っているわけではないことがわかる。

下請けに関する法律　（要旨）
第1章　総則
第3条　公契約かそれ以外の民間契約を問わず、請負人には下請負人について発

---

[397] 前掲「『中間的な論点整理』に対して寄せられた意見の概要（各論6）」119頁。
[398] 前掲「民法（債権関係）の改正に関する中間試案のたたき台(4)(5)（概要つき）」【改訂版】58頁。
[399] 前掲「民法（債権関係）の改正に関する論点の検討(18)」38頁。
[400] 前掲「民法（債権関係）の改正に関する検討事項(12詳細版)」別紙比較法資料10頁。
[401] 法律の翻訳は、建設経済研究所「第16次欧州調査報告書　第二編」87頁以下、2000年参照。

第3章　請負契約

> 注者の承認を得、発注者に下請負の支払条件を受け入れさせる義務がある。
>
> 第2章　公契約における直接支払い
> 第5条　元請負人は入札の際に下請契約の内容、金額を発注者に明らかにする義務がある。
> 第6条　承認された下請人は、公契約の発注者から直接支払をうける。
>
> 第3章　民間契約における直接訴権
> 第12条　元請負人が催告を受けても1ヶ月以内に報酬を支払わない場合には、下請負人は発注者に対する直接訴権を有する。
> 2　直接訴権を放棄する合意は、無効。
> 3　この直接訴権は、たとえ主たる請負人が資産清算、裁判上の整理または訴求の暫定的停止の状態にあったとしても、存続する。
> 第13－1条　元請負人は原則として下請負部分の報酬について債権譲渡や担保に供することが禁じられる。
> 第14条　元請負人は下請人への支払について金融機関等の保証を得なければならない。
> 第14－1条　発注者（住宅建設の個人は除く）は3条の対象にならなかった下請人が現場に存在することを知った場合は、元請負人にその義務の履行を催告しなければならない。
>
> 第4章　雑則
> 第15条　この法律の規定を妨げる約定などは、無効。

　なお、第14－1条の義務違反をした発注者は、下請人が被った損害につき不法行為責任を負うという判例もあるという。

　もちろんフランスでも、同法の救済は、売買には適用されない。例えば、建設会社が発注者の土地に建物を建てるのは請負だが、建設会社が自分の土地に建物を建てて譲渡するのは売買とされるので、後者の場合には同法は適用されないという（なお、我が国と違い、土地と建物は付合して一体の不動産となることにも留意されたい）。

　ところが、この法律はフランスで、ほとんど活用されていないのが実情であるという[402]。フランスは、民法ではなく、特別法において下請問題に金融機関の保証等も含めた総合的な対策をしているが、その解決は、フランスにおいても難しい問題であることがわかる。

　このほか、フランス民法の直接訴権（請求権）の規定の研究があるが[403]、

2）アメリカ

また、アメリカでは、メカニック・リーエンと呼ばれる一種の先取特権制度があり、建設工事の報酬債権の担保に活用されている。リーエンや不動産工事先取特権の問題は民法でも物権法の分野に関するもので、今回の民法改正の検討範囲を超えるが、建設産業にとって重要なテーマなので、本書では取り上げたい。

このリーエンを参考にして、我が国の民法にある不動産工事先取特権などの担保制度を改善し、下請救済制度としようとする法学者の研究がある[404]。

その主張は次の通りである。

我が国の不動産工事先取特権（民法第327条）制度は、フランス民法の規定を承継した制度と言われるが、ほとんど使われていない。その理由としては、工事開始前に登記が必要なこと、注文者等の登記協力が得られないことなどが指摘されている。なお、解釈上、権利者は元請負人に限られ、下請負人を含まないという[405]。

また、フランスにおいても先取特権はやはり利用されていないという[406]。その理由としては、先取特権の登記が注文者への不信用の表示になるとされることや、大抵の場合請負人は労務開始前あるいは労務の進行に応じて賦払金により実際に支払を受けていること[407]など、代金確保の手段が他にあるか

---

402 ユーグ・ペリネ＝マルケ：ポワチエ大学法学部教授は、講演で次のように述べている。「残念なことに、今日のフランスの実務において、ほとんどの場合、（下請法の）これらの義務が履行されていません。つまり、元請負人は注文者に下請負人を提示することもしませんし、銀行を保証人に立てることもしないのです。何故かと言えば、元請負人は注文者に下請負人の存在を知られたくないと思っていることが多いですし、なによりも、銀行を保証人に立てることに伴う費用を支払いたくないからです。」「フランスにおける建築契約」（北大法学48巻1168頁1998年）。

403 山田希「フランス直接訴権論からみたわが国の債権者代位制度㈠〜㈢」（名古屋大学法政論集（1999年179号、180号、2002年192号）。工藤巌「フランス法における直接訴権（action directe）の根拠について㈠」南山法学20巻2号1996年。

404 執行秀幸「不動産工事の先取特権—アメリカ合衆国における統一建設リーエン法の検討—」2006年。担保制度の現代的展開138頁、日本評論社。伊室亜希子「ニューヨーク州法における建築請負報酬債権の担保方法—わが国における立法論を志向して—」早稲田法学74巻4号以下。2000年。

405「注釈民法」第8巻162頁以下。なお、フランスは土地と建物が一体の不動産であるから矛盾しないが、日本のように土地とは別の不動産である建物について、工事前の「不動産が存在していない状態」で登記を要求する制度自体が矛盾を含んでいるといえよう（実務的には登記方法は存在する）。この点は、民法制定時に土地と建物が別々の不動産と考えるために、賃借権については法定地上権の規定を置いたが、請負工事の報酬債権の問題は立法的解決かなかったことに由来すると思われる。これは、完成建物の所有権の帰属問題と同根の問題である。

406 坂本武憲「建築工事代金債権の確保」金融担保法講座Ⅳ368頁　筑摩書房1986年。

らという。

　これに対して、アメリカのリーエン制度は各州法で定められた制度であるが、対象が工事の下請負人の債権だけでなく、資材業者の債権や労働者の賃金債権まで広がっており、なによりも実際に広く有効に機能していることが、注目されるという。

　しかし、以下のようにリーエンを我が国に導入する実務上の課題は多い。

　第一に、日米の各担保制度に関する歴史的沿革や建設工事の取引慣行の違いがあること。

　米国では建国当時は金融が未発達で、建設業者や建設資材業者の資金力に頼って工事を進めた経緯があり、日米の建設業者等の債権確保に関する歴史的事情や取引慣行とは、大きな違いがある。日本の建設・不動産市場では、建設業者に対するだけでなく、建築主に対しても金融機関の存在は欠かせないと思われる。今日ではアメリカでも金融機関はリーエン制度の見直しを求めているが、各州議会の理解を得られていないと言われる[408]。

　第二に、公共事業の下請問題には別途の行政的な対策が必要なこと。アメリカでは公共事業の場合にはリーエンの対象とならない。その理由は政策的なものとされるが、担保権の実行（競売）が想定できないからであろう。したがって、公共工事では、代金債権の信託制度や下請ボンド制度など、別の対策が行われている。また、工事代金の支払は、公共事業でも出来高部分払が一般的である。

(4) 建設工事請負契約への影響

　民法では新たな規定の創設が見送られたため、影響はない。下請問題は現行の政策に委ねられたままである。

　下請報酬の直接請求権の規定は、韓国の建設産業基本法（日本の建設業法に相当する）にも規定があるが、それ自体相当複雑な制度であり、建設業、特に下請問題を取りまく事情が日本と異なることなど、今後の研究に待つところが多い[409]。

407　欧米の建設工事代金支払方法は、民間事業でも公共事業でも、出来高部分払いが一般的である。
408　前掲執行秀幸「不動産工事の先取特権―アメリカ合衆国における統一建設リーエン法の検討―」参照。
409　周藤利一「韓国の建設下請問題1から3」建設経済研究所 Monthly2012年5〜7月号建設経済研究所。なお、韓国の建設産業基本法の条文については、周藤利一氏の翻訳が(財)土地総合研究所のwebサイトで公開されている。

また、我が国の請負制度の改善を諸外国の請負制度だけを比較して、良いと思われるところだけを学ぶという発想には限界もある。例えば、労働法の分野にも視野を広げれば、フランスでは建設現場にも派遣労働者の活用が認められているが、日本、ドイツでは禁止されているという雇用と請負の隣接した領域での制度の違いも見失ってはならないと思われる。

　建設業の特性（受注仕事であること、気象条件に左右されることなどからくるリスクがあること）は先進各国とも同じであるが、その対策は各国の社会事情により異なった制度を組み合わせていることを理解し、総合的に考える視点が重要ではないかと思われる。

第4章　組合契約　(JV)

第1節　組合制度をめぐる時代の変化

1　民法の組合制度の現代的意義

　民法の組合制度は、共同事業を行う契約であり、共同事業も営利目的のものに限らない一般的な仕組みである[410]。

　いまどき、共同事業において会社制度や特別法上の協同組合制度を使わずに、民法の組合制度を使うのは、建設業の共同企業体（ジョイントベンチャー）くらいで、全体としては昔の制度が民法に残っているという認識もあろう。

　しかし、その現代的な意義は、法人格のない集団的投資スキームのオリジナルという点にある[411]（だからこそ、建設工事の共同企業体の器として利用されたといえる）。

　集団的投資スキームというと、建設業にも関連の深い不動産の証券化スキームが思い浮かぶが、近年は金融や事業会社など多方面で新しい集団的投資スキームが発展している。組合制度においても、従来の無限責任型だけでなく、無限責任と有限責任の混合型、有限責任型など、新たな類型が生まれている[412]。民法の組合制度は、これらのかかわりにおいて、オリジナルとして新しい仕組みを理論的に支える存在であるとともに、新しい仕組みの影

---

[410] 民法の解説書では、具体的には、建設工事共同企業体の他、家族による家業の経営、映画制作委員会、会社設立の発起人組合、ヨットクラブ、航空機の共同リース事業などが、民法上の組合とされる。
[411] 歴史的には、欧州では組合制度が先に生まれ、それが会社制度に発展した。その後アメリカでパートナーシップという組合制度が活用された。今日、広義のジョイントベンチャー（joint venture：共同事業、合弁事業）の器としては一般には株式会社が用いられる。この他、会社形式では合同会社、合名会社、合資会社があり、各種の組合や信託も利用される。これらの器（vehicle）の特性とその選択については、ジョイントベンチャー研究会「補訂版ジョイントベンチャー契約の実務と理論」（判例タイムズ社2007年）18頁以下参照。
[412] 組合制度には、民法の組合、商法の匿名組合及び特別法による各種の組合があり、学説等では権利能力なき社団や内的組合について議論があった。近年、特別法により、投資事業有限責任組合（1998年制定）及び有限責任事業組合（2005年制定）が制度化された。これらは民法の組合制度の特例とされる。民法の組合制度が無限責任組合員で構成されるのに対して、「投資事業有限責任組合」は有限責任組合員と無限責任組合員で構成され、「有限責任事業組合」は有限責任組合員のみで構成される。

響を受けることになる。

　また、共同事業を行う会社（通常は株式会社）の設立・運営に関しては、出資者間の契約（株式会社の場合は、株主間契約という）が結ばれる。M&Aなどの分野を中心に、この株主間契約に関する実務は著しく発展しており、この影響がPFIなど公共事業の分野にも及んでいる[413]。

　実は、組合の設立、運営に関する組合契約（例：共同企業体の協定）も、投資家間の契約であることは同じであるから、組合制度は、株主間契約にとってもオリジナルであるとともに、その実務的発展からの影響を受けると思われる。

　このような現代的な実務や商法、会社法等との連続性を意識しつつ、組合に関する民法改正が議論されていることを理解する必要がある。

　以上から、民法改正における組合制度の現代的課題は、現行の組合契約制度にどのような現代的な見直しを行うかである。この課題に対しては、「中間試案」は、通説判例に沿って原則的ルールを法文に書き込む提案をしている。

　新たな組合類型については、「債権法改正の基本方針」は、有限責任事業組合等、権利能力なき社団、匿名組合などを検討した結果、「内的組合」[414]についてのみ規定をおくことを提案した。しかし「中間試案」では、内的組合は取り上げられなかった[415]。

2　税法とのかかわり

　さらに、組合制度が集団的投資スキームのオリジナルであることから、民法改正において税法の影響が無視できないことに留意すべきである。逆に言

---

[413] 建設業界も関心の深いPFI事業でも、事業主体となる株式会社の設立運営についてスポンサーの支援体制、リスク分担等を定める「株主間協定」が結ばれている。参考：杉本幸孝監修・内藤滋他著「PFIの法務と実務　第2版」436頁（2012年金融財政事情研究会）。

[414] 内的組合とは「数人の者が事業を営むに当たって、事業活動の必要な法律行為は、数人中の一人の名で行い、従ってまた必要な経済手段たる財産もすべてその者の単独の所有とする場合」（我妻榮説）である。わが国の建設工事における元請、下請等の内部関係は、発注者等の外部との関係においては一種の内的組合と見ることも出来るのではないか。参考：島本幸一郎「改訂3版現代建設工事契約の基礎知識」改訂3版の序文及び本文10頁。

[415] 前掲「民法（債権関係）の改正に関する中間試案のたたき台(4)(5)（概要つき）」【改訂版】80頁。

第1節　組合制度をめぐる時代の変化

えば、組合制度の見直しを考える上では、税をめぐる議論が壁になることに留意すべきである。

例えば、建設工事の共同企業体（組合）の債権者が共同企業体の構成員（組合員）に支払を請求したときは連帯債務と解され、構成員にも支払の義務がある。これについて「共同企業体に支払能力があるから、先に共同企業体に請求すべき」と言う法的権利を付与する（構成員＝組合員の責任は補充的なものとする[416]）というアイデアについては、合理的なルールと評価される方も多いだろう[417]。

しかし、法務省は、法制審議会において、民法上の組合の組合員の責任を補充的なものにすることについて次のように否定的意見を述べている[418]。

「民法組合を利用することの主なニーズは、特定の組合員の信用を当てにして共同事業を行うこと、及び法人格がないことです。そして、税務上のパススルー性[419]がメリットになっています。以上を踏まえると、組合財産によって満足を得られなかった場合にのみ、初めて組合員個人の財産に対して権利を行使することができるとしてしまいますと、特定の組合員の財産を当てにした取引の相手方にとって、債権回収が迂遠になってしまうので、実際の組合の運営に差支えが出てくると考えております。

また、<u>組合と組合員の債務が併存的であることが税務上のパススルー性の大きなよりどころとなっていることから、仮にこれが補充的なものになると、税務上の扱いが変更されるおそれがあります。</u>税務上の扱いを維持するためには、わざわざ新しい類型の組合員と併存的な組合というものを観念しなければ、ニーズに対応できなくなるので、こちらについては現状どおりとしていただきたいと考えております。」

---

[416] 同じ無限責任でも、会社法の持分会社（合名会社、合資会社のみ）の無限責任社員の責任は補充的である。会社法第580条第1項参照。ただし持分会社にはパススルー税制の適用はない。

[417] 建設業共同企業体研究会編著「建設業共同企業体の解説」75頁（㈶建設業振興基金1978年）では、共同企業体の金銭債務について共同企業体の財産で不足する場合に構成員が義務を負うことは「原則では無いが、通常はこのように取り扱われると思われる」としている。

[418] 民法（債権関係）部会第18回議事録20頁。奈須野関係官の発言。このように、組合に関連する民法改正において租税法の影響を法務省が無視できないのは、組合制度が集団投資スキームとして今後も使われることを念頭に置いていると思われる。

[419] パススルー（pass-through）課税とは、法人税などの課税が、共同企業体段階では行われず、構成員の段階で行われ、企業体段階と構成員段階の二重課税を回避する仕組みを言う。構成員課税とも言う。

併存的な連帯責任の仕組みを変えると税制にまで影響するという法務省の見解は、昔からの常識だろうか。このパススルー税制（構成員課税）に関する議論は、おそらく最近の会社法、有限責任事業組合法等の制定の際の経緯などの影響と思われる。

民法上の組合を活用した建設業における共同企業体の仕組みは古くから整えられたので自らが変わったという意識はないにもかかわらず、各種の投資スキームの発展により、このように民法の組合制度が周辺から固められていく状況になっている。

なお、かつて我が国の民法学ではドイツ民法学に影響されて社団と組合の峻別が論じられた。これは、「私法上の団体を法人と組合に二分して、法人格のない団体はすべて組合とし、民法の組合の規定はその総則であるが、社団と組合の法的性格は異質であるため、法人格のない組合には社団の規定は一切適用・準用されない（逆に、組合の規定も社団に適用されない）」というような理論である。

しかし、今日では「実際にも、社会学的にも、法律の規定の上でも、組合を社団法人と異質の団体と解することは無理がある。」[420]とされ、「基本方針」の提案も組合と社団の峻別論をあまり意識していない（組合契約の法的性格についても双務契約か合同行為かという議論があったが、これも同様であろう[421]）。

実務的にも、一般社団、一般財団、有限責任事業組合等の設立等に関する各々の法律が整備された今日においては、法解釈論で法人制度に関する立法の隙間を埋める意義が乏しくなっていると思われる。

建設業の共同企業体の法的性質についても、甲型を念頭に、民法上の組合か、権利能力なき社団かという議論が行われたが[422]、組合とする判例・学説は定着し、現代的な視点では議論の意義は薄いと言えよう[423]。むしろ今日では共同企業体を「権利能力なき社団」と解すると、パススルー税制の適用は受けられない恐れがあるのではないか。同様に、共同企業体が経常型か特定

---

[420] 内田貴「民法Ⅱ債権各論　第2版」290頁（東京大学出版会2007年）。
[421] 福地俊雄「新版注釈民法17」30頁。有斐閣1993年。
[422] 前掲「建設業共同企業体の解説」63頁以下（1978年）は、社団組合の区分論に沿って、経常JVの甲型を念頭に共同企業体を民法上の組合としている。また、栗田哲男「建設業における共同企業体の構成員の倒産」判例タイムズ543号25頁1985年では、権利能力なき社団としている。
[423] 判例は、共同企業体を民法上の組合とする（最判昭和45年11月11日民集24巻12号1854頁）。参照：平井一雄「建設共同企業体の法律的性格―判例を素材として―」ジュリスト852号205頁1986年。

工事型か、甲型か乙型かを問わず、すべて民法上の組合と考えて問題ないように思われる。これらの型の区分は公共工事の入札契約制度等に対応した区分として行政上は意味があるが、民法上では組合業務の実態の違いにすぎないからである。

また、最近、設計施工一括発注の仕組みとして検討されている「コンソーシアム方式」も、以上のような税制上の観点から、現行法の下では、設計会社と建設会社の共同企業体すなわち民法上の組合とすべきと思われる[424]。

民法上の組合制度に関する提案のうち、建設業に関係するものとしては、ＪＶの代表者（組合の業務執行者）の代表権、訴訟代理権等がある。しかし、これらは通説判例の条文化であり、既に実務上定着しているので、本書では省略したい。

以下、本書では、今後検討すべき課題が多いと思われる「組合員の脱退と組合の解散」に関する提案を、取り上げることとしたい。

第2節　組合員の脱退と組合の解散

(1) 基本方針の提案

「基本方針」は、組合員の加入（省略）や脱退について、判例や学説に沿って明文化するという提案している。なお「基本方針」の提案は幅広いが、本書の趣旨に沿って建設業に関係の深いところだけ取り上げることとする。

現行民法	基本方針の提案
（組合員の脱退） 第678条　組合契約で組合の存続期間を定めなかったとき、又はある組合員の終身の間組合が存続すべきことを定めたときは、各組合員は、いつでも脱退することができ	【3.2.13.19】（任意脱退） 〈1〉及び〈2〉　略 　（現第678条に同じ）

---

[424] 前掲「建設業共同企業体の解説」42頁。参考：谷安覚『「国際的な発注契約方式の活用に関する懇談会」の平成22年度の検討状況について』（建設マネジメント技術2011年6月号12頁）。ただし国土交通省によると法的には設計が下請負又は設計施工別契約の方式もありうるという。

る。ただし、やむを得ない事由がある場合を除き、組合に不利な時期に脱退することができない。 2　組合の存続期間を定めた場合であっても、各組合員は、やむを得ない事由があるときは、脱退することができる。 第679条　前条の場合のほか、組合員は、次に掲げる事由によって脱退する。 　一　死亡 　二　破産手続開始の決定を受けたこと。 　三　後見開始の審判を受けたこと。 　四　除名 （脱退した組合員の持分の払戻し） 第681条　脱退した組合員と他の組合員との間の計算は、脱退の時における組合財産の状況に従ってしなければならない。 2　脱退した組合員の持分は、その出資の種類を問わず、金銭で払い戻すことができる。 3　脱退の時にまだ完了していない事項については、その完了後に計算をすることができる。	〈3〉　やむを得ない事由があっても組合員が脱退できないと定める組合契約の規定は、効力を有しない。 【3.2.13.18】【3.2.13.20】省略。 （現第679条、第680条に同じ。なお「基本方針」の提案は、現行の第679条と第678条の順序を入れ替えている） 【3.2.13.21】（脱退した組合員の持分の払戻し等） 〈1〉から〈3〉　略（現第681条に同じ） 〈4〉　脱退した組合員は、その脱退前に生じた組合の債務について、【3.2.13.07】〈2〉、〈3〉に定められた責任を負う。この場合において、脱退した組合員は、他の組合員に対し、この債務からの免責を得させること、または、相当な担保を供することを求めることができる。

1）任意脱退について

通説は、やむを得ない事由がある場合にも脱退し得ないという組合規定は許されないが、それに至らない程度の拘束は有効とする[425]。

〈3〉の「やむを得ない事由があっても組合員が脱退できないと定める組合契約の規定は、効力を有しない」という規定は、通説・判例に沿ったもの

---

[425] 我妻榮他。参考：菅原菊志「新版注釈民法17巻」166頁。なお、同書165頁には「合名会社につき、会社の営業不振にして前途に事業成功の見込みの無いこと」が、やむを得ない理由と認められなかった例として挙げられている（東京地判大正14年6月30日）。

とされる。判例とされる最高裁判決は、次の通りである[426]。

「民法678条は、組合員は、やむを得ない事由がある場合には、組合の存続期間の定めの有無にかかわらず、常に組合から任意に脱退することができる旨を規定しているものと解されるところ、同条のうち右の旨を規定する部分は、強行法規であり、これに反する組合契約における約定は効力を有しないものと解するのが相当である。」

2）法定の脱退事由について【3.2.13.18】
「基本方針」の〈1〉、〈2〉の規定自体は現行法と同じである。
死亡を脱退事由とするのは、相続人が組合員たる地位を相続しないという通説判例の立場を維持するものである。

3）組合の解散
「基本方針」は、現民法で規定される解散事由のほかに、これまでの解釈で認められてきた事由を追加すべきとの提案している（清算の規定は省略）。

現行民法	基本方針の提案
（組合の解散事由） 第682条　組合は、その目的である事業の成功又はその成功の不能によって解散する。 （組合の解散の請求） 第683条　やむを得ない事由があるときは、各組合員は、組合の解散を請求することができる。	【3.2.13.22】（解散の事由） 　組合は、次に掲げる事由によって解散する。 〈ア〉　組合契約で定めた存続期間の満了 〈イ〉　組合契約で定めた解散の事由の発生 〈ウ〉　組合の目的である事業の成功またはその成功の不能 〈エ〉　総組合員の同意 〈オ〉　[組合員が一人になったこと／組合員が欠けたこと。] 〈カ〉　【3.2.13.23】による解散の請求 【3.2.13.23】（組合の解散の請求） 　略（第683条に同じ）

426　判例は最判平成11年2月23日民集53巻2号193頁。事案は、ヨットクラブ（民法上の組合とされた）において、やむを得ない事由があっても任意の脱退を許さない旨の組合契約における約定は、組合員の自由を著しく制限し公の秩序に反するため、無効とした。なお、譲渡は組合の承諾があれば認められるが、脱退禁止は、組合に払戻の財源がなく、運営費負担の都合から会員数の減少を防ぐためとされている。

第4章　組合契約　(JV)

　組合の解散事由を列挙する提案は、わかりやすい民法という点からも異論は少ないと思われる。
　通説では組合員が1人となることは組合の解散事由であり、【3.2.13.22】〈オ〉はこれを条文化する提案である。別案の「組合員が欠けたこと」が解散事由になる提案は、1人組合までは存続を認める案である[427]。

(2) 法制審議会の審議
1) 論点整理段階

　法制審議会（論点整理段階）の審議では、組合員の脱退に関して判例・学説において示されてきた解釈を明文化することに関して、特段の異論は示されなかったという[428]。組合員が1人になった場合を解散事由とするか1人組合を認めるべきかどうかという点に関しては、意見が分かれたという。
　パブリックコメントではおおむね賛成であったが、金融機関や破産管財人の視点から使い勝手のよい制度を望む意見が寄せられている。
　日弁連からは、組合員の脱退の論点に関して、次の意見があった[429]。

　「組合員の脱退に関する現行規定を維持しつつ、やむを得ない事由があっても組合員が脱退することができない旨の組合契約の定めは無効であることや、脱退前の組合債務に関する脱退した組合員の責任に関して、判例・学説において示されてきた解釈を明文化することについて、賛成する。
　組合の事業を継続する上で有効であることから、組合員に脱退の事由が生じたときであっても、当然に持分の払戻しをするのではなく、その持分を他の組合員が買い取ることができる仕組みを設けることについて、賛成する。」

　最高裁からは、破産時のJVの当然脱退について、次の意見があった[430]。

---

[427] 1人組合を認め、「組合員が欠けたこと」を解散事由とする案は、2人以上の組合員の存在は組合の成立要件であるが存続要件ではないという説に立脚。組合の事業の継続性を重視する。しかし、この説については、構成員の補充のニーズの有無や1人組合の解散規定の在り方など、法律上の問題が指摘されている。前掲「詳解民法改正の基本方針Ⅴ」312頁以下。なお、当該解散規定は、強行法規と解釈されることが前提と思われる（任意法規なら組合規約で自由に定めうるため）。
[428] 前掲「民法（債権関係）の改正に関する中間的な論点整理の補足説明」427頁。
[429] 前掲「『中間的な論点整理』に対して寄せられた意見の概要（各論6）」394頁。
[430] 前掲「『中間的な論点整理』に対して寄せられた意見の概要（各論6）」397頁。最高裁の意見は、組織としての意見ではなく、裁判官等の個人的形をとっている。この意見には、公共事業などでは破産管財人も工事を継続することを望む場合があることが背景にあると思われる。

「検討することに異論はなかったが、請負人破産の場合に管財人が履行選択を行おうとしたときにJVを当然脱退させられることがないよう配慮していただきたいとの意見があった。」

　全国銀行協会は、組合員の脱退の論点に関して、次のような意見を述べている[431]。

「現在、流動化案件等で組合の形態が利用されない理由として、組合員が破産して組合財産の払戻しが生じると、スキームを維持できなくなることが大きな理由となっている。そこで、組合員の破産・死亡等の場合の脱退については、破産・死亡等により脱退した場合であっても清算・払戻しとするのみではなく、他の組合員が持分を買い取ることについても検討が必要という指摘がある。現行法では組合員の債権者が組合員の持分を差押えた場合の取扱いに関する規定は存在しないが、会社法第609条を参考とした規定を設けるべきという指摘がある。そのため組合員の脱退においては、他の組合員による持分の買取りが認められる方向での検討を望む。」

　建設業界からは、日建連は、組合員の脱退の論点に関して、次のような意見を述べている[432]。既存のJV協定書自体の問題を指摘しているとも考えられる。

「『論点整理』では、もっぱら脱退組合員の脱退に伴う精算は脱退時の組合財産の状況による旨の現行規定を前提に、脱退組合員の組合に対する求償権（残存組合員の求償債務の合有的帰属）について議論されている。逆に脱退組合員の組合や残存組合員に対する責任は特段議論されていない。建設請負における複数の請負人によるジョイントベンチャー（JV）の運営にあたっては、工事途中において、例えば工事収支の悪化などを理由に、JVを構成するひとりの請負者がJVから脱退する場合が生じているところであり、現在、一般に用いられているJVの運営・責任等が定められ、JVを編成する各請負人間にて締結されているJV協定書においては、脱退後も脱退した請負

---

[431] 前掲「『中間的な論点整理』に対して寄せられた意見の概要（各論6）」397頁。
[432] 前掲「『中間的な論点整理』に対して寄せられた意見の概要（各論6）」394頁。

人は赤字負担・瑕疵責任は引き続き負うが、その一方で、脱退した請負人は JV 利益の配分には与れないことが規定されている。JV 運営の実務に照らすと、債権法改正にあたっては、当該 JV から脱退した請負人の脱退にあたっての権利のみを規定するだけではなく、当該脱退請負人の責任（損害賠償責任・欠損責任等）についても、規定されるべきである」。

2）中間試案段階

「中間試案」の組合に関する提案のうち、本書の趣旨に沿って、建設業に影響があると考えられるものを取り上げる。具体的には、次の通りである[433]。

第44　組合
7　組合員の脱退（民法第678条から第681条まで関係）
　組合員の脱退について、民法第678条から第681条までの規律を基本的に維持した上で、次のように改めるものとする。
　(1)　民法第678条に付け加えて、やむを得ない事由があっても組合員が脱退することができないことを内容とする合意は、無効とするものとする。
　(2)　脱退した組合員は、脱退前に生じた組合債務については、これを履行する責任を負うものとする。この場合において、脱退した組合員は、他の組合員に対し、この債務からの免責を得させること、又は相当な担保を供することを求めることができるものとする。
8　組合の解散事由（民法第682条関係）
　民法第682条の規律を改め、組合は、次に掲げる事由によって解散するものとする。
　(1)　組合の目的である事業の成功又はその成功の不能
　(2)　組合契約で定められた存続期間の満了
　(3)　組合契約で定められた解散事由の発生
　(4)　総組合員による解散の合意

なお、「組合員が一人になったこと／欠けたこと」を解散事由とする提案は取り上げられなかった。

(3) 外国法について

法務省資料には、フランス及びドイツの組合制度の詳細な規定が紹介され

433　前掲「民法（債権関係）の改正に関する中間試案」77頁。

ているが、特に注目すべき規定として本文に引用されているものはないため、省略する[434]。

(4) 建設工事請負契約への影響

建設工事共同企業体制度は、入札契約制度との関連で、民法の予定した組合制度とは異なったものに発展したと考えられる。

他方、現在の共同企業体の協定制度とその運用ルールは、「やむを得ない理由による脱退」に関する判例の動向や、新しい民事再生法制の整備やその実務の動向に必ずしも整合的ではないところがあるのではないかと思われる。

このため、中間試案に沿った民法改正を機会に、これまでの建設工事共同企業体の運用等のあり方を再点検する必要があると思われる。

１）任意脱退

国土交通省による共同企業体の協定書[435]では、脱退について次のように定めている。

参考　国土交通省の特定建設工事共同企業体協定書（甲）
（工事途中における構成員の脱退に対する措置）
第16条　構成員は、発注者及び構成員全員の承認がなければ、当企業体が建設工事を完成する日までは脱退することができない。
２　構成員のうち工事途中において前項の規定により脱退した者がある場合においては、残存構成員が共同連帯して建設工事を完成する。
３　（略）
４　脱退した構成員の出資金の返還は、決算の際に行うものとする。ただし、決算の結果欠損金を生じた場合には、脱退した構成員の出資金から構成員が脱退しなかった場合に負担すべき金額を控除して金額を返還するものとする。
５　決算の結果利益を生じた場合において、脱退構成員には利益金の配当は行わない。

特定建設工事共同企業体協定書（乙）
（工事途中における構成員の脱退）

---

[434] 前掲「民法（債権関係）の改正に関する検討事項(13)詳細版」別紙比較法資料１頁以下。
[435] 「建設工事共同企業体の事務取扱いについて」（昭和53年11月１日建設省計振発第69号建設振興課長通達）別紙参照。「工事契約実務要覧」平成24年度版752頁。

第4章　組合契約　(JV)

> 第16条　構成員は、当企業体が建設工事を完成する日までは脱退することができない。

　甲型（経常型JV）の協定書第16条第1項の文言は、上記の最高裁判決[436]の言うような強行法規違反（無効）だろうか。

　文言上は「やむを得ない理由があっても脱退を認めない趣旨」と直ちに断定できないが、解説書[437]では「本条による構成員の脱退は、次条の破産又は解散に至らない倒産（銀行取引停止等）、被災等の事由に限られ、例えば、構成員間の協調が欠けたことを理由として脱退することは認められない」として、厳しい運用姿勢を示している。これは、公共工事において、共同企業体の結成段階から発注者の関与が強かった時代の雰囲気を伝えていると思われる。

　他方、乙型（特定工事型JV）の協定書第16条は、明文上、脱退を認めない厳しい文言となっており、これでは中間試案の根拠となった最高裁判決に抵触するのであろうか。

　「中間試案」に沿った民法改正が行われると、やむを得ない理由があっても脱退は認めないと断言することはできないだろう。現行法でも、その限りで判例に抵触するといわざるを得ないが、現協定でも、「協定書に定めのない事項（第19条）」として適切に関係者間で協議し合意ができれば、運用上は問題ない解決ができると考えられる。

　なお、「やむを得ない事由」とは、単に赤字工事の見通し等などの「自己都合」ではない。これでは債務不履行の容認に等しく、従来の裁判例からしても「やむを得ない事由」と認められないと思われる[438]。個別のケースによっては、常に脱退が認められるとは言えないことにも留意すべきであろう。

　以上の問題は、次の2）の脱退者への損益配分（損害賠償）とも関連する

---

[436] 最判平成11年2月23日民集53巻2号193頁。なお、「組合員は正当の事由なく組合を脱退することを得ず。脱退については組合の承認を得べきこと。」という組合契約条項を「組合員を拘束すること重きに過ぎ民法第678条の法意に反する」として無効とした判例もある（大判昭和18年7月6日）。菅原菊志「新版注釈民法17巻」1993年166頁。

[437] 前掲「建設業共同企業体の解説」118頁。

[438] 「合名会社につき、会社の営業不振にして前途に事業成功の見込みの無いこと」が、やむを得ない理由と認められなかった裁判例がある（東京地判大正14年6月30日）。菅原菊志「新版注釈民法17巻」165頁。

と思われる。民法改正を機会に、協定の表現を精査すべきではないかと思われる。

2）脱退者への損益配分（損害賠償）
「中間試案」は、「脱退した組合員は、脱退前に生じた組合債務については、これを履行する責任を負うものとする。」

この組合債務の履行責任とは、共同企業体の協定で定める決算の結果に対する責任とは少し違うのだろうか。工事限りの特定JVの場合は、工事に係る債務は不可分と考えると「脱退前に生じた組合の債務」とは建設工事全体ということになり、決算結果と同じになるのだろうか。他方、経常JVの場合は、工事単位で考えると、脱退後に受注した工事の損益まで責任を負わない趣旨だろうか。更に工事の責任も分割が可能と考えると、特定JVでも複雑になってくる。

建設工事共同企業体協定では、「工事途中における構成員の脱退に対する措置」（例えば甲型第16条第4項、第5項）における、脱退した構成員に対する「損益配分」の措置を次のように定めている。

国土交通省の特定建設工事共同企業体協定書（甲）第16条
4　脱退した構成員の出資金の返還は、決算の際に行うものとする。ただし、決算の結果欠損金を生じた場合には、脱退した構成員の出資金から構成員が脱退しなかった場合に負担すべき金額を控除した金額を返還するものとする。
5　決算の結果利益を生じた場合において、脱退構成員には利益金の配当は行わない。

日建連の意見で指摘されたような、赤字の工事の責任を回避するためにJVを脱退するような場合は論外であるが、脱退者に常に損害を負担させるのは問題があるのではないか。

協定の第4項、第5項は、「損害賠償の予約」とも解釈できるが、解説書[439]の説明からは脱退の経済的意義を失わせる懲罰のような印象も受ける。

もちろん、損害があれば償う必要はあるが、脱退の理由や損害発生の原因などを総合的に判断して、脱退組合員に負担させるのが妥当でないと判断さ

439　前掲「建設業共同企業体の解説」118頁以下（1978年）。

第4章　組合契約　(JV)

れる可能性もあると思われる。

　今日の建設工事共同企業体に対する政策的なスタンスに鑑みれば、特に、脱退した者への損失配分については、現民法第681条第1項のように脱退時の精算も併用し、損害賠償額は当事者の協議に委ねるなどの民法の原則に沿った方法も検討すべきでないか。
　なお、その検討の際には、税法の影響も考慮すべきであろう。共同企業体を脱退した建設会社が現協定による赤字負担を拒否し、やむなく残存構成員が負担したものが、税務当局から税法上の寄付金と扱われる恐れもあるのではないか[440]。それでは、脱退者にペナルティーを科すはずが、かえって残存構成員を害する結果になると思われる。
　民法改正を機会に改めて検討すべき課題と思われる。

3）法定脱退・除名
① 破産
　破産は、組合の法定脱退事由であるため、以下のように、共同企業体の協定でも当然に脱退するものと扱われている。

参考　国土交通省の特定建設工事共同企業体協定書（甲）
（工事途中における構成員の破産又は解散に対する処置）
第17条　構成員のうちいずれかが工事途中において破産又は解散した場合においては、第16条2項から5項までの規定を準用するものとする。

　これについては、パブリックコメントの最高裁判所意見からは見直してほしいという声も寄せられている。建設業の場合、破産管財人の理解を得てかなりのJV工事が継続するのではないだろうか。破産手続を管轄する裁判所など、法曹界の実務家との意見交換が望まれる。

② 会社更生
　では、会社更生法の申立等はどうであろうか。「共同企業体の構成員の一部について会社更生法に基づき更正手続き開始の申立てがなされた場合等の取扱いについて」（平成10年12月24日建設省経振発第74号建設経済局長通達）

440　参考　あずさ監査法人「AZInsight」2010年11月号（業種別アカウンティングシリーズ第2回建設業）9頁。

記Ⅳでは、解除・除名が可能という見解が前提と思われる。

しかし、会社更生法の再生手続の開始については、民法を類推適用して、これを直ちに破産と同じ扱いをすると判断すべきでないと考える。次の理由から、慎重に対応すべきである。

第一に、実際には会社更生法の申立があってもその後の関係者間の交渉でかなりの工事が再開されるので[441]、直ちに工事完成の見込みがない（債務不履行の発生）として発注者が契約を解除し、又は共同企業体から排除するのは早計であること。

第二に、法律論として、会社更生申立を理由とする発注者からの請負契約の解除は、会社更生法の解釈上無効という（履行の選択は管財人の権限であると考える）見解が有力であること[442]。この説は、昭和57年の最高裁判決[443]の趣旨が双務契約一般（請負契約も含まれる）にも及ぶと考える。

③ 除名

同様の考え方によると、会社更生法など民事再生手続の申立を行ったことを理由とする共同企業体協定（下表の第16条の2）[444]に基づく除名の有効性も、民事再生手続等に関する裁判所（管財人等）の権限との関係で問題になろう。

> 参考　国土交通省の特定建設工事共同企業体協定書（甲）（構成員の除名）
> 第16条の2　当企業体は、構成員のうちいずれかが、工事途中において重要な義務の不履行その他の除名し得る正当な事由を生じた場合においては、他の構成員全員及び発注者の承認により当該構成員を除名することができるものとする。

---

441 「座談会　ゼネコン倒産処理を巡る法的諸問題」金融法務事情1508号36頁1998年3月5日。座談会出席者の松嶋英機弁護士によると、更正決定開始時には、東海興業案件では金額で97％、多田建設案件では件数で98％が工事再開していたという。

442 伊藤眞先生の説。参考：島本幸一郎「現代建設工事契約の基礎知識〔改訂3版〕」217頁以下。前掲「座談会」金融法務事情1508号36頁。

443 最判昭和57年3月30日（判例タイムズ469号181頁）。事案は、割賦販売契約に会社更生法申請を理由とする解除特約があったが、これに基づく解除を裁判所は認めなかったもの。管財人に履行選択権を認めた同法の趣旨を害すると言うのが理由である。
　なお、債務不履行による解除ではなく、民法第641条に基づく注文者の任意解除を行うことはできるが、その場合は管財人への損害賠償（約定の報酬から支出を免れた額を控除した額：基本方針【3.2.9.09】）が必要である。

444 当該協定の趣旨について「甲型共同企業体標準協定書の見直しについて」（平成14年3月29日国総振第164号建設振興課長通達）「工事契約実務要覧」平成24年版761頁新日本法規出版。通達は、単に会社更生手続開始の申立等の事実のみで除名することは妥当でないとしている。なお、協定に第16条の2が追加される前は、解釈で強制脱退（除名）可能とされていた。

バブル崩壊後に民事再生型の法制度が整備されたことは、経営破綻の企業に対する考え方を変えようという国の方針であると考えられる。このような時代の変遷にかんがみると、破産、会社更生法、民事再生手続等に関連する協定書のあり方については、民法改正を機会に、法律上の問題を十分検討すべきであろう。

特に、直ちに当然解除で事足りるというような意識でなく、管財人となる法曹界の意見にも配慮して、現場での具体的な対応をわかりやすく定める規定をおくように検討すべきではないかと思われる。

例えば、共同企業体の構成員において、会社更生法の適用申請等があれば、①当該会社は速やかに今後の工事継続の見通し等について、発注者や他の構成員に説明する義務を負い、②関係者は協力して工事現場の保全に努める義務を負い、③発注者と構成員全員で今後の対応を協議するといった、危機管理の初動ルールとして当然のことを協定書に定めておくだけでも、現場の混乱を防ぐ意味があるのではないか。

4）解散事由（1人組合について）

「中間試案」は、「基本方針」の提案のうち、1人組合を解散事由とする提案などを取り上げていない。解釈に委ねる趣旨と思われる。

理論的な整理としては、学説では1人組合では組合の存立要件が失われた（当然解散）とするのが通説であった。現行のJVの運用では、この場合について、そうは考えず、「当該企業体は存続し、かつ、従前契約は有効として取り扱うことが適当」という旧建設省の通達[445]があったという。

しかし、この通達については、「本来解散すべき共同企業体の権利義務を承継する形で単独施工に変更契約すべきところ、従前の共同企業体としての請負契約を流用して工事続行をしてもよいとする趣旨に読むべき」という平井一雄先生のコメントがある[446]。通説との整合性をとった解釈といえよう。

民法改正を機会に「組合員が1人になった場合」の工事契約書類の解釈など、理論的な点検をすべきと思われる。

---

445 「2社で構成する建設工事共同企業体の1社が脱退した場合の事務の取扱について（回答）」昭和56年3月13日建設省経振発第52号。参照：「建設業JVの実務―会計・税務と法務」393頁2006年清文社。除名について前掲「甲型共同企業体標準協定書の見直しについて」記の5（平成14年建設振興課長通達）。
446 平井一雄　前掲「建設共同企業体の法律的性格―判例を素材として―」ジュリスト852号207頁。

事項索引

【い】
異議をとどめない承諾…14

【う】
ウィーン売買条約………3, 110, 148, 160, 164

【え】
役務提供契約……………179, 184
ABL（Asset Based Lending）→動産債権担保融資
エンジニア………74

【か】
会社更生………………264
学説継受………………1
隠れた瑕疵……………138
瑕疵………………101, 137, 191
瑕疵担保責任……101, 102, 194
株主間契約……………252
過分の費用………101, 139, 194
完全合意条項……………15

【き】
危険の移転……………83, 159
危険負担………………103, 184
危険負担（建設業界の用語）…91
基準貸付金利…………115
偽装請負………………168
協力義務………………169
虚偽表示………………24
虚偽表示の規定（第94条第2項）の類推適用…25
金銭債務の特則（不可抗力の抗弁不可）…66, 113

【く】
組入要件（約款の）……41
クーリングオフ…………32

グレーリスト（不実表示の）…43

【け】
契約自由の原則…………11
契約上の地位……………131
契約責任説………………102
契約締結上の過失………19
契約不適合…………146, 193
検査義務………156, 159, 170
検収………………173
建設業の共同企業体（ジョイントベンチャー）…251
建設工事共同企業体……261
建設工事紛争審査会……75, 87
建築士法……………14, 17

【こ】
甲乙協議条項…………70, 72, 106
公共工事標準請負契約約款（公共工事約款）…16, 56, 65, 68, 70, 71, 72, 83, 86, 97, 122, 133, 185, 205, 230
公序良俗………………38
構成員課税（パススルー税制）…254
口頭証拠法則（Parol Evidence Rule）…15
国際取引における債権譲渡に関する条約…129
国際物品売買契約に関する国際連合条約（United Nations Convention on Contracts for the International Sale of →ウィーン売買条約

事項索引

Goods：CISG）
国際物品売買における…117
時効に関する条約
コベナンツ …………131
（Covenants）

【さ】
債権譲渡禁止特約………122
催告解除………………107
裁判の迅速化に係る検…12
証に関する報告書
裁判を受ける権利………46, 85
詐欺防止法（Statute …15
of Frauds）
錯誤……………………26, 29

【し】
事業者……………………58
事実上の優先弁済………118
実質的完成………………78
（substantial completion）
支払遅延防止法…………66, 67
社会通念上の不能………197
住宅の品質確保の促進…153
等に関する法律
商人………………………63
修補請求権………………101, 196
出訴期間の制限…………117
受領………………161, 169, 219
受領義務…………………→受領
条項使用者不利の原則…52
消費者……………………38, 41, 58, 63
消費者契約法……………18, 32, 44, 58, 62
商法………………………63
情報提供義務（契約交…18, 21
渉の）
消滅時効…………………116
書式の争い………………10
除斥期間…………………117

信義誠実の原則…………→信義則
信義則……………………39, 62
心裡留保…………………23, 29

【せ】
誠実協議条項……………→甲乙協議条項
政府契約の支払遅延防…→支払遅延防止等に関する法律　止法
説明義務（契約交渉　…18, 28
の）

【た】
代金減額請求権…………142
代理権の濫用……………24, 30
代理受領…………………132
諾成契約…………………12, 16
宅地建物取引業法………17

【ち】
遅延利息…………………65
中間利息控除……………115
仲裁契約…………………85
仲裁合意書………………86
注文者原始取得説………187
沈黙の詐欺………………27

【つ】
追完権……………………141, 148, 196
追完請求…………………140, 146, 195
通知義務…………………156, 220, 228

【て】
出来高払…………………79
デューディリジェンス…33

【と】
統一商事法典（商法…9, 53, 112,
典）（UCC：アメリ　125, 152
カの）
ドイツ建設工事約款　…79, 84, 89, 214
（VOB約款）
ドイツ民法………………40, 109, 149, 164, 169, 174, 202, 229

268

ドイツ商法……………125, 128
動機の錯誤……………26
動産債権担保融資………125, 130
同時履行………………75, 178
同時履行の抗弁権………→同時履行
特定投資家制度（金融…60
　商品取引法）
特定物……………………103
特定物ドグマ……………103, 140
土地の工作物……………208, 221, 231

【な】
内的組合…………………252

【に】
二段の故意（詐欺の）…32
任意解除…………………234

【は】
破産………………………264
パンデクテン方式………8

【ひ】
PFI（Private Finance…37, 194
　Initiative）
表明保証責任……………33, 143
　（Representaion and
　Warranties）
表明保証条項……………→表明保証責
　　　　　　　　　　　　　任
非良心的契約……………53
　（Unconscionable
　Contract or Term）
FIDIC約款 ……………10, 16, 48, 73,
　　　　　　　　　　　75, 115, 206

【ふ】
不実告知…………………→不実表示
不実表示…………………36
　（Misrepresentation）
不動産工事先取特権……247
不当条項…………………41, 51
不当破棄（契約交渉…17, 22
　の）

部分使用…………………82
部分払……………………65
ブラックリスト（不実…43
　表示の）
フランス民法……………40, 121
フランス商法……………125, 128
不利益事実の不告知……→不実表示
紛争裁定委員会…………75
　（Dispute Adjuction
　Board）
紛争処理委員会…………75
　（Dispute Board）

【へ】
片務的契約………………→片務契約
片務契約（建設業界の…49, 56, 67, 90,
　用語）　　　　　　　　97
片務性……………………→片務契約
片務的契約条件チェッ…74
　クリスト

【ほ】
報酬減額請求権…………195
法定責任説（瑕疵担保…102
　責任の）
法定利率…………………114
暴利行為…………………38
法律上の制限（瑕疵…139, 142
　の）
保証担保責任……………36, 37
　（Warranty）

【ま】
前払（前金払：建設工…65
　事の）
マンションの管理の適…17
　正化に関する法律

【み】
民間工事標準請負契約…76, 81
　約款
民間連合協定工事請負…84
　契約約款

民事再生‥‥‥‥‥‥‥‥‥265
【む】
無催告解除‥‥‥‥‥‥‥107
無報酬業務‥‥‥‥‥‥‥88
【め】
メカニック・リーエン‥247
免責‥‥‥‥‥‥‥‥‥‥45
免責特約‥‥‥‥‥‥‥‥231
【も】
申込の誘引‥‥‥‥‥‥‥9
（invitation to offer）
物の瑕疵‥‥‥‥‥‥‥‥139
【や】
約因（consideration）‥10
約款‥‥‥‥‥‥‥‥‥‥41, 51
約款の規制に関する法‥53
　律（韓国）

【ゆ】
優越的地位の濫用（独‥60
　占禁止法）
【よ】
要式契約‥‥‥‥‥‥‥‥12, 14, 16
要素の錯誤‥‥‥‥‥‥‥26
予定の工程終了説‥‥‥‥77, 171
【り】
履行請求権の限界事由‥101, 199, 200
履行不能‥‥‥‥‥‥‥‥101
リステイトメント‥‥‥‥35, 53
留置権‥‥‥‥‥‥‥‥‥191
【れ】
レッドブック（Red ‥‥→ FIDIC 約
　Book）　　　　　　　　款

著者略歴

服部敏也　はっとりとしや
昭和28年　三重県生まれ
昭和53年　東京大学法学部卒業、建設省入省
平成20年　国土交通省鉄道局審議官
平成21年　国土交通省国土交通政策研究所長
平成22年　財団法人建設経済研究所総括研究理事
現在　　　みずほ総合研究所株式会社
　　　　　社会・公共アドバイザリー部上席参与

民法改正と建設工事請負契約の現代化

2013年8月10日　第1版第1刷発行

著　者　服部　敏也
発　行　公益財団法人
　　　　建設業適正取引推進機構
　　　　〒107-0052　東京都港区赤坂3-21-20
　　　　　　　　　　赤坂ロングビーチビル
　　　　電　話　03(5570)0521
　　　　FAX　　03(5570)0291
　　　　URL　　http://www.tekitori.or.jp/
　　　　Eメール　mail@tekitori.or.jp
発　売　株式会社大成出版社
　　　　〒156-0042　東京都世田谷区羽根木
　　　　　　　　　　　　　　　　　　1-7-11
　　　　TEL　03(3321)4131（代）
　　　　FAX　03(3325)1888

©2013 服部　敏也　　　　　　　　　印刷　信教印刷
　　　　落丁・乱丁はおとりかえいたします。

ISBN978-4-8028-3112-3